全国科学技术名词审定委员会

公　　布

科学技术名词·工程技术卷（全藏版）

26

机 械 工 程 名 词

CHINESE TERMS IN MECHANICAL ENGINEERING

（三）

仪器仪表

机械工程名词审定委员会

国家自然科学基金资助项目

科 学 出 版 社
北　京

内容简介

本书是全国科学技术名词审定委员会审定公布的机械工程名词(仪器仪表)。全书分为总论、工业自动化仪表与系统、电测量仪器仪表、光学仪器、分析仪器、试验机、实验室仪器和装置、传感器、仪器仪表元件、仪器仪表材料等 10 部分，共 3 098 条。这批名词是科研、教学、生产、经营以及新闻出版等部门应遵照使用的机械工程规范名词。

图书在版编目(CIP)数据

科学技术名词. 工程技术卷：全藏版 / 全国科学技术名词审定委员会审定. —北京：科学出版社，2016.01

ISBN 978-7-03-046873-4

I. ①科… II. ①全… III. ①科学技术–名词术语 ②工程技术–名词术语 IV. ①N-61 ②TB-61

中国版本图书馆 CIP 数据核字(2015)第 307218 号

责任编辑：刘 青 黄昭厚 / 责任校对：陈玉凤

责任印制：张 伟 / 封面设计：铭轩堂

科学出版社出版

北京东黄城根北街 16 号

邮政编码：100717

http://www.sciencep.com

北京厚诚则铭印刷科技有限公司印刷

科学出版社发行 各地新华书店经销

*

2016 年 1 月第 一 版 开本：787×1092 1/16

2016 年 1 月第一次印刷 印张：17 1/2

字数：467 000

定价：7800.00 元(全 44 册)

(如有印装质量问题，我社负责调换)

全国科学技术名词审定委员会
第四届委员会委员名单

特邀顾问：吴阶平　钱伟长　朱光亚　许嘉璐

主　　任：路甬祥

副 主 任（按姓氏笔画为序）：

于永湛　马　阳　王景川　朱作言　江蓝生　李宇明
汪继祥　张尧学　张先恩　金德龙　宣　湘　章　综
潘书祥

委　　员（按姓氏笔画为序）：

马大猷　王　夔　王大珩　王之烈　王永炎　王国政
王树岐　王祖望　王铁琨　王寯骧　韦　弦　方开泰
卢鉴章　叶笃正　田在艺　冯志伟　师昌绪　朱照宣
仲增墉　华茂昆　刘　民　刘瑞玉　祁国荣　许　平
孙家栋　孙敬三　孙儒泳　苏国辉　李行健　李启斌
李星学　李保国　李焯芬　李德仁　杨　凯　吴　奇
吴凤鸣　吴志良　吴希曾　吴钟灵　汪成为　沈国舫
沈家祥　宋大祥　宋天虎　张　伟　张　耀　张广学
张光斗　张爱民　张增顺　陆大道　陆建勋　陈太一
陈运泰　陈家才　阿里木·哈沙尼　范少光　范维唐
林玉乃　季文美　周孝信　周明煜　周定国　赵寿元
赵凯华　姚伟彬　贺寿伦　顾红雅　徐　僖　徐正中
徐永华　徐乾清　翁心植　席泽宗　黄玉山　黄昭厚
康景利　章　申　梁战平　葛锡锐　董　琨　韩布新
粟武宾　程光胜　程裕淇　傅永和　鲁绍曾　蓝　天
雷震洲　褚善元　樊　静　薛永兴

机械工程名词审定委员会委员名单

顾　问（按姓氏笔画为序）：

沈　鸿　　陆燕荪　　雷天觉　　路甬祥

主　任：张德邻

副主任：姚福生　　练元坚　　朱森弟　　黄昭厚

委　员（按姓氏笔画为序）：

万长森　　马　林　　马九荣　　马少梅　　王　都
冯子珮　　吕景新　　朱孝录　　乔殿元　　关　桥
许洪基　　孙大涌　　李宣春　　杨润俊　　沈光逵
宋天虎　　张尔正　　陈杏蒲　　林尚杨　　罗命钧
周尧和　　宗福珍　　郝贵明　　胡　亮　　姜　勇
高长荫　　郭志坚　　海锦涛　　黄　浙　　隋永滨
傅兰生　　雷慰宗　　虞和谦　　樊东黎　　潘际銮
戴励策

办公室成员：董春元　　杨则正　　于兆清　　符建芸

仪器仪表名词审定组成员名单

组　长：陈杏蒲

组　员（按姓氏笔画为序）：

吕景新　　张国雄　　邵志勇　　罗命钧　　唐统一

卢嘉锡序

科技名词伴随科学技术而生,犹如人之诞生其名也随之产生一样。科技名词反映着科学研究的成果,带有时代的信息,铭刻着文化观念,是人类科学知识在语言中的结晶。作为科技交流和知识传播的载体,科技名词在科技发展和社会进步中起着重要作用。

在长期的社会实践中,人们认识到科技名词的统一和规范化是一个国家和民族发展科学技术的重要的基础性工作,是实现科技现代化的一项支撑性的系统工程。没有这样一个系统的规范化的支撑条件,科学技术的协调发展将遇到极大的困难。试想,假如在天文学领域没有关于各类天体的统一命名,那么,人们在浩瀚的宇宙当中,看到的只能是无序的混乱,很难找到科学的规律。如是,天文学就很难发展。其他学科也是这样。

古往今来,名词工作一直受到人们的重视。严济慈先生60多年前说过,“凡百工作,首重定名;每举其名,即知其事”。这句话反映了我国学术界长期以来对名词统一工作的认识和做法。古代的孔子曾说“名不正则言不顺”,指出了名实相副的必要性。荀子也曾说“名有固善,径易而不拂,谓之善名”,意为名有完善之名,平易好懂而不被人误解之名,可以说是好名。他的“正名篇”即是专门论述名词术语命名问题的。近代的严复则有“一名之立,旬月踟躇”之说。可见在这些有学问的人眼里,“定名”不是一件随便的事情。任何一门科学都包含很多事实、思想和专业名词,科学思想是由科学事实和专业名词构成的。如果表达科学思想的专业名词不正确,那么科学事实也就难以令人相信了。

科技名词的统一和规范化标志着一个国家科技发展的水平。我国历来重视名词的统一与规范工作。从清朝末年的科学名词编订馆,到1932年成立的国立编译馆,以及新中国成立之初的学术名词统一工作委员会,直至1985年成立的全国自然科学名词审定委员会(现已改名为全国科学技术名词审定委员会,简称全国名词委),其使命和职责都是相同的,都是审定和公布规范名词的权威性机构。现在,参与全国名词委领导工作的单位有中国科学院、科学技术部、教育部、中国科学技术协会、国家自然科学基金委员会、新闻出版署、国家质量技术监督局、国家广播电影电视总局、国家知识产权局和国家语言文字工作委员会,这些部委各自选派了有关领导干部担任全国名词委的领导,有力地推动科技名词的统一和推广应用工作。

全国名词委成立以后,我国的科技名词统一工作进入了一个新的阶段。在第一任主任委员钱三强同志的组织带领下,经过广大专家的艰苦努力,名词规范和统一工作取得了显著的成绩。1992年三强同志不幸谢世。我接任后,继续推动和开展这项工作。在国家和有关部门的支持及广大专家学者的努力下,全国名词委15年来按学科共组建了50多个学科的名词审定分委员会，有1800多位专家、学者参加名词审定工作，还有更多的专家、学者参加书面审查和座谈讨论等，形成的科技名词工作队伍规模之大、水平层次之高前所未有。15年间共审定公布了包括理、工、农、医及交叉学科等各学科领域的名词共计50多种。而且，对名词加注定义的工作经试点后业已逐渐展开。另外，遵照术语学理论，根据汉语汉字特点，结合科技名词审定工作实践，全国名词委制定并逐步完善了一套名词审定工作的原则与方法。可以说，在20世纪的最后15年中，我国基本上建立起了比较完整的科技名词体系，为我国科技名词的规范和统一奠定了良好的基础，对我国科研、教学和学术交流起到了很好的作用。

在科技名词审定工作中，全国名词委密切结合科技发展和国民经济建设的需要，及时调整工作方针和任务，拓展新的学科领域开展名词审定工作，以更好地为社会服务、为国民经济建设服务。近些年来，又对科技新词的定名和海峡两岸科技名词对照统一工作给予了特别的重视。科技新词的审定和发布试用工作已取得了初步成效，显示了名词统一工作的活力，跟上了科技发展的步伐，起到了引导社会的作用。两岸科技名词对照统一工作是一项有利于祖国统一大业的基础性工作。全国名词委作为我国专门从事科技名词统一的机构，始终把此项工作视为自己责无旁贷的历史性任务。通过这些年的积极努力，我们已经取得了可喜的成绩。做好这项工作，必将对弘扬民族文化，促进两岸科教、文化、经贸的交流与发展作出历史性的贡献。

科技名词浩如烟海，门类繁多，规范和统一科技名词是一项相当繁重而复杂的长期工作。在科技名词审定工作中既要注意同国际上的名词命名原则与方法相衔接，又要依据和发挥博大精深的汉语文化，按照科技的概念和内涵，创造和规范出符合科技规律和汉语文字结构特点的科技名词。因而，这又是一项艰苦细致的工作。广大专家学者字斟句酌，精益求精，以高度的社会责任感和敬业精神投身于这项事业。可以说，全国名词委公布的名词是广大专家学者心血的结晶。这里，我代表全国名词委，向所有参与这项工作的专家学者们致以崇高的敬意和衷心的感谢！

审定和统一科技名词是为了推广应用。要使全国名词委众多专家多年的劳动成果——规范名词——成为社会各界及每位公民自觉遵守的规范，需要全社会的理解和支持。国务院和4个有关部委［国家科委（今科学技术部）、中国科学院、国家教委（今教育部）和新闻出版署］已分别于1987年和1990年行文全国，要求全国各科研、教学、生产、经营以及新闻出版等单位遵照使用全国名词委审定公布的名词。希望社会各界自觉认真地执行，共同做好这项对于科技发展、社会进步和国家统一极为重要的基础工作，为振兴中华而努力。

值此全国名词委成立15周年、科技名词书改装之际，写了以上这些话。是为序。

2000年夏

钱三强序

科技名词术语是科学概念的语言符号。人类在推动科学技术向前发展的历史长河中，同时产生和发展了各种科技名词术语，作为思想和认识交流的工具，进而推动科学技术的发展。

我国是一个历史悠久的文明古国，在科技史上谱写过光辉篇章。中国科技名词术语，以汉语为主导，经过了几千年的演化和发展，在语言形式和结构上体现了我国语言文字的特点和规律，简明扼要，蓄意深切。我国古代的科学著作，如已被译为英、德、法、俄、日等文字的《本草纲目》、《天工开物》等，包含大量科技名词术语。从元、明以后，开始翻译西方科技著作，创译了大批科技名词术语，为传播科学知识，发展我国的科学技术起到了积极作用。

统一科技名词术语是一个国家发展科学技术所必须具备的基础条件之一。世界经济发达国家都十分关心和重视科技名词术语的统一。我国早在1909年就成立了科学名词编订馆，后又于1919年中国科学社成立了科学名词审定委员会，1928年大学院成立了译名统一委员会。1932年成立了国立编译馆，在当时教育部主持下先后拟订和审查了各学科的名词草案。

新中国成立后，国家决定在政务院文化教育委员会下，设立学术名词统一工作委员会，郭沫若任主任委员。委员会分设自然科学、社会科学、医药卫生、艺术科学和时事名词五大组，聘任了各专业著名科学家、专家，审定和出版了一批科学名词，为新中国成立后的科学技术的交流和发展起到了重要作用。后来，由于历史的原因，这一重要工作陷于停顿。

当今，世界科学技术迅速发展，新学科、新概念、新理论、新方法不断涌现，相应地出现了大批新的科技名词术语。统一科技名词术语，对科学知识的传播，新学科的开拓，新理论的建立，国内外科技交流，学科和行业之间的沟通，科技成果的推广、应用和生产技术的发展，科技图书文献的编纂、出版和检索，科技情报的传递等方面，都是不可缺少的。特别是计算机技术的推广使用，对统一科技名词术语提出了更紧迫的要求。

为适应这种新形势的需要，经国务院批准，1985年4月正式成立了全国自然科学名词审定委员会。委员会的任务是确定工作方针，拟定科技名词术语审定工作计划、实施方案和步骤，组织审定自然科学各学科名词术语，并予以公布。根据国务院授权，委员会审定公布的名词术语，科研、教学、生产、经营以及新闻出版等各部门，均应遵照使用。

全国自然科学名词审定委员会由中国科学院、国家科学技术委员会、国家教育委员会、中国科学技术协会、国家技术监督局、国家新闻出版署、国家自然科学基金委员会分别委派了正、副主任担任领导工作。在中国科协各专业学会密切配合下,逐步建立各专业审定分委员会,并已建立起一支由各学科著名专家、学者组成的近千人的审定队伍,负责审定本学科的名词术语。我国的名词审定工作进入了一个新的阶段。

这次名词术语审定工作是对科学概念进行汉语订名,同时附以相应的英文名称,既有我国语言特色,又方便国内外科技交流。通过实践,初步摸索了具有我国特色的科技名词术语审定的原则与方法,以及名词术语的学科分类、相关概念等问题,并开始探讨当代术语学的理论和方法,以期逐步建立起符合我国语言规律的自然科学名词术语体系。

统一我国的科技名词术语,是一项繁重的任务,它既是一项专业性很强的学术性工作,又涉及到亿万人使用习惯的问题。审定工作中我们要认真处理好科学性、系统性和通俗性之间的关系;主科与副科间的关系;学科间交叉名词术语的协调一致;专家集中审定与广泛听取意见等问题。

汉语是世界五分之一人口使用的语言,也是联合国的工作语言之一。除我国外,世界上还有一些国家和地区使用汉语,或使用与汉语关系密切的语言。做好我国的科技名词术语统一工作,为今后对外科技交流创造了更好的条件,使我炎黄子孙,在世界科技进步中发挥更大的作用,作出重要的贡献。

统一我国科技名词术语需要较长的时间和过程,随着科学技术的不断发展,科技名词术语的审定工作,需要不断地发展、补充和完善。我们将本着实事求是的原则,严谨的科学态度做好审定工作,成熟一批公布一批,提供各界使用。我们特别希望得到科技界、教育界、经济界、文化界、新闻出版界等各方面同志的关心、支持和帮助,共同为早日实现我国科技名词术语的统一和规范化而努力。

1992 年 2 月

前　言

机械工业是国家的支柱产业，在建设有中国特色的社会主义中起着举足轻重的作用。机械工业涉及面广，包括的专业门类多，是工程学科中最大的学科之一。为了振兴和发展机械工业，加强机械科学技术基础工作，促进科学技术交流，机械工程名词审定委员会（简称机械名词委）在全国科学技术名词审定委员会（简称全国科技名词委）和原机械工业部的领导下，于1993年4月1日成立。委员会由顾问和正、副主任及委员共45人组成。其中包括7名中国科学院和中国工程院的院士及一大批我国机械工程学科的知名专家和学者，为搞好机械工程名词的审定工作提供了可靠保障。

机械工程名词的选词是在《中国机电工程术语数据库》的基础上进行的。该数据库历时10年，汇集了数百名高级专家的意见，是我国目前最大的术语数据库。此外，机械工程名词在选词时还参考了大量国内外标准以及各种词典、手册和主题词表等，丰富了词源，提高了选词的可靠性。因此，可以认为，机械工程名词的选词质量是可信的，它反映了机械工程学科的最新科技成就。

机械工程名词的审定工作本着整体规划，分步实施，先易后难的原则，按专业分册逐步展开。审定中严格按照全国科技名词委制定的《科学技术名词审定的原则及方法》以及根据此文件制定的《机械工程名词审定的原则及方法》进行。为了保证审定质量，机械工程名词审定工作在全国科技名词委规定的“三审”定稿的基础上，又增加了审定次数。最后于1998年12月经机械名词委顾问、委员审查通过。1999年1月全国科技名词委又委托陆燕荪、练元坚、朱森弟、陈杏蒲、郭志坚等5位专家进行复审。经机械名词委对他们的复审意见进行认真的研究，再次修改并定稿后，上报全国科技名词委批准公布。

机械工程名词包括：机械工程基础、机械零件与传动、机械制造工艺与设备（一）、机械制造工艺与设备（二）、仪器仪表、汽车及拖拉机、物料搬运机械及工程机械、动力机械、流体机械等9个部分，分5批公布。

现在公布的《机械工程名词》（三）为仪器仪表名词，是1995年初开始从《中国机电工程术语数据库》12000余条仪器仪表术语中精选而成，它包括总论、工业自动化仪表与系统、电测量仪器仪表、光学仪器、分析仪器、试验机、实验室仪器和装置、传感器、仪器仪表元件、仪器仪表材料等10个部分。

在编写《仪器仪表名词》时，尽量地避免选取属于其他学科的词。例如声、光、电等物理学名词，虽然在仪器仪表名词中大量使用，但并非仪器仪表本学科的基础词，因而未能入选。还有些名词，例如“电容器式电压互感器的低压端”、“标称的最小可达剩余不平衡量”等，因其复合多次，专指度太深，也未能作为本学科的基本词入选。该册名词重点选择了本学科的基础名词、特有名词、重要名词，共计3 098条。

加注定义时尽量不用多余的重复的字与词，以使文字简练、准确。注意不使用未被定义的概念，而有些常用概念或基础学科的名词，如“数字”、“平面”、“比例”、“商”等名词可以直接使用，不再加注定义。对各种专业术语标准及各种专业词典已有的名词定义，如无原则分歧，均直接采用，不再重新定义。

《机械工程名词》(三)的一审、二审是由审定组的专家来完成的。审定中注意了定名的单义性、科学性、系统性、简明性和约定俗成的原则，对实际应用中存在的不同命名，采用一个与之相应的规范的汉文名词，其余用“又称”、“简称”、“全称”、“俗称”等加以注释，对一些缺乏科学性，易发生歧义的定名，予以改正。对于不仅含义不清也非仪器仪表专业的基本词，予以删除，同时也删除了一些非常用的词和重复出现的词，使选词更加精练。在二审过程中，根据部分专家意见对工业自动化仪表中的温度测量仪表、压力测量仪表、流量测量仪表等部分，作了大量的增补。另外，还向仪器仪表行业更多的专家发送了征求意见稿，广泛征求意见。在汇总多方面意见的基础上，又进行了较大的修改和增删，并着重对仪器仪表行业中长期存在的仪器、仪表、仪器仪表三个名词应用混乱的问题进行了探讨、协调，取得了较为一致的看法。

名词审定工作是一项浩繁的基础性工作，不可避免地存在各种错误和不足，同时，名词审定工作不可能一劳永逸，现在公布的名词与定义，只能反映当前的学术水平，随着科学技术的发展，随着人们的认识的提高，今后还要适时地进行修改和审定。

在《机械工程名词》(三)审定过程中，审定组的成员付出了辛勤劳动，此外，还得到了王学智、李国俊、吴钦煨、张静华、陈大新、林辉渝、郭志坚(按姓氏笔画)等专家的大力支持，并参与了有关部分名词的审定及修改工作，在此一并表示感谢。

机械工程名词审定委员会
2003年6月

编排说明

一、本书公布的是《机械工程名词》中仪器仪表部分的基本词,除少量顾名思义的名词外,均给出了定义或注释。

二、本书分10部分:总论,工业自动化仪表与系统,电测量仪器仪表,光学仪器,分析仪器,试验机,实验室仪器和装置,传感器,仪器仪表元件,仪器仪表材料。

三、正文按汉文名词所属学科的概念体系排列,定义一般只给出基本内涵。汉文名后给出了与该词概念相对应的英文名。

四、当一个汉文名有两个不同的概念时,则用(1)、(2)分开。

五、一个汉文名一般只对应一个英文名,同时并存多个英文名时,英文名之间用“,”分开。

六、凡英文名的首字母大、小写均可时,一律小写;英文除必须用复数者,一般用单数;英文名一般用美式拼法。

七、“[ ]”中的字为可省略部分。

八、规范名的主要异名放在定义之前,用楷体表示。“又称”、“全称”、“简称”、“俗称”可继续使用,“曾称”为不再使用的旧名。

九、正文后所附英汉索引按英文字母顺序排列,汉英索引按汉语拼音顺序排列,所示号码为该词在正文中的序号。

十、索引中带“ * ”者为规范名的异名。

目　　录

卢嘉锡序
钱三强序
前言
编排说明
正文
01. 总论 …… 1
01.01 仪器仪表基本名词 …… 1
01.02 仪器仪表特性 …… 3
01.03 仪器仪表名称 …… 3
01.04 标准器 …… 4
02. 工业自动化仪表与系统 …… 5
02.01 一般名词 …… 5
02.02 温度测量仪表 …… 5
02.02.01 一般名词 …… 5
02.02.02 温度测量仪表名称 …… 7
02.03 压力测量仪表 …… 8
02.03.01 一般名词 …… 8
02.03.02 压力仪表名称 …… 9
02.04 流量测量仪表 …… 10
02.04.01 一般名词 …… 10
02.04.02 流量测量仪表名称 …… 11
02.04.03 流量测量校验装置和方法 …… 13
02.05 物位测量仪表 …… 14
02.06 机械量测量仪表 …… 15
02.06.01 一般名词 …… 15
02.06.02 机械量测量仪表名称 …… 16
02.06.03 机械量测量仪表校验方法和装置 …… 19
02.07 执行器 …… 20
02.07.01 一般名词 …… 20
02.07.02 执行器名称 …… 20
02.08 自动控制器及系统 …… 22
02.08.01 一般名词 …… 22
02.08.02 控制器 …… 23
02.08.03 自动控制系统 …… 24

03. 电测量仪器仪表 …… 25
03.01 一般名词 …… 25
03.02 电测量器具和设备 …… 27
03.03 记录仪器、光线示波器 …… 29
03.04 数字仪表和模/数转换器 …… 30
03.05 检示仪表和标准器 …… 31
03.06 仪用电源 …… 33
03.07 仪用互感器 …… 34
04. 光学仪器 …… 36
04.01 一般名词 …… 36
04.02 显微镜 …… 42
04.02.01 一般名词 …… 42
04.02.02 基本附件 …… 44
04.02.03 显微镜名称 …… 45
04.03 大地测量仪器 …… 46
04.03.01 经纬仪 …… 46
04.03.02 水准仪 …… 47
04.03.03 测距仪 …… 47
04.03.04 平板仪和罗盘仪 …… 48
04.04 光学计量仪器 …… 48
04.05 物理光学仪器 …… 50
04.06 光学测试仪器 …… 51
04.07 电子光学仪器 …… 52
04.07.01 一般名词 …… 52
04.07.02 电子光学部件 …… 53
04.07.03 电子显微镜 …… 54
04.08 航测和遥感仪器 …… 54
04.08.01 一般名词 …… 54
04.08.02 航测仪器 …… 55
04.08.03 遥感仪器 …… 56
04.09 激光器件和激光设备 …… 56
04.09.01 一般名词 …… 56
04.09.02 激光器名称 …… 57
04.09.03 激光技术 …… 60
04.09.04 激光器件 …… 63
04.09.05 技术参数 …… 63
04.09.06 激光应用 …… 64
04.09.07 激光安全 …… 66
05. 分析仪器 …… 68

05.01 一般名词 …… 68
05.02 电化学式分析仪器 …… 69
05.02.01 一般名词 …… 69
05.02.02 分析原理 …… 69
05.02.03 仪器和附件 …… 70
05.03 光学式分析仪器 …… 71
05.03.01 一般名词 …… 71
05.03.02 分析原理 …… 72
05.03.03 仪器和附件 …… 73
05.04 热学式分析仪器 …… 73
05.04.01 一般名词 …… 73
05.04.02 分析原理 …… 74
05.04.03 仪器和附件 …… 75
05.05 质谱仪器 …… 77
05.05.01 一般名词 …… 77
05.05.02 测量原理 …… 78
05.05.03 仪器和附件 …… 79
05.06 波谱仪器 …… 82
05.06.01 一般名词 …… 82
05.06.02 分析原理 …… 82
05.06.03 仪器和附件 …… 83
05.07 色谱仪器 …… 83
05.07.01 一般名词 …… 83
05.07.02 分析原理 …… 85
05.07.03 仪器和附件 …… 87
05.08 能谱和射线分析仪器 …… 87
05.08.01 一般名词 …… 87
05.08.02 分析原理 …… 88
05.08.03 仪器和附件 …… 89
05.09 物性分析仪器 …… 91
05.09.01 一般名词 …… 91
05.09.02 分析原理 …… 91
05.09.03 仪器和附件 …… 92
05.10 环境分析仪 …… 93
试验机 …… 94
06.01 材料试验机 …… 94
06.01.01 一般名词 …… 94
06.01.02 材料试验机名称 …… 94
06.01.03 力、变形检测仪名称 …… 96

06.01.04 零部件及附件 …… 96
06.01.05 技术参数 …… 96
06.02 振动台与冲击台 …… 97
06.02.01 一般名词 …… 97
06.02.02 振动台与冲击台名称 …… 98
06.02.03 零部件与功能单元 …… 98
06.02.04 技术参数 …… 99
06.03 无损检测仪器 …… 100
06.03.01 渗透探伤机 …… 100
06.03.02 磁粉探伤机 …… 101
06.03.03 超声检测仪 …… 104
06.03.04 声全息 …… 106
06.03.05 声发射检测仪器 …… 106
06.03.06 射线探伤机 …… 108
06.04 平衡机 …… 109
07. 实验室仪器和装置 …… 111
07.01 天平仪器 …… 111
07.01.01 一般名词 …… 111
07.01.02 天平名称 …… 112
07.01.03 机械天平零部件及附件 …… 113
07.01.04 电子天平零部件及附件 …… 114
07.01.05 称量法 …… 115
07.02 气候环境试验设备 …… 115
07.02.01 一般名词 …… 115
07.02.02 设备名称 …… 116
07.02.03 零部件及附件 …… 118
07.02.04 测量方法 …… 119
07.03 应变测量仪器 …… 120
07.03.01 一般名词 …… 120
07.03.02 应变仪名称 …… 121
07.03.03 测试方法 …… 121
07.04 噪声测量仪器 …… 122
07.04.01 一般名词 …… 122
07.04.02 仪器名称 …… 123
07.04.03 零部件及附件 …… 124
07.04.04 测试方法 …… 125
07.04.05 原理与设计 …… 125
07.05 振动测量仪器 …… 127
07.05.01 振动测量仪名称 …… 127

07.05.02 测试方法 …… 127
07.06 实验室离心机 …… 128
07.06.01 一般名词 …… 128
07.06.02 离心机名称 …… 129
07.06.03 零部件及附件 …… 130
07.06.04 测试方法 …… 131
07.07 铸造仪器名称 …… 132
07.07.01 造型材料测试仪器 …… 132
07.07.02 零部件及附件 …… 134
07.07.03 冲天炉及铸造合金测试仪 …… 135
07.08 动力测试仪 …… 136
07.09 真空获得仪器与装置 …… 136
07.09.01 一般名词 …… 136
07.09.02 真空仪器与装置 …… 137
08. 传感器 …… 138
08.01 一般名词 …… 138
08.02 物理量传感器 …… 140
08.03 气体及湿度传感器 …… 143
08.04 生化量传感器 …… 145
08.05 技术参数 …… 147
09. 仪器仪表元件 …… 147
09.01 机械元件 …… 147
09.01.01 支承件 …… 147
09.01.02 示数元件 …… 148
09.01.03 敏感元件 …… 148
09.02 机电元件 …… 150
09.02.01 连接器 …… 150
09.02.02 接触件 …… 153
09.02.03 开关 …… 153
09.03 仪表电机 …… 155
09.04 仪器光源 …… 156
09.05 显示器件 …… 157
09.06 弹性元件 …… 158
09.06.01 弹簧 …… 158
09.06.02 膜片 …… 158
09.06.03 波纹管 …… 159
09.06.04 弹簧管 …… 160
10. 仪器仪表材料 …… 160
10.01 一般名词 …… 160

10.02 测温材料 …… 160
10.03 电阻材料 …… 161
10.04 磁性材料 …… 162
10.05 半导体材料 …… 164
10.06 弹性材料 …… 165
10.07 封接及膨胀材料 …… 165

附录

英汉索引 …… 167
汉英索引 …… 214

01. 总　论

01.01 仪器仪表基本名词

01.001 仪器仪表 instrument and apparatus
又称“仪器”,“仪表”。简称“仪”、“表”。用于检查、测量、控制、分析、计算和显示被测对象的物理量、化学量、生物量、电参数、几何量及其运动状况的器具或装置。

01.002 测量 measurement
以确定量值为目的的操作。

01.003 静态测量 static measurement
在测量期间其值可认为是恒定量的测量。

01.004 动态测量 dynamic measurement
对[变]量瞬时值或随时间变化值的测量。

01.005 [可测的]量 [measurable] quantity
现象、物体或物质的可以定性区别和定量确定的一种属性。

01.006 [量]值 value [of a quantity]
用一个数和一个合适的计量单位表示的量。

01.007 [量的]真值 true value [of a quantity]
表征某量在所处条件下,完善地确定的量值。

01.008 [量的]约定真值 conventional true value [of a quantity]
为了给定目的可替代真值的量值。

01.009 被测量 measurand
受到测量的量。

01.010 被测值 measured value
在规定条件下,利用测量装置获得的、并以数值和计量单位表示的被测对象的量值。

01.011 影响量 influence quantity
不属于被测量但却影响被测值或测量仪器仪表示值的量。

01.012 测量信号 measurement signal
测量系统内表示被测量的一种信号。

01.013 模拟信号 analogue signal
信息参数在给定范围内表现为连续的信号。

01.014 数字信号 digital signal
以一定最小量值为量化单位,用被测量构成此量化单位多少倍的数字所表示的信号。

01.015 输入信号 input signal
施加到仪器仪表输入端的信号。

01.016 输出信号 output signal
由仪器仪表输出端送出的信号。

01.017 直接测量法 direct method of measurement
能直接得到被测量值的测量方法。

01.018 间接测量法 indirect method of measurement
通过测量与被测量有明显函数关系的其他量,才能得到被测量值的测量方法。

01.019 基本测量法 fundamental method of measurement
通过对一些基本量的测量,以确定被测量值的测量方法。

01.020 直接比较测量法 direct-comparison method of measurement
将被测量直接与已知其值的同类量相比较的测量方法。

01.021 替代测量法 substitution method of

measurement

将选定的、且已知其值的量替代被测量，使在指示装置上得到相同效应以确定被测量值的测量方法。

01.022 微差测量法 differential method of measurement

将被测量与同它只有微小差别的同类已知量相比较，并测出这两个量值间的差值以确定被测量值的测量方法。

01.023 零值测量法 null method of measurement

将被测量的量值与作比较用的同类已知量值之间的差值调整到零的差值测量法。

01.024 测量重复性 repeatability of measurement

在相同测量方法、相同观测者、相同测量仪器、相同场所、相同工作条件和短时期内，对同一被测量连续测量所得结果之间的一致程度。

01.025 测量再现性 reproducibility of measurement

当各次测量是在不同测量方法、观测者、测量仪器、场所、工作条件和时间的条件下进行时，同一被测量测量结果之间的一致程度。

01.026 绝对误差 absolute error

测量结果与被测量[约定]真值之差。

01.027 相对误差 relative error

绝对误差与被测量[约定]真值之比。

01.028 随机误差 random error

在实际相同条件下，多次测量同一量值时，其绝对值和符号无法预计的测量误差。

01.029 系统误差 systematic error

在同一被测量的多次测量过程中，保持常数或其变化是可预计的测量误差的一部分。

01.030 引用误差 fiducial error

仪器仪表的示值误差除以规定值。

01.031 基本误差 intrinsic error

在规定的参比条件下，仪器仪表的示值误差。

01.032 重复性误差 repeatability error

在相同的工作条件下，对同一个输入值在短时间内多次连续测量输出所获得的极限值之间的代数差。

01.033 再现性误差 reproducibility error

在相同的工作条件下，用不同测量方法，在一段时间内对同一个输入值多次重复测量输出所获得的极限值之间的代数差。

01.034 环境误差 environmental error

由于环境条件的变化引起的准确度的最大变化。

01.035 量程误差 span error

实际量程与规定量程之差。

01.036 零点误差 zero error

输入为零时，实际输出值与规定的输出值之差。

01.037 零点迁移 zero shift

当输入为零时，因某些影响引起的输出值的变化。

01.038 一致性误差 conformity error

标准曲线与规定特性曲线之间最大偏差的绝对值。

01.039 修正值 correction

为补偿系统误差，以代数法加与未修正测量结果的一个值。

01.040 指示值 indicated value

由计量仪器提供的被计量的量值。

01.041 比较值 comparison value

针对实际情况，可以是与真值、约定真值，或与国家标准器、有关团体间协商的标准器进行合法比对得到的值。

01.042　[微调]增量范围　incremental range
围绕主调整预置值以微调(增量控制)方式所覆盖的范围。

01.043　校准量　calibrating quantity
供校准用的,带有已知规定允差值的量。

01.044　一致性　conformity
校准曲线接近规定特性曲线时的吻合程度。

01.045　线性度　linearity
校准曲线接近规定直线的吻合程度。

01.02　仪器仪表特性

01.046　测量范围　measuring range
满足规定准确度的测量区间。

01.047　标度范围　scale range
由标度始点值和终点值所限定的区间。

01.048　量程　span
测量范围上限值与下限值之差。

01.049　分辨力　resolution
仪器仪表能有意义地辨别被指示量两紧邻值的能力。

01.050　时滞　dead time, delay
从输入变量产生变化的瞬间起到仪表输出变量开始变化的瞬间为止的持续时间。

01.051　校准曲线　calibration curve
在规定条件下,表示被测量值与仪表实际测出值之间关系的曲线。

01.052　回差　hysteresis
在全范围内,同一输入所对应的上、下行输出之间的差值。

01.053　标度　scale
构成指示装置一部分的一组有序的刻度标记数字和单位符号的组合。

01.054　灵敏度　sensitivity
计量仪器的响应变化值除以相应激励变化值。

01.055　准确度　accuracy
仪器仪表的示值与被测量[约定]真值的一致程度。

01.056　测量误差　measurement error
测量结果与被测量值之差。

01.03　仪器仪表名称

01.057　测量仪器仪表　measuring instrument
单独地或连同其他设备一起用来进行测量的装置和系统。

01.058　模拟式测量仪器仪表　analogue measuring instrument
以被测量值的连续函数输出或显示的测量仪器仪表。

01.059　数字式测量仪器仪表　digital measuring instrument
提供数字化输出或数字显示的测量仪器仪表。

01.060　检测器　detector
用以指示某种特定量的存在,但不提供量值的装置。

01.061　检测仪器仪表　detecting instrument
仅指示某种现象的存在或其趋势的仪器仪表。

01.062　指示仪器仪表　indicating instrument

指示被测量值或其有关值的仪器仪表。

01.063　记录仪器仪表　recording instrument
记录被测量值或其有关值的仪器仪表。

01.064　积分仪器仪表　integrating instrument
通过一个量对另一个量进行积分以确定被测量值的仪器仪表。

01.065　指示装置　indicating device
用于测量仪器仪表,指示被测量值或其有关值的装置。

01.066　记录装置　recording device
用于记录仪器仪表,记录被测量值或其有关值的装置。

01.067　便携式仪器仪表　portable instrument
便于携带的仪器仪表。

01.068　遥测仪器仪表　telemetering instrument
对被测量进行远距离测量的仪器仪表。

01.069　船用仪器仪表　marine instrument
在船舶运行中,用于测量与控制有关参数和对被测对象进行观察、测量的仪器仪表。

01.070　防尘式仪器仪表　dust-proof instrument
能防止灰尘进入的仪器仪表。

01.071　防溅式仪器仪表　splash-proof instrument
能防止雨水溅入的仪器仪表。

01.072　防水式仪器仪表　water-proof instrument
在一定压力下能防止水浸入的仪器仪表。

01.073　水密式仪器仪表　water-tight instrument
在完全沉入水中时能防止水浸入的仪器仪表。

01.074　气密式仪器仪表　air-tight instrument
能防止外壳内部介质与外部空气对流的仪器仪表。

01.075　防腐式仪器仪表　corrosion-proof instrument
在盐雾或一定化学成分的腐蚀性蒸汽、气体或液体作用下,能正常工作的仪器仪表。

01.076　防爆式仪器仪表　explosion-proof instrument
具有隔爆外壳或其他防爆措施的仪器仪表。

01.04　标　准　器

01.077　[测量]标准器　measurement standard
用于确定、以实体表示、保持或重现一个量的测量单位或其倍数或小数倍(例如,标准电阻),或一个量的已知值(例如,标准电池)的测量器具、仪器或系统。

01.078　检定系统　verification system
国家基准通过计量器具传递量值的各有关的计量器具、方法的总体构成。

01.079　主基准[器]　primary standard
在特定领域内具有最高计量学特性的一个确定量的标准器。

01.080　副基准[器]　secondary standard
以直接或间接同基准比对或按参比值法方式确定其值的标准器。

01.081　参考标准器　reference standard
用于同较低准确度的标准器比对的副基准。

01.082　工作标准器　working standard
一种由参考标准器校准,用于检定较低准确度的测量器具。

01.083 国际标准器 international standard

经国际协议公认，并在国际上作为对有关量的所有其他标准器定值基础的标准器。

01.084 国家标准器 national standard

由国家官方承认，并在国内作为有关量的所有其他标准器定值基础的标准器。

01.085 比较标准器 comparison standard

以其自身相互比对用的同一准确度等级的标准器。

02. 工业自动化仪表与系统

02.01 一般名词

02.001 工业自动化仪表 industrial process measurement and control instrument

为了实现工业过程自动化而进行检测、显示、控制、执行等操作的仪表。

02.002 检测仪表 measuring instrument

采集和测量信息的仪表。

02.003 变送器 transmitter

输出为规定类型信号的装置。

02.004 控制仪表 control instrument

自动控制被控变量的仪表。

02.005 过程测量 process measurement

获取信息，以确定过程各变量的值的测量。

02.006 过程控制 process control

为达到规定的目标而对影响过程状况的变量所进行的操纵。

02.007 时间响应 time response

一个输入变量的变化引起系统的输出变量随着时间变化的关系。

02.008 阶跃响应 step response

一个输入变量的阶跃变化引起系统的时间响应。

02.009 斜坡响应 ramp response

一个输入变量以一定斜率，从零逐步增加到某个有限值引起的系统时间响应。

02.010 脉冲响应 impulse response

在一个输入上施加一个脉冲函数引起的系统时间响应。

02.011 频率响应 frequency response

在线性系统中，输出信号的傅里叶变换对应输入信号的傅里叶变换之比。

02.02 温度测量仪表

02.02.01 一般名词

02.012 温差 temperature difference

空间两个分离点之间的温度之差。

02.013 温度梯度 temperature gradient

在特定区域和给定时间内，温度的空间变化率。

02.014 温度场 temperature field

某一瞬间，在一定空间范围内各个点的温度分布集合。

02.015 [热]传导 [heat] conduction

物体各部分无相对位移，仅依靠物质分子、原子及自由电子等微观粒子热运动而使热量从高温部分向低温部分传递的现象。

02.016　[热]对流　[heat] convection
物体以电磁波或粒子态传播或发射的现象。

02.017　[热]辐射　[heat] radiation
物体以电磁波或粒子态传播或发射能量的现象。

02.018　热平衡　thermal equilibrium
同一物体内或在可相互进行热交换的几个物体间,既不发生热的迁移,也不发生物质的相变而具有相同温度的状态。

02.019　灰体　graybody
表面发射率恒小于1,且不随波长变化的辐射体。

02.020　黑体　blackbody
对入射辐射完全吸收而与其波长、入射方向及偏光状态无关的一种理想辐射体。

02.021　国际[实用]温标　international [practical] temperature scale, I[P]TS
根据国际协议采用的易于高精度复现,并在当时知识和技术水平范围内,尽可能接近热力学温度的一种协议性温标。

02.022　定义固定点　defining fixed point
国际温标规定的某些物质不同相之间的可复现的平衡温度点。

02.023　定点炉　furnace for reproduction of fixed points
为复现国际温标定义固定点而建立的金属凝固点或熔化点的装置。

02.024　检定炉　furnace for verification use
比较法检定用的恒温炉。

02.025　黑体炉　blackbody furnace
由黑体腔及其加热或冷却装置构成的装置。

02.026　黑体腔　blackbody chamber
一种实用的辐射特性近似于黑体的腔体。

02.027　自热误差　self-heating error
给定电流和温度条件下,温度计由于自热而偏离标定条件所导致的误差。

02.028　[槽的]梯度误差　gradient error [of bath]
在槽的工作区域内,由于温度梯度引起的误差。

02.029　检验温度点　temperature point for verification
为检验温度计是否符合允差(或基本误差限)要求而选择的恒定的试验温度。

02.030　接触测温法　contact thermometry
检测元件与被测目标直接接触,两者达到热平衡后,根据检测元件的输出信号确定被测目标温度的测量方法。

02.031　非接触测温法　non-contact thermometry
检测元件与被测目标不接触,而通过对它的某个与温度相关的特征量实现温度测量的方法。

02.032　电阻测温法　resistance thermometry
利用电阻值随温度变化的原理实现温度测量的方法。

02.033　热电测温法　thermoelectric thermometry
利用塞贝克效应实现温度测量的方法。

02.034　辐射测温法　radiation thermometry
利用辐射体的辐射亮度与温度之间的函数关系实现温度测量的方法。包括亮度测温法、全辐射测温法和比色测温法等。

02.035　亮度测温法　radiance thermometry
利用辐射体在某一波长下的光谱辐射亮度与温度之间的函数关系实现温度测量的方法。

02.036　全辐射测温法　total radiation thermometry

利用辐射体在全波长范围的积分辐射亮度与温度之间的函数关系实现温度测量的方法。

02.037 比色测温法 two-color thermometry
利用辐射体在两个不同波长光谱辐射亮度之比与温度之间的函数关系实现温度测量的方法。

02.038 塞贝克效应 Seebeck effect
在两种不同导电材料构成的闭合回路中，当两个接点温度不同时，回路中产生的电势使热能转变为电能的一种现象。

02.02.02 温度测量仪表名称

02.039 温度计 thermometer
测量温度的仪表。

02.040 玻璃温度计 liquid-in-glass thermometer
利用液体与贮液管球温度膨胀系数不同，读取液体在玻璃毛细管中的高度位置示值的温度测量仪表。

02.041 棒式玻璃温度计 solid-stem liquid-in-glass thermometer
具有厚壁毛细管，其温度值直接刻在毛细管上的玻璃温度计。

02.042 电接点玻璃温度计 electric contact liquid-in-glass thermometer
利用水银柱的升降与毛细管中金属丝的接触与否，使外接电路接通或断开，达到控制温度的玻璃温度计。

02.043 双金属温度计 bimetallic thermometer
利用双金属元件作为检测元件测量温度的仪表。

02.044 压力式温度计 pressure-filled thermometer
利用充灌式感温系统测量温度的仪表。

02.045 全浸温度计 total immersion thermometer
感温泡和液柱浸没于被测温度中以获得正确温度示值的玻璃温度计。

02.046 局浸温度计 partial immersion thermometer
感温泡和液柱的规定部分浸没于被测温度中以获得正确温度示值的玻璃温度计。

02.047 气体温度计 gas thermometer
以实际气体作为测温介质，应用气体状态方程确定温度的温度计。

02.048 电阻温度计 resistance thermometer
由导体或半导体电阻、电阻测量仪器以及连接两者的导线组成的温度计。

02.049 热电温度计 thermoelectric thermometer
由热电偶及信号处理、显示装置组成的温度计。

02.050 表面温度计 surface thermometer
测量各种状态（静态、动态或带电物体等）固体表面温度的温度计。

02.051 光电温度计 photoelectric thermometer
利用光电检测元件将接收到的辐射亮度转换成电信号，实现温度测量的辐射温度计。

02.052 辐射温度计 radiation thermometer
根据辐射测温法的原理，通过检测被测目标的辐射亮度，并直接转换成电信号，非接触地实现温度测量的温度计。

02.053 红外辐射温度计 infrared radiation thermometer
检测红外辐射亮度实现温度测量的辐射温度计。

02.054 比色温度计 two-color [radiation]

thermometer, ratio thermometer

检测两个不同有效波长光谱辐射亮度之比，实现温度测量的辐射温度计。

02.055 液晶温度计 liquid crystal thermometer

利用不同成分的胆固醇型液晶，随温度变化呈现不同颜色来显示表面温度的温度计。

02.056 熔点型消耗式温度计 melting point type disposable fever thermometer

利用化合物的熔点测量和指示局部温度的一次性使用温度计。

02.057 声学温度计 acoustic thermometer

利用声波在气体中传播的速度与热力学温度间的关系实现温度测量的温度计。

02.058 石英温度计 quartz thermometer

又称“频率温度计”。利用石英晶体振荡频率与温度之间的关系实现温度测量的温度计。

02.059 噪声温度计 noise thermometer

利用电阻热噪声与热力学温度之间的关系实现温度测量的温度计。

02.060 隐丝式光学高温计 disappearing-filament optical pyrometer

根据光学温度计电测法的工作原理实现温度测量的仪表。

02.061 辐射热流计 radiation heatflowmeter

通过非接触测量被测对象的辐射热流密度、表面温度及环境温度等，确定设备（蒸汽锅炉、均热炉、输热管道等）外壁面热泄漏的仪表。

02.062 热像仪 thermovision

利用热成像技术，以可见热图显示被测目标温度及其分布的装置。

02.063 热辐射计 bolometer, kampometer

利用热辐射效应测量宽波长范围内热辐射强度的仪表。

02.064 温度锥 thermal cones

在规定温度下，由变形材料制成的锥形测温元件系列。

02.065 贝克曼温度计 Beckman thermometer

一种借助于水银的热胀物理特征测量温度差的温度计。

02.03 压力测量仪表

02.03.01 一般名词

02.066 超压特性 overpressure characteristic

压力仪表，特别是压力元件承受超过测量范围上限值的性能。

02.067 轻敲位移 friction error

轻敲压力表外壳后，仪表示值或产生的变动量。

02.068 表压 gauge pressure

流体的绝对静压与测量地点的大气压力值的差值。

02.069 破坏压力 rupture pressure

仪表在承受压力试验时，仪表破裂时的压力。

02.070 冲击压力 surge pressure

当泵启动、阀关闭时或在极短时间内，可能承受的工作压力加上超过工作压力的增量。

02.071 腐蚀破裂 corrosion failure

由于化学腐蚀所引起的弹性元件破裂。

02.072 爆炸破裂 explosive failure

由于化学反应产生爆炸所引起的弹性元件破裂。

02.073　疲劳破裂　fatigue failure

由于受到反复应力所引起的弹性元件破裂。

02.03.02　压力仪表名称

02.074　压力仪表　pressure instrument

用来测量流体压力的仪表。

02.075　压力表　pressure gauge

以弹性元件为敏感元件,测量并指示高于环境压力的仪表。

02.076　数字压力表　digital pressure gauge

以数字形式显示被测压力的压力表。

02.077　绝对压力表　absolute pressure gauge

测量并指示绝对压力的仪表。

02.078　差压压力表　differential pressure gauge

测量并指示两个压力之差的压力表。

02.079　弹性式压力表　elastic pressure gauge

利用弹性元件作为检测元件测量压力的仪表。

02.080　弹簧管压力表　Bourdon tube pressure gauge

以弹簧管为敏感元件的压力表。

02.081　膜盒压力表　capsule pressure gauge

以膜盒为敏感元件的压力表。

02.082　膜片压力表　diaphragm pressure gauge

以膜片为敏感元件的压力表。

02.083　波纹管压力表　bellows pressure gauge

以波纹管为敏感元件的压力表。

02.084　真空表　vacuum gauge

以弹性元件为敏感元件,测量并指示低于环境压力的仪表。

02.085　精密压力表　precision pressure gauge

准确度高于0.6级的压力表。

02.086　氨压力表　ammonia pressure gauge

用来测量并指示氨压力的压力表。

02.087　氧压力表　oxygen pressure gauge

用来测量并指示氧压力的压力表。

02.088　乙炔压力表　acetylene pressure gauge

用来测量并指示乙炔压力的压力表。

02.089　氢压力表　hydrogen pressure gauge

用来测量并指示氢压力的压力表。

02.090　电接点压力表　pressure gauge with electric contact

带有电接点装置的压力表。

02.091　电远传压力表　pressure gauge with transmission device

带有远传装置能将被测量转换成电信号远传发送的压力表。

02.092　双压双针压力表　duplex pressure gauge

有两个压力接头和两个指针,同时测量并指示两个压力的压力表。

02.093　轴向压力表　pressure gauge with back connection

安装接头轴线与标度盘平面相垂直的压力表。

02.094　径向压力表　pressure gauge with bottom connection

安装接头轴线与标度盘平面相平行的压力表。

02.095　矩形压力表　square profile pressure gauge

外形呈矩形的压力表。

02.096　隔膜压力表　diaphragm-seal pressure

gauge

用隔离膜片将被测介质与敏感元件分开的压力表。

02.097　充液压力表　liquid-filled pressure gauge

外壳内充有液体的压力表。

02.098　液位压力表　liquid level pressure gauge

以压头高度为单位标度的压力表。

02.099　致冷压力表　refrigerant pressure gauge

以致冷介质(不包括氨)的压力和温度等效值为单位标度的压力表。

02.100　液柱压力计　liquid column manometer

利用液柱自重产生的压力与被测压力平衡并由其高度表示被测压力的仪表。

02.101　U 形管压力计　U-tube manometer

液体容器为 U 形管的液柱压力计。

02.102　单管压力计　single-tube manometer

由一垂直管和与其连通并与其内径成一定比例的容器组成的液柱压力计。

02.103　倾斜压力计　inclined-tube manometer

一种测量管倾斜放置的单管压力计。

02.104　钟罩压力计　bell manometer

一端为砝码,另一端为浸入液体的钟罩,以天平原理工作的液柱压力计。

02.105　补偿微压计　compensated micromanometer

由一个可上下移动的容器和一个可上下微调静止的容器相连通,用可动容器的位置变化补偿被测压力引起的静止容器中液位零点变化的液柱压力计。

02.106　石英弹簧管压力计　quartz-Bourdon tube pressure gauge

用石英制成弹性敏感元件的压力计。

02.107　活塞式压力计　piston gauge

利用压力作用在活塞上的力与砝码的重力相平衡测量压力的仪表。

02.108　压力变送器　pressure transmitter

输出为标准信号的压力传感器。

02.109　压力[位式]控制器　pressure [step-type] controller, pressure switch

又称“压力开关”。当压力达到设定值时进行位式控制或(和)报警的仪表。

02.110　气瓶减压器　gas cylinder regulator

将气瓶供气的压力调节到尽可能稳定的出口压力的装置。

02.111　压力表校验器　pressure gauge tester

校验压力表用的带造压部件的专门装置。

02.04　流量测量仪表

02.04.01　一般名词

02.112　质量流量　mass flowrate

流体量用质量表示的流量。

02.113　体积流量　volume flowrate

流体量用体积表示的流量。

02.114　平均流量　mean flowrate

在一段时间内流量的平均值。

02.115　临界流　critical flow

流体流经某种节流装置时,下游与上游绝对压力比等于或小于临界值的流动。

02.116　多相流　multiphase flow

两种或两种以上不同相的流体混合在一起的流动。

02.117 旋涡流 swirling flow

具有轴向和圆周速度分量的流动。

02.118 速度分布 velocity distribution

在管道横截面上流体速度轴向分量的分布模式。

02.119 气体压缩系数 gas compressibility factor

表示给定温度和压力下真实气体与理想气体性质不一致程度的系数。

02.120 流量计特性曲线 characteristic curve of flowmeter

表明流量计输出量稳态值与流量输入量之间关系的曲线。

02.04.02 流量测量仪表名称

02.121 流量计 flowmeter

指示被测流量和(或)在选定的时间间隔内流体总量的仪表。

02.122 恒定压头流量计 constant-head flowmeter

差压保持恒定而“节流孔”面积允许变化的变面积流量计的一种。

02.123 文丘里管 Venturi tube

利用异形管使流经该管流体的速度发生变化从而产生差压的流量检测元件。该管由圆形入口部分、渐缩部分、圆筒形喉部和渐扩部分组成。

02.124 浮子流量计 float flowmeter

又称“转子流量计”。在由下向上扩大的圆锥形内孔的垂直管子中,浮子的重量由自下而上的流体所产生的力承受,并由管子中浮子的位置来表示流量示值的变面积流量计。

02.125 锥塞式流量计 orifice-and-plug flowmeter

一只锥形的阀塞与一个圆形节流孔相匹配,以使环形间隙面积与阀塞的行程成比例的变面积式流量计。

02.126 闸门式[变面积]流量计 gate type variable area flowmeter

移动闸门使仪表两侧保持恒定压降的变面积流量计。闸门的移动高度就作为流量的度量。

02.127 活板流量计 hinged gate weight controlled flowmeter

有一根通常是水平的包含有一个节流孔的管子,节流孔在下游侧被一块加载的活板所挡住,在活板顶部装有铰链的变面积式流量计。当流量增大时,活板逐渐地开启,活板的偏转角即是流量的度量。一般用机械装置把活板运动的示值传输到管子外部。

02.128 活塞式变面积流量计 piston type variable-area flowmeter

可变面积是由紧接于“堰”上游的一个加载活塞的移动所形成的一种恒定压头变面积式流量计。

02.129 变压头变面积流量计 variable-head variable-area flowmeter

差压和面积都允许改变以得到宽范围度的一种流量计。

02.130 椭圆齿轮流量计 oval wheel flowmeter

由一对椭圆齿轮的旋转次数来测量流经容室的液体体积总量的流量计。

02.131 腰轮流量计 Roots flowmeter

又称“罗茨流量计”。由一对腰轮的旋转次

数来测量流经圆筒形容室的气体或液体体积总量的流量计。

02.132 刮板流量计 sliding vane rotary flowmeter

由测量室中带动刮板(滑动叶片)的转子的旋转次数来测量流经圆筒形容室的液体体积总量的流量计。

02.133 旋转活塞流量计 rotating piston flowmeter

由插入内、外二层圆管组成的环形容室中环形活塞的旋转(摆动)次数来测量流经容室的液体体积总量的流量计。

02.134 [章动]圆盘流量计 nutation disc flowmeter

由安装在一个具有锥形顶部和平面形(或锥形)底部的部分环状测量室中的圆盘章动次数来测量流经容室的液体体积总量的流量计。

02.135 往复活塞式流量计 reciprocating piston flowmeter

由测量室中一个或几个活塞在一个或几个固定容室或圆筒内往复运动的次数来测量流经容室的液体体积总量的流量计。

02.136 液封转筒式气体流量计 liquid sealed drum gas flowmeter

由若干个安装在一个旋转轴上的刚性气室(转筒)组成的流量计。

02.137 膜式气体流量计 diaphragm gas flowmeter

由薄膜元件在仪表前后气体压力差作用下产生往复运动的循环次数来测量流经气室的气体体积总量的流量计。

02.138 涡街流量计 vortex-shedding flowmeter

在流体中安放一个非流线型旋涡发生体,使流体在发生体两侧交替地分离,释放出两串规则地交错排列的旋涡,且在一定范围内旋涡分离频率与流量成正比的流量计。

02.139 电磁流量计 electromagnetic flowmeter

根据电磁感应定律,在非磁性管道中,利用测量导电流体平均速度而显示流量的流量计。

02.140 超声流量计 ultrasonic flowmeter

通过检测流体流动对超声束或超声脉冲的作用来测量流量的流量计。

02.141 靶式流量计 target flowmeter

以检测流体作用在测量管道中心并垂直于流动方向的圆盘(靶)上的力来测量流体流量的流量计。

02.142 热式流量计 thermal flowmeter

利用流体流量或流速与热源对流体传热量的关系来测量流量的流量计。

02.143 堰式流量计 weir type flowmeter

流动液体通过明渠中途或末端安置的顶部有缺口的板或壁(称之为堰)溢流,且按堰上游侧的液位与溢流量的一定关系来测量流量的流量计。

02.144 分流旋翼式流量计 shunt type current flowmeter, shunt type turbo flowmeter

测量管主管道上安装有孔板,在分流旁路管道入口设置有喷嘴与翼轮(或涡轮),流体经喷嘴喷射到旋翼上使之旋转并通过其转速和转数测量流经测量管流体的流量和总量的一种流量计。一般用于测量饱和蒸汽流量。

02.145 激光多普勒流量计 laser Doppler flowmeter

根据多普勒效应,当激光照射到流体中流动的粒子时,激光被运动粒子散射,利用散射光频率和入射光频率相比较得到的多普勒频移正比于流速的原理,来测量流体流量的流量计。

02.146　水表　water meter

采用活动壁容积测量室的直接机械运动过程或水流流速对翼轮的作用以计算流经自来水管道的水流体积的流量计。

02.147　旋翼式水表　rotating vane type water meter

旋转轴与水流方向垂直的转子上安置有若干片径向旋转翼的水表。

02.148　螺翼式水表　helical vane type water meter

旋转轴与水流方向平行的转子上安置有若干片螺旋状旋转翼的水表。

02.04.03　流量测量校验装置和方法

02.149　液体流量测量校验装置　liquid flow measurement calibration facility

在规定条件下,在实测的时间间隔内,测量流经流量计液体(如水和油)的体积或质量,并能提供具有确定精确度的流量值以确定被校流量计流量的装置。

02.150　恒液位槽　constant level head tank

液位由一个堰来控制的容器。堰的长度应尽可能长,以保证供应液体的管路中有稳定的流动条件。

02.151　标准体积管　pipe prover

利用机械密封元件(球式或活塞式置换器)沿校准过的管道中的标准容积段两端设置的检测开关之间的移动来测量液体体积的装置。根据液流通过标准容积段所需次数确定流量。

02.152　标准容积段　verified volume section

在两个检测开关之间容积经过校准的一段管道。

02.153　置换器　displacer

由液体驱动并沿着标准容积段移动的球形或圆柱体物体,当它通过标准容积段时,能置换出两个检测开关之间已知体积的液体。置换器具有与管壁紧密接触的弹性密封面,以防止液体的漏失。

02.154　钟罩　bell

装置中可移动的倒覆的浮钟式容器。

02.155　气体分配装置　gas distributing device

钟罩式校准装置中用于引导气体进入或排出的部件。

02.156　液体置换法　liquid displacement technique

在实测时间间隔内,利用从恒压容器压出已知体积量的液体流入校准过的容器内置换出相等体积量的气体来求得流量的方法。

02.157　压力－容积－温度－时间法　pressure-volume-temperature-time technique

在一定时间间隔 t 内,引入气流的容积为 V 的容器,根据气体的绝对压力 P 和温度 T 求得气体质量流量的方法。

02.158　强制活塞式校准装置　forced piston prover

在预先设定或实测的时间间隔内,使一个强制驱动的活塞以预先设定的速度从校准过的管道内置换出气体的流量校准装置。

02.159　皂膜法　soap film technique

在实测时间间隔内,利用气流推动透明玻璃量管中的皂膜(使其像活塞一样沿校准过的玻璃量管中移动)移动所置换出已知体积量的气体来求得流量的方法。

02.160　速度面积法　velocity-area method

测量流动横截面上多个局部速度,通过在该整个横截面上的速度分布的积分来推算流量的方法。

02.161　流速计　current-meter

利用转子的旋转频率和周围流体局部速度有

函数关系的仪表。

02.162　转杯式流速计　cup-type current-meter

螺旋桨形转子围绕近似垂直于流动的轴旋转的流速计。

02.163　旋桨式流速计　propeller type current-meter

螺旋桨形转子围绕近似平行于流动的轴旋转的流速计。

02.164　自补偿旋桨　self-compensating propeller

在流速方向与轴线之间很大的倾角范围内，其旋转速度与流速计轴线上的流体速度的分量成比例的旋桨。

02.165　标准流速计　standard current-meter

经过校准的可与其他流速计进行比对的流速计。

02.166　偏流测向探头　yaw probe

具有若干取压口，并能插进流体中，以测定流动方向的一种探头。

02.167　皮托管　Pitot tube

具有一个或多个取压口并可插入流体中的管状装置。根据取得的总压与静压的差来测量流量。

02.168　皮托静压管　Pitot static tube

在测量头的一个或多个横截面的圆周上均匀地钻有静压取压口，而在测量头的轴对称鼻部的顶端迎着流动方向有一个总压取压口的一种皮托管。

02.05　物位测量仪表

02.169　玻璃液位计　glass level gauge

根据玻璃管或玻璃板内所示液面的位置来观察容器内液面位置的仪表。

02.170　浮力液位计　buoyancy levelmeter

通过检测施加在具有恒定截面积的垂直位移元件（沉筒）上的浮力来测量液位的仪表。

02.171　浮子液位计　float levelmeter

通过检测浮子位置来测量液位的仪表。

02.172　差压液位计　differential pressure levelmeter

通过检测液面上下两点之间的压力差来测量液位的仪表。

02.173　电导液位计　electrical conductance levelmeter

通过检测被液体隔离的两电极间的电阻来测量导电液体液位的仪表。

02.174　超声物位计　ultrasonic levelmeter

通过测量一束超声波发射到表面或界面反射回来所需的时间来确定物料（液体或固体）物位的仪表。

02.175　核辐射物位计　nuclear radiation levelmeter

根据物料对核辐射源射线的吸收或反射来测量物料（液体或固体）物位的仪表。

02.176　电容物位计　electrical capacitance levelmeter

通过检测物料内两电极间的电容量来测量物料（液体或固体）物位的仪表。

02.06 机械量测量仪表

02.06.01 一般名词

02.177 实时分析 real-time analysis
在设备运行过程中,对实时测量信号处理的时间能够满足动态过程参数分辨需要的分析。

02.178 在线测量频谱分析 on-line measurement and frequency spectrum method
利用从安装在生产过程现场的传感器取得的信号频谱进行的实时分析。

02.179 倍频程 octave
频率比为 Z(倍频系数)的两个频率之间的频带。

02.180 振形 mode shape
无阻尼机械系统某一给定模态的中性面(或中性轴)上的点偏离其平衡位置的最大位移所描述的图形。通常要按选定的某一点的偏离值进行正则化处理。

02.181 阻抗头 impedance head
用以测量驱动点机械阻抗的传感器。由力传感器和加速度计两者组成。

02.182 机械共振 mechanical resonance
外加力的频率与机械系统的固有频率一致时所产生的振动。

02.183 机械跳动 mechanical run-out
接近探头或传感器系统,输出信号的误差源。这种误差源通常包括轴的不圆度、毛刺、铁锈和在轴上附着其他导电性物质等,从而使探头间隙变化(输出信号变化)与轴的中心位置变化或轴的动态运动失去相关关系。

02.184 峰能量测量 peak energy measurement
一般在 5kHz 至 40kHz 频率范围内测量短持续时间的振动加速度的能量。常用于滚动轴承的早期失效检测。

02.185 半功率点 half-power point
在谐振电路中,其功率为最大功率的一半(即电流为最大电流的 0.707 倍)时的频率。

02.186 应变效应 strain effect
导体或半导体电阻随其机械变形而变化的物理现象。

02.187 压磁效应 magnetoelastic effect
铁磁体受机械力(压力、张力、扭力等)作用后,而引起导磁系数发生变化的现象。

02.188 光电效应 photoelectric effect
物质在光的作用下发射电子或电导率改变,或者两种材料的界面上产生电势的现象。

02.189 霍尔效应 Hall effect
通过电流的半导体在垂直电流方向的磁场作用下,在与电流和磁场垂直的方向上形成电荷积累和出现电势差的现象。

02.190 压电效应 piezoelectric effect
不存在对称中心的异极晶体,受外力作用发生机械应变时在晶体中诱发出介电极化或电场的现象(称为正压电效应),或者在这种晶体加上电场使晶体极化,而同时出现应变或应力的现象(称为逆压电效应)。

02.191 压阻效应 piezoresistive effect
在一块半导体的某一轴向施加一定的应力时,其电阻率产生变化的现象。

02.06.02 机械量测量仪表名称

02.192 宽度计 width meter

测量并显示物体宽度的仪表。

02.193 光电式宽度计 photoelectric width meter

利用光电敏感元件，测量并显示物体宽度的仪表。

02.194 固体扫描式宽度计 solid scanning width meter

采用固体扫描器件，如CCD(电荷耦合器件)等，测量并显示物体宽度的仪表。

02.195 磁栅式宽度计 magnetic scale width meter

利用磁栅转换技术，测量并显示物体宽度的仪表。

02.196 厚度计 thickness meter

测量并显示物体厚度的仪表。

02.197 电涡流厚度计 eddy current thickness meter

利用电涡流原理，测量并显示物体厚度的仪表。

02.198 超声波厚度计 ultrasonic thickness meter

利用超声技术，测量并显示物体的厚度的仪表。主要用来测量金属或非金属材料板材的厚度或管材的壁厚。

02.199 微波厚度计 microwave thickness meter

利用微波技术，测量并显示金属物体厚度的仪表。

02.200 β射线厚度计 β radiation thickness meter

利用β电离辐射，测量并显示物体厚度的仪表。

02.201 γ射线厚度计 γ radiation thickness meter

利用γ电离辐射，测量并显示物体厚度的仪表。

02.202 X射线厚度计 X-radiation thickness meter

利用X电离辐射，测量并显示物体厚度的仪表。

02.203 气动厚度计 pneumatic thickness meter

利用气动喷嘴与被测物体或与其相连接的物体表面之间的距离发生变化时，喷嘴背压相应变化的原理，测量并显示物体厚度的仪表。

02.204 固体扫描式测长仪 solid scanning length measuring instrument

采用固体扫描器件(如CCD等)，测量并显示物体长度的仪表。

02.205 相关式测长仪 correlation length measuring instrument

利用相关技术，测量并显示物体长度的仪表。

02.206 表面粗糙度测量仪 surface roughness measuring instrument

测量并显示物体表面粗糙度的仪器。

02.207 电感式位移测量仪 inductive displacement measuring instrument

采用电感式位移传感器和相应的电路，测量并显示位移的仪表。

02.208 电感式测微计 inductive micrometer

利用电感技术测量微小位移或尺寸变化的仪表。

02.209 电容位移测量仪 capacitive displacement measuring instrument

采用电容位移传感器和相应的电路，测量并显示位移的仪表。

02.210 光纤式位移计 optic fiber displacement meter

利用光纤技术，测量并显示位移的仪表。

02.211 数字式位移测量仪 digital displacement measuring instrument

采用位移传感器和相应的电路，测量并以数字显示位移的仪表。

02.212 光电式辊缝测量仪 photoelectric roll gap measuring instrument

采用光电式角位移编码器和辊缝数字显示仪，测量并显示辊缝大小的仪表。

02.213 光纤式位置测量仪 optic fiber position measuring instrument

利用光纤检测技术，测量并显示物体位置的仪表。

02.214 光电式位置检测器 photoelectric position detector

采用光敏元件和相应的电路，测量并显示物体位置的仪表。

02.215 转速表 tachometer

测量并显示转速的仪表。

02.216 光电式转速表 photoelectric tachometer

采用光电敏感元件，测量并显示转速的仪表。

02.217 光纤式转速表 optic fiber tachometer

利用光纤技术，测量并显示转速的仪表。

02.218 磁电式转速表 magnetoelectric tachometer

利用磁电感应的原理，测量并显示转速的仪表。

02.219 手持式数字转速表 handy digital tachometer

用手握方式来测量转速的数字显示仪表。

02.220 离心式转速表 centrifugal tachometer

运用离心式机械结构，测量并显示转速的仪表。

02.221 闪光式转速仪 stroboscopic tachometer

运用频率闪烁原理，测量并显示转速的仪表。

02.222 激光转速仪 laser tachometer

利用激光技术，测量并显示转速的仪表。

02.223 瞬态转速仪 transient tachometer

测量并显示瞬时转速的仪表。

02.224 磁电相位差式转矩测量仪 magnetoelectric phase difference torque measuring instrument

采用磁电相位差式转矩传感器和相应的电路，测量并显示转矩的仪表。

02.225 应变式转矩测量仪 strain gauge torque measuring instrument

采用应变式转矩传感器和相应的电路，测量并显示转矩的仪表。

02.226 磁弹性式转矩测量仪 magnetoelastic torque measuring instrument

采用磁弹性转矩传感器和相应的电路，测量并显示转矩的仪表。

02.227 振弦式转矩测量仪 vibrating wire torque measuring instrument

采用振弦式转矩传感器和相应的电路，测量并显示转矩的仪表。

02.228 ［电阻］应变式张力计 ［resistance］ strain gauge tensiometer

利用电阻应变原理，测量并显示金属和非金属线材、带材张力的仪表。

02.229　[电阻]应变式轧制力测量仪　[resistance] strain gauge rolling force measuring instrument

利用电阻应变原理,测量并显示轧机的轧制力的仪表。

02.230　磁弹性式张力计　magnetoelastic tensiometer

利用铁磁材料的磁弹性效应原理,测量并显示张力的仪表。

02.231　磁弹性式轧制力测量仪　magnetoelastic rolling force measuring instrument

利用铁磁材料的磁弹性效应,测量并显示轧机等的轧制力的仪表。

02.232　电感式张力计　inductive tensiometer

利用电感作为转换元件,测量并显示金属和非金属带材张力的仪表。

02.233　振弦式拉力计　vibrating wire drawing force meter

利用振弦转换技术,测量并显示拉力的仪表。

02.234　振弦式张力计　vibrating wire tensiometer

利用振弦转换技术,测量并显示张力的仪表。

02.235　电容式轧制力测量仪　capacitive rolling force measuring instrument

利用电容作为转换元件,测量并显示轧机等的轧制力的仪表。

02.236　扩散硅式测力计　diffused silicon semiconductor force meter

利用半导体的压阻效应,测量并显示力的仪表。

02.237　单托辊电子皮带秤　single-idler electronic belt conveyor scale

由单组托辊组成称量框架的电子皮带秤。

02.238　多托辊电子皮带秤　multi-idler electronic belt conveyor scale

由多组托辊组成称量框架的电子皮带秤。

02.239　电子料斗秤　electronic hopper scale

自动检测料斗(或漏斗)中物料质量的装置。

02.240　电子汽车秤　electronic truck scale

检测汽车所装物料质量的称量装置。

02.241　电子平台秤　electronic platform scale

自动检测并显示通过台面的载体或直接放于台面上的被称物料质量的称量装置。

02.242　电子配料秤　electronic batching scale

可按配料要求,自动控制多种物料的配料量的配料装置。

02.243　电子轨道衡　electronic railway scale

能自动连续测量通过给定铁路有效称量段的列车所装物料质量的称量装置。

02.244　电子吊秤　electronic hoist scale

能自动检测和显示所吊物料质量和超载报警的装置。

02.245　电子计数秤　electronic counting scale

能自动进行计数的称量装置。

02.246　振动计　vibrometer

测量并显示物体振动值的仪表。

02.247　压电式振动计　piezoelectric vibrometer

利用压电效应测量振动的仪表。

02.248　压阻式振动计　piezoresistive vibrometer

利用压阻效应测量振动的仪表。

02.249　磁电式速度测量仪　magnetoelectric velocity measuring instrument

利用磁电转换原理,测量并显示速度的仪表。

02.250　振动监视器　vibration monitor

在线连续测量中,显示生产设备振动值和具

有定值报警功能的仪表。

02.251 振动分析仪 vibration analyzer

对振动信号的频谱进行分析的仪器。

02.252 频谱分析仪 spectrum analyzer

能以模拟或数字方式显示信号频谱的仪器。

02.253 数字信号分析仪 digital signal analyzer

利用数字技术对输入信号的频谱、相关函数、功率谱密度等进行分析的仪器。

02.254 千分表检查仪 micrometer checker

用来直接检查千分表头、测微仪、扭簧表、杠杆千分表、气动量仪和电感比较仪示值误差的精密测量仪器。

02.255 精密测微检定仪 precision micrometer inspection instrument

主要用于标定位移传感器或位移发生器的测量器。

02.06.03 机械量测量仪表校验方法和装置

02.256 皮带秤校准 conveyor belt scale calibration

将皮带秤显示仪表的示值与皮带机实际瞬时输送量和累计量进行比较的过程。

02.257 静态挂码校准 static weight-hoist calibration

皮带秤显示仪及称重传感器在正常工作条件下(胶带输送机不工作),在称量框架适当的部位,加挂规定质量的砝码,从而得到显示仪瞬时质量和累计质量读数而进行的校准方法。

02.258 链码校准 captive chain calibration

皮带秤在正常工作条件下,在大于称量段长度的胶带上加载规定质量和形状的链码从而得到显示仪瞬时质量和累计质量读数所进行的校准方法。

02.259 实物校准 actual material calibration

皮带秤在正常工作条件下,在其胶带运输机的加料口处,加入已知质量的物料,从而得到显示仪的瞬时质量和累计质量读数所进行的校准方法。

02.260 皮带秤动态试验装置 conveyor belt scale dynamic testing apparatus

利用实际物料或代替物料对皮带秤进行工作状态特性试验的装置。

02.261 料斗秤试验装置 hopper scale testing apparatus

利用实际物料或代替物料对料斗秤进行加料、称重、卸料等特性试验的装置。

02.262 转速校验台 revolution speed check table

校验转速仪表的装置。

02.263 绝对法校准 absolute calibration

用基本量(如振幅、频率等)来校准传感器的方法。

02.264 比较法校准 comparison calibration

用参考标准来校准传感器的方法。

02.265 互易法校准 reciprocity calibration

利用可逆、无源和线性传感器的输出和输入存在着互换的关系,求得传感器灵敏度值的绝对法校准。

02.266 标准加速度传感器 standard acceleration transducer

在加速度传感器的“比较法”校准中,作为参比用的加速度传感器。

02.07 执 行 器

02.07.01 一 般 名 词

02.267 额定行程 rated travel, rated stroke
在执行机构中,指输出杆(轴)在对应于上下限的输入信号的起始和终止位置之间所规定的位移量;在阀中,指截流件从关闭位置到规定的全开位置的位移量。

02.268 相对行程 relative travel
某一行程与额定行程之比。

02.269 执行机构行程特性 actuator travel characteristic
执行机构的行程与输入信号之间的关系,一般用相对量表示。

02.270 执行机构载荷 actuator load
被驱动的对象作用在执行机构输出杆(轴)上阻止其动作的力(力矩)。

02.271 执行机构输出力 actuator stem force
又称"执行机构推力"。执行机构可用于驱动阀或其他调节机构的力。

02.272 执行机构输出转矩 actuator shaft torque
又称"输出轴转矩"。执行机构可用于驱动阀或其他调节机构的转矩。

02.273 固有流量特性 inherent flow characteristic
相对流量系数和相应的相对行程之间的关系。

02.274 流量系数 flow coefficient
在规定条件下,用于表示阀流通容量的基本系数。

02.275 额定流量系数 rated flow coefficient
额定行程下的流量系数。

02.276 相对流量系数 relative flow coefficient
某一行程下的流量系数与额定流量系数之比。

02.277 安装流量特性 installed flow characteristic
在安装条件下阀的相对流量与相对行程之间的关系。

02.07.02 执 行 器 名 称

02.278 执行器 final controlling element
控制系统正向通路中直接改变操纵变量的仪表,由执行机构和调节机构组成。

02.279 调节机构 correcting element
用执行机构驱动,直接改变操纵变量的机构。

02.280 执行机构 actuator
将控制信号转换成相应动作的机构。

02.281 气动执行机构 pneumatic actuator
利用有压气体作为动力源的执行机构。

02.282 电动执行机构 electric actuator
利用电作为动力源的执行机构。

02.283 液动执行机构 hydraulic actuator
利用有压液体作为动力源的执行机构。

02.284 电液执行机构 electro-hydraulic actuator
接受电信号并以有压液体作为动力源的执行

机构。

02.285 薄膜执行机构 diaphragm actuator

利用气压在膜片上所产生的力,通过输出杆驱动阀或其他调节机构的一种机构。

02.286 滚动膜片执行机构 rolling diaphragm actuator

利用气压在滚动膜片(深波纹膜片)上所产生的力,通过输出杆驱动阀或其他调节机构的一种机构。

02.287 活塞执行机构 piston actuator

利用气压在活塞上所产生的力,通过输出杆驱动阀或其他调节机构的一种机构。

02.288 角行程气动执行机构 angular displacement pneumatic actuator

由气压操作旋转式动力部件输出角位移和转矩的执行机构。

02.289 正作用执行机构 direct actuator

随操作压力增大,输出杆向外伸出,压力减小又自行向里退回的执行机构。

02.290 反作用执行机构 reverse actuator

随操作压力增大,输出杆向里退回,压力减小又自行向外伸出的执行机构。

02.291 直线行程电动执行机构 linear electric actuator

输出直线位移的电动执行机构。

02.292 角行程电动执行机构 angular displacement electric actuator

输出角位移的电动执行机构。

02.293 多转电动执行机构 multi-turn electric actuator

输出多转角位移的电动执行机构。

02.294 数字式电动执行机构 digital electric actuator

接受数字信号而输出相应的直线位移或角位移的电动执行机构。

02.295 步进电机执行机构 stepmotor actuator

采用步进电机作为动力部件的电动执行机构。

02.296 比例式电动执行机构 proportional electric actuator

输出的直线位移或角位移与输入信号成比例关系的电动执行机构。

02.297 积分式电动执行机构 integral electric actuator

输出的直线位移或角位移与输入信号成积分关系的电动执行机构。

02.298 无触点电动执行机构 electric actuator with noncontact control

用无触点结构形式的伺服放大器和位置发送器进行控制的电动执行机构。

02.299 有触点电动执行机构 electric actuator with contact control

用有触点结构形式的伺服放大器和位置发送器进行控制的电动执行机构。

02.300 防爆型电动执行机构 explosion-proof electric actuator

符合防爆标准的电动执行机构。

02.301 直行程阀 linear motion valve

具有直线移动式截流件的阀。

02.302 角行程阀 rotary motion valve

具有旋转运动式截流件的阀。

02.303 自力式调节阀 self-operated regulator, self-actuated regulator

无需外加动力源,只依靠被控流体的能量自行操作并保持被控变量恒定的阀。

02.08 自动控制器及系统

02.08.01 一般名词

02.304 系统 system

为实现规定功能以达到某一目标而构成的相互关联的一个集合体或装置(部件)。

02.305 控制 control

为达到规定的目标,对元件或系统的工作特性所进行的调节或操作。

02.306 自动控制 automatic control

无需人直接干预其运行的控制。

02.307 手动控制 manual control

由人直接或间接操纵的控制。

02.308 监视 monitoring

观察系统或系统一部分的工作,确认正确的运行和检出不正确的运行。

02.309 监控 supervision

系统的控制和监视操作,必要时包括保证可靠性和安全保护的操作。

02.310 开环控制 open-loop control

输出变量不持久,影响系统本身具有的控制作用的控制。

02.311 闭环控制 closed-loop control, feedback control

又称"反馈控制"。使控制作用持久地取决于被控变量测量结果的控制。

02.312 定值控制 control with fixed set-point

使被控变量保持基本恒定的闭环控制。

02.313 随动控制 follow-up control

使被控变量随参比变量的变化而变化的闭环控制。

02.314 前馈控制 feedforward control

将被控变量的一个或多个影响条件的信息转换成反馈回路外的附加作用的控制。

02.315 串级控制 cascade control

一个控制器的输出变量是其他控制器的参比变量的控制。

02.316 无相关控制 non-interacting control

任何一对给定输入-输出的操作独立于其他任何一对输入-输出的多输入多输出控制。

02.317 极限控制 limiting control

只有当被限定的给定过程变量超越预定极限时才起作用的控制。

02.318 连续控制 continuous control

时间上连续地取得参比变量和被控变量,由连续作用产生操纵变量的控制。

02.319 采样控制 sampling control

时间上不连续地取得参比变量和被控变量,利用以一定时隔采样并具有保持作用的元件产生操纵变量的控制。

02.320 分时控制 time shared control

由一个控制器利用具有保持作用的元件,依次为各控制回路产生操纵变量的多控制回路的采样控制。

02.321 [自]适应控制 adaptive control

采用自动方法改变或影响控制参数,以改善控制系统性能的控制。

02.322 最优控制 optimal control

在规定的限度下,使被控系统的性能指标达到最佳状态的控制。

02.323 监督控制 supervisory control

对独立运行的控制回路施加间断校正作用的控制。

02.324 设定点控制 set point control, SPC
由操作人员或其他外部源改变设定点来建立校正作用的控制。

02.325 直接数字控制 direct digital control
由数字装置实现控制器功能的控制。

02.326 逻辑控制 logic control
通过逻辑[布尔]运算由二进制输入信号产生二进制输出信号的控制。

02.327 控制层次 control hierarchy
按主控系统的递增复杂程度排列的不同控制等级之间关系的图解表示。

02.328 控制算法 control algorithm
需执行控制作用的数学表示法。

02.329 人机通信 man-machine communication
人通过输入装置给计算机输入各种数据和命令,以进行操纵和控制,而计算机则执行命令和将数据处理的结果及时地显示出来的人机交互过程。

02.330 在线处理 on-line processing
(1)外围设备与中央处理机相连,并在中央处理机直接控制之下的数据处理。(2)与实时控制系统直接相连的数据处理。

02.08.02 控　制　器

02.331 [反馈]控制器 [feedback] controller
能自动地工作,通过将被控变量值与参比变量值相比较后,改变被控变量从而缩小两者之间差异的装置。

02.332 比例控制器 proportional controller, P controller
又称"P 控制器"。仅产生比例控制作用的控制器。

02.333 积分控制器 integral controller, I controller
又称"I 控制器"。仅产生积分控制作用的控制器。

02.334 无定位控制器 floating controller
输出的变化率是偏差信号的连续(或至少是分段连续)函数的控制器。

02.335 单速无定位控制器 single-speed floating controller
输出变化率固定,依据驱动偏差信号的正负号增加或减小的无定位控制器。

02.336 多速无定位控制器 multiple-speed floating controller
输出可以两种或多种速率变化,每种速率对应于驱动偏差信号值的一个限定范围的无定位控制器。

02.337 比例积分控制器 proportional plus integral controller, PI controller
又称"PI 控制器"。产生比例和积分(再调)控制作用的控制器。

02.338 比例微分控制器 proportional plus derivative controller, PD controller
又称"PD 控制器"。产生比例和微分控制作用的控制器。

02.339 时序控制器 time schedule controller
设定点或参比输入信号自动按预定时间表执行的控制器。

02.340 可编程控制器 programmable controller
可通过编程或软件配置改变控制对策的控制器。

02.341 **比值控制器** ratio controller
在两个变量间保持预定比率的控制器。

02.342 **采样控制器** sampling controller
采用间断观察所观察到的信号值，如设定点信号、驱动偏差信号或表示被控变量的信号来影响控制作用的控制器。

02.343 **自力式控制器** self-operated controller
从被控系统获得操作终端控制元件的全部能量的控制器。

02.344 **通断控制器** on-off controller
两个离散值中一个为0一个为1的两位控制器。

02.345 **多位控制器** multistep controller
具有两个以上离散输出值的控制器。

02.346 **两位控制器** two-step controller
具有两个离散输出值的控制器。

02.347 **三位控制器** three-step controller
具有三个离散输出值的控制器。

02.08.03 自动控制系统

02.348 **被控系统** controlled system
接受控制的系统。

02.349 **直接被控系统** directly controlled system
控制系统中直接由终端控制元件控制的过程或系统元件及装置。

02.350 **间接被控系统** indirectly controlled system
被控系统中，间接被控变量响应直接随被控变量的变化而变化的部分。

02.351 **主控系统** controlling system
由控制被控系统的全部元件组成的系统。

02.352 **自动控制系统** automatic control system
无需人直接干预其运行的控制系统，由主控系统和被控系统组成。

02.353 **实时控制系统** real-time control system
能对输入作出快速响应、快速检测和快速处理，并能及时提供输出操作信号的计算机控制系统。

02.354 **在线实时系统** on-line real-time system
利用通信线路把数据源和中央计算机连接起来，在数据产生的同时直接把数据传送给中央计算机进行处理并作出快速响应的系统。

02.355 **点到点控制系统** point-to-point control system
只是使运动由某一点到达另一指定的点，而不对运动的路径进行控制的一种数值控制系统。

02.356 **分散型控制系统** distributed control system
一种控制功能分散、操作显示集中，采用分级结构的控制网络。

02.357 **工业控制计算机** process control computer
具有采集来自工业生产过程的模拟式和(或)数字式数据的能力，并能向工业过程发出模拟式和(或)数字式控制信号，以实现工业过程控制和(或)监视的数字计算机。

02.358 **计算机系统** computer system
由一台或多台计算机和相关软件组成并完成某种功能的系统。

03. 电测量仪器仪表

03.01 一般名词

03.001 电工测量仪器仪表 electrical measuring instrument
又称“电测量仪表”。用电工手段测量电量或非电量的[仪器]仪表。

03.002 电子测量[仪器]仪表 electronic measuring instrument
用电子手段测量电量或非电量的[仪器]仪表。

03.003 示波器 oscilloscopc
显示被测量的瞬时值轨迹变化情况的仪器。

03.004 示[录]波器 oscillograph
以轨迹的形式记录被测量的瞬时值的仪器。

03.005 [电量输出]测量变换器 measuring transducer [with electrical output]
能以规定的准确度并按照给定的规则将被测的量或已经转换的量变换为一种电量的器件。

03.006 单量限[测量]仪表 single range [measuring] instrument
仅有一个测量范围的仪表。

03.007 多量限[测量]仪表 multi-range [measuring] instrument
具有一个以上测量范围的仪表。

03.008 多标度[测量] multi scale [measuring] instrument
具有一个以上标度尺的仪表。

03.009 单功能[测量]仪表 single function [measuring] instrument
仅能测量一种电量的仪表。

03.010 多功能[测量]仪表 multi-function [measuring] instrument
能测量一种以上电量的仪表。

03.011 万用电表 multimeter
测量电压、电流、电阻等的多量程多功能仪表。

03.012 微差[测量]仪表 differential measuring instrument
测量不同电路中同时存在的两个同类量值之差的仪表。

03.013 总和仪表 summation instrument
能测出不同电路中同时存在的同类量值之和的仪表。

03.014 比率表 ratio-meter
又称“流比计”。测量两个同类量值之比的仪表。

03.015 商值表 quotient-meter
测量两个不同类量值之商的仪表。

03.016 XY 记录仪 XY recorder
能记录两个变量关系并以直角坐标系表示的记录仪。

03.017 电流表 ammeter
测量电流的仪表。

03.018 检流计 galvanometer
检示或测量微小电流的仪表。

03.019 电压表 voltmeter
测量电压的仪表。

03.020 静电计 electrometer

测量静电量的仪表。

03.021 峰值电压表 peak voltmeter
测量变化电压的最大瞬时值的电压表。

03.022 [有功]功率表 wattmeter
测量有功功率的仪表。

03.023 无功功率表 varmeter
测量无功功率的仪表。

03.024 视在功率表 volt-ampere meter
又称“伏安表”。测量视在功率的仪表。

03.025 电阻表 ohmmeter
又称“欧姆表”。测量电阻的仪表。

03.026 接地电阻表 earth resistance meter
测量接地电阻的仪表。

03.027 高阻表 insulation resistance meter
又称“兆欧表”。测量绝缘电阻的仪表。

03.028 电容表 capacitance meter
测量电容的仪表。

03.029 电感表 inductance meter
测量电感的仪表。

03.030 频率表 frequency meter
测量周期量频率的仪表。

03.031 相位表 phase meter
测量相同频率的两个正弦交流电量之间的相位差的仪表。

03.032 功率因数表 power factor meter
测量电路中有功功率与视在功率之比的仪表。

03.033 库仑表 coulomb meter, coulometer
测量电荷量(带电量)的仪表。

03.034 安时计 ampere-hour meter
以电流对时间积分方式测量电量的仪表。

03.035 [有功]电能表 watt-hour meter
又称“瓦时计”。以有功功率对时间积分方式测量有功电能的仪表。

03.036 无功电能表 var-hour meter
以无功功率对时间积分方式测量无功电能的仪表。

03.037 视在功率电能表 volt-ampere-hour meter
以视在功率对时间积分方式测量视在电能的仪表。

03.038 磁通表 flux meter
测量磁通的仪表。

03.039 磁强计 magnetometer
测量给定方向上的磁场强度的仪器。

03.040 磁导计 permeameter
测量物质导磁特性的仪器。

03.041 [测量]电位差计 [measuring] potentiometer
将被测电压与相同波形、频率的可调已知电压对接的电压测量仪器。

03.042 分压器 voltage divider
由一些电阻器、电感器、电容器、互感器或这些部件组合构成的装置,在此装置的两点之间可得到加给装置的电压中所要求的电压部分。

03.043 机械零位调节器 mechanical zero adjuster
将机械零位调整到要求位置的机构。

03.044 电零位调节器 electrical zero adjuster
将电零位调到要求位置的器件。

03.02 电测量器具和设备

03.045 静电系仪表 electrostatic instrument

以静电力工作的仪表，主要用于测量电压。

03.046 永磁动圈式仪表 permanent-magnet moving-coil instrument, magnetoelectric instrument

又称"磁电系仪表"。利用可动线圈中的电流与固定的永久磁铁的磁场相互作用而工作的仪表。

03.047 动磁式仪表 moving-magnet instrument

由可动永久磁铁的磁场与固定线圈中的电流相互作用而工作的仪表。

03.048 电磁系仪表 electromagnetic instrument

又称"动铁式仪表"。由软磁材料可动铁片受固定线圈的磁场吸引或被固定线圈电流同时磁化的静动铁片间的排斥力所驱动的仪表。

03.049 电动系仪表 electrodynamic instrument

由固定线圈的磁场与一个或数个可动线圈中的电流相互作用而工作的仪表。

03.050 铁磁电动式仪表 ferrodynamic instrument

在测量机构中磁路设有磁芯的电动仪表。

03.051 感应系仪表 induction instrument

由一个（或数个）固定线圈的交变磁场与一个（或数个）可动导电元件中感应的电流引起的磁场相互作用而工作的仪表。

03.052 热[电]偶式仪表 thermocouple instrument

又称"温差电偶式仪表"。以电流加热一个或数个热[电]偶并测量其电动势的仪表。

03.053 整流式仪表 rectifier instrument

一般是与整流器件组合在一起的磁电系仪表，用于测量交流电量。

03.054 振簧系仪表 vibrating reed instrument

由一组调谐的振簧构成的仪表。主要用于测量频率。

03.055 直接作用仪表 direct acting instrument

指示或记录装置与可动机械部分连接，并由可动部分驱动的仪表。

03.056 间接作用[动作]仪表 indirect acting instrument

指示或记录机构是由电动机或其他器件驱动的仪表。该电动机或其他驱动器件以电－机械、电（动）或电子方式，由被测的量控制。

03.057 指针式仪表 pointer instrument

一种指示仪表，其中指示器是在固定标度尺上移动的指针。

03.058 光标式仪表 instrument with optical index

由光标在标度尺上移动给出读数的指示仪表。标度尺可以是仪表的部件，或同仪表主体分离。

03.059 动标度尺式仪表 moving-scale instrument

标度尺相对于指示器移动的仪表。

03.060 影条式仪表 shadow column instrument

由一条阴影在有照明的标度尺上给出指示

的仪表。标度尺可以是仪表的一个部件，或同仪表分离。

03.061 抑零点仪表 instrument with suppressed zero

没有零标度的仪表。

03.062 扩展标度尺仪表 expanded scale instrument

能将测量范围内的一小部分扩展到占据标度尺长度的较大部分的仪表。

03.063 无定向测量仪表 astatical measuring instrument

测量机构不受外来均匀磁场影响的仪表。

03.064 带有锁定装置的仪表 instrument with locking device

能将可动部分锁定在停止位置处的仪表。

03.065 带触点的仪表 instrument with contact

可动部分在预定位置处使触点动作的仪表。

03.066 极性指示器 polarity indicator

用于指示一个导体的极性的检示仪器。

03.067 相序指示器 phase sequence indicator

用于在多相系统中指示各相瞬时电压达到最大值的顺序的仪表。

03.068 同步指示器 synchronoscope

用于指示两个交流电压或两个多相系统是否具有相同的频率和相位的仪表。

03.069 绝缘损坏检示仪表 insulation fault detecting instrument

用于检示电气绝缘损坏的仪表。

03.070 接地漏电检示器 earth leakage detector

用于检示对地泄漏电流的仪表。

03.071 带电电压检示器 live voltage detector

用于指示导电部件是否带电的仪表。

03.072 验电器 electroscope

用于检示电位差或电荷的静电系仪表。

03.073 象限静电计 quadrant electrometer

由可动部件与象限形固定部件间的静电力来驱动可动部分的静电计。

03.074 闪电电流磁检示器 magnet detector for lightning current

以某些部件的磁特性变化的方式检示闪电冲击并给出闪电冲击电流的估计值的仪器。

03.075 磁电系检流计 moving-coil galvanometer

又称“动圈式检流计”。带电流的线圈在永久磁铁的磁场中动作的检流计。

03.076 冲击检流计 ballistic galvanometer

根据可动部分摆动幅值确定被测电量的检流计。

03.077 弦线检流计 string galvanometer

在永久磁铁或电磁铁的磁极间以一根被拉紧的垂直弦线作为其可动部分的检流计。

03.078 差值检流计 difference galvanometer

用于测量两个电流差的检流计。

03.079 振动检流计 vibration galvanometer

调整可动部分的固有频率，使其按被测或被检示电量频率产生机械谐振的检流计。

03.080 指针式检流计 pointer galvanometer

由可动部分的指针在标度尺上移动进行指示的检流计。

03.081 光点检流计 galvanometer with optical point

由光点在标度尺上移动进行指示的检流计。

03.082 轴尖式检流计 pivot galvanometer

可动部分用轴尖和轴承支承的检流计。

03.083 张丝式检流计 taut suspension galvanometer

可动部分用张丝支承的检流计。

03.084 悬丝式检流计 filar suspended galvanometer
可动部分用悬丝悬挂的检流计。

03.085 分装式检流计 separate galvanometer
标度尺与测量机构分开装设的光点检流计。

03.086 电动系电能表 electrodynamic energy meter
以电动系测量机构的动圈旋转方式工作的电能表。

03.087 感应系电能表 induction energy meter
以感应系测量机构的圆盘旋转方式工作的电能表。

03.088 超量电能表 excess energy meter
当功率超过预定值时测量越限电能用的电能表。

03.089 最大需量电能表 meter with maximum demand indicator
装有指示各连续相等间隔时间中最大平均功率值装置的电能表。

03.090 复费率电能表 multi-rate meter
装有数个计度器的电能表,每个计度器在相应的不同费率的规定时间区间内工作。

03.091 预付费电能表 prepayment meter
由电能表和预付费机构组成的装置,于投放适当的硬币后,电源接通,当电能预置量耗尽时,电源自动切断。

03.092 惠斯通电桥 Wheatstone bridge
测量电阻值的一种四臂电桥,被测电阻为一个臂,其余三个臂是已知标准电阻,其中至少有一个臂是可调的。

03.093 开尔文[双比]电桥 Kelvin [double] bridge
通过与一个四端标准电阻进行比较来测量一个四端电阻的值的一种六臂测量电桥,其中两个臂是联动可调的。

03.094 变压器电桥 transformer bridge
一种测量阻抗用的交流电桥,其中,至少两个臂是由变压器中具有抽头的绕组构成的,这些绕组的匝数比提供准确的标准电压比值。

03.03 记录仪器、光线示波器

03.095 直接动作记录仪 direct acting recorder
由测量机构的可动部分,通过机械连接以驱动记录装置的记录仪器。

03.096 间接动作记录仪 indirect acting recorder
由被测量(用机电或电子方式)控制电机或其他机械以驱动记录装置的记录仪器。

03.097 直线坐标记录仪 rectilinear coordinate recorder
当传纸机构静止而被测量变化时,记录装置能给出直线迹线的记录仪器。

03.098 曲线坐标记录仪 curvilinear coordinate recorder
当传纸机构静止而被测量变化时,记录装置能给出曲线迹线的记录仪器。

03.099 积分式记录仪 integrating recorder
能记录某一量在限定时间内的积分值的记录仪器。

03.100 带形图纸记录仪 strip chart recorder
又称"长图记录仪"。采用带形记录纸、并由传纸机械驱动的记录仪器。

03.101　鼓形记录仪　drum recorder

采用绕在圆筒上的单卷记录纸、并由传动机械驱动的记录仪器。

03.102　圆盘形记录仪　disc recorder

又称"圆图记录仪"。采用圆形记录纸、并由传动机械驱动的记录仪。

03.103　光点记录仪　spot recorder

用光点(可见或不可见)在光敏记录纸上进行记录的记录仪器。

03.104　打印式记录仪　printing recorder

用打印一系列断续标记在记录纸上进行记录的记录仪器。

03.105　静电式记录仪　electrostatic recorder

利用在记录载体上所形成的静电图像,经过处理后呈现可见图像的记录仪器。

03.106　断续线记录仪　dotted line recorder

能在记录纸上按被测量的数值打印出一系列标记(点或数字等)形成断续迹线的记录仪器。

03.107　单通道记录仪　single channel recorder

仅能记录一个被测量的记录仪器。

03.108　多通道记录仪　multiple channel recorder

能记录一个以上被测量的记录仪器。

03.109　事故[状态]记录仪　event recorder

能记录一个量的出现和消失,或双态装置之一状态的记录仪器。

03.110　光线示波器　optical oscillograph

利用振动子偏转反射的光点,在感光记录纸上记录(直接或经处理后呈现)一个或多个瞬时值的光点记录仪器。

03.04　数字仪表和模/数转换器

03.111　模/数转换　analogue-to-digital conversion, ADC

以采样、量化和编码以及必要的辅助运算方式,将模拟量转换为数字量的过程。

03.112　电子模/数转换器　electronic analogue-to-digital convertor

执行电信号的模/数转换并提供电数字形式转换值的电子装置。

03.113　[模/数转换的]规范化　scaling [for analogue-to-digital conversion]

为使输入信号范围与转换器范围相匹配,在进行模/数转换前,以放大或衰减方式,使输入信号进入转换器工作范围。

03.114　代码转换器　code converter

将已编码的数字输入信号转换为不同编码的数字输出信号用的器件。

03.115　线性转换　linear conversion

每个输出值的变化量与其相应的输入值变化量之比为一常数的转换。

03.116　非线性转换　non-linear conversion

每个输出值的变化量与其相应的输入值的变化量之比不是常数的转换。

03.117　积分转换　integrating conversion

输入信号沿全部规定时间的积分(以数字表示)的转换。

03.118　转码点　commutation point

当输入量的值连续改变时,输出信号(指示)由一个值跳到相邻的值所经过的点。

03.119　转换速率　conversion rate

每单位时间内将模拟量值转换为数字表示(或相反)的次数。

03.120 数字化误差 digitizer error
在数字化过程中由于整量化形成的误差。

03.121 分辨误差 resolution error
由分辨力引起的误差。

03.122 转码误差 commutation error
当输入值按一个方向改变时，由于转码点偏离每一量化单位内的预定位置而引起的数字化误差的分量。

03.123 死区误差 dead zone error
在转换开始和终止处产生输出不确定度的数字化误差的部分。

03.124 滞后误差 hysteresis error
当输入值先单调增加，然后减少，或先减少然后增加时，由转码点位置的差异引起的数字化误差的分量。

03.125 转换系数误差 error of the conversion coefficient
测得的转换系数值减去其额定值。

03.126 线性度误差 linearity error
转换曲线对于直线的偏差。

03.127 参比线 reference line
又称"基准线"。通过零点和校准点画出的直线。

03.128 斜率的微分误差 differential error of the slope
有效范围内一个规定点的灵敏度和参比线的斜率之差。

03.129 偏离线性度 deviation from linearity
对应于同一输入量值的输出值与按参比线确定的值之差。

03.130 模糊误差 ambiguity error
由于不同的数字位置(如多位数字模/数转换)不能精确地同步改变引起的，并在阅读一个量的数字表示时出现的瞬时粗略误差。

03.131 转换系数 conversion coefficient
每一单位数字量所对应的输入模拟量。

03.132 影响系数 influence coefficient
由影响量引起的误差改变除以引起此改变的影响量改变之商。

03.133 数字电压表 digital voltmeter
用模/数转换器将测量电压值转换成数字形式并以数字形式表示的仪表。

03.134 数字功率表 digital power meter
通过变换器将被测功率变换成直流电压，再经模/数转换并以数字显示的仪表。

03.135 数字相位表 digital phase meter
应用相位/时间、相位/频率或相位/角度转换器进行转换并以数字显示的仪表。

03.136 数字频率表 digital frequency meter
用于测量频率、周期、时间、频率比、任一时间内脉冲数以及累积计数并以数字显示的仪表。

03.137 数字多用表 digital multimeter
又称"数字万用表"。用数字显示测量结果的多功能仪表。

03.05 检示仪表和标准器

03.138 直流电位差计 DC potentiometer
利用补偿原理测量直流电压的仪器。

03.139 高电动势电位差计 high e. m. f. potentiometer
最大测量电压大于或等于1V的电位差计。

03.140 低电动势电位差计 low e. m. f. potentiometer

最大测量电压小于1V的电位差计。

03.141 直流比较式电位差计 DC comparison type potentiometer

具有磁调制原理的检零器和伺服控制电路的电位差计。

03.142 交流电位差计 AC potentiometer

测量交流电压及相位的仪器。其工作原理是调节标准电压的幅值和相位使之与被测电压平衡,以实现补偿测量。

03.143 直角坐标式电位差计 rectangular coordinate type potentiometer

调节两个相角差为π/2的标准电压与被测电压相平衡,以确定被测电压相位的两个垂直分量的交流电位差计。

03.144 极坐标式电位差计 polar coordinate type potentiometer

调节标准电压的幅值和相位,使与未知电压相平衡的交流电位差计。

03.145 电位差计残余电动势 residual electromotive force of potentiometer

当电位差计的测量标度盘置于零时,由电位差计自身的原因所引起的测量端的开路电压。

03.146 有效量程 effective span

对于某一规定量程因数,电位差计在规定的准确度下能够测量的标度盘示值的范围。

03.147 量程转换器 span-changing device

可将有效量程乘上一个被称为"量程因数"的系数(如0.1)的装置。

03.148 直流比较仪式电桥 DC comparator type bridge

具有利用磁调制原理的检零器和伺服控制电路的直流电桥。

03.149 直流高阻电桥 DC bridge for measuring high resistance

测量1MΩ以上直流电阻的电桥。在结构和线路上采取了屏蔽措施,以减小泄漏电流对测量结果的影响。

03.150 测温电桥 bridge for measuring temperature

用测温电阻(通常是铂电阻)作为桥路的一臂,并根据测温电阻的阻值与温度变化的关系来测量温度的一种电桥。

03.151 交流电桥 AC bridge

用于测量交流电阻及其时间常数、电容及其损耗角、自感及其品质因数、互感等交流参数的电桥。

03.152 高压电桥 high voltage bridge

在工频及高压下测量各种绝缘材料和电工设备的电容量和介质损耗的电桥。

03.153 [电流]跨线电阻 [current] link resistance

连接开尔文电桥电流端和被测电阻相应电流端的导线电阻,加上两电流端内部的电流导线电阻。

03.154 [电位端]连接电阻 potential connecting resistance

对于开尔文电桥是指电桥电位端(对于惠斯通电桥是指电桥测量端)到被测电阻相应电位端连接导线的电阻加上被测电阻内部的电位导线电阻。

03.155 感应分压器 inductive voltage divider

由一个或多个相互连接的多抽头铁心线圈形成的分压器,用开关或其他方法提供的输出电压等于输入电压的某个选定的比值。

03.156 标准电阻 standard resistor

复现电阻单位(值)的标准量具。通常由锰铜、卡玛或其他电阻材料制成,标称值为$10^{\pm n}\Omega$(n为整数)。

03.157 电阻箱 resistance box

若干定值精密电阻的组合体，它们安装在同一箱内，通过转换装置改变其阻值。

03.158 标准自感器 standard self inductor

在交流测量中作为自感标准的量具。

03.159 电感箱 inductance box

若干精密自感线圈的组合体，它们安装在同一箱内，通过转换开关改变其电感值。

03.160 零电感 zero inductance

电感箱示值为零时，其测量端间的电感值。

03.161 标准互感器 standard mutual inductor

在交流测量中作为互感标准的量具。

03.162 标准电容器 standard capacitor

在交流测量中作为电容标准的量具。

03.163 电容箱 capacitance box

若干精密电容器的组合体。它们安装在同一箱体内，通过转换开关改变其电容值。

03.164 三端测量 three-terminal measurement

测量装置有三个端钮接到被测三端元件上，第三端为屏蔽防护端，此端与某电位（如地电位）相连，以避免附近杂散电磁场的干扰以及二端之间寄生电容分路对被测量的影响。

03.165 内装式检流计 Built-in galvanometer

标度尺与可动部分装在同一外壳内的检流计。

03.166 阴极射线指零仪 cathode ray null indicator

采用阴极射线管（示波器）作为平衡指示的指零仪。

03.167 交流平衡指示器 AC balance indicator

在交流平衡测量中，指示幅值和相角平衡的指示器。

03.06 仪用电源

03.168 电源装置 supply apparatus

从电网中取得能量，经变换后对一个或多个负载提供电能的装置。

03.169 稳定电源装置 stabilized supply apparatus

具有一个或多个稳定输出量的电源装置。

03.170 恒压电源 constant voltage power supply

相对于影响量的改变能提供稳定输出电压的电源。

03.171 恒流电源 constant current power supply

电网电压及其他影响量在一定范围内改变时，能提供稳定输出电流的电源。

03.172 直流电压校准器 DC voltage calibrator

能输出步进或连续可调的直流标准电压的器具。

03.173 交流电压校准器 AC voltage calibrator

能输出步进或连续可调的交流标准电压的器具。

03.174 交流电流校准器 AC current calibrator

能输出步进或连续可调的交流标准电流的器具。

03.175 比较器 comparator

输出量数值与规定的参比值相比较，以产生一个差值信号（误差信号）的器件。

03.176 电源电压调整率 line voltage regulation

当电网电压作额定变化时，输出电压的相对变化。通常用百分比表示。

03.177 负载调整率 load regulation

当输入电压不变，负载从零变化到额定值时，输出电压的变化。通常用百分比表示。

03.07 仪用互感器

03.178 仪用自耦互感器 instrument autotransformer

一次和二次绕组具有共用部分的仪用互感器。

03.179 组合式互感器 combined transformer

由电流互感器和电压互感器组成并装在同一外壳内的互感器。

03.180 电流互感器 current transformer

利用电磁感应原理改变电流量值的器件。

03.181 套管式电流互感器 bushing type current transformer

可直接装在绝缘套管上或导体上的电流互感器。

03.182 母线式电流互感器 bus type current transformer

可直接套装在母线上的电流互感器。

03.183 电缆式电流互感器 cable type current transformer

在电缆上使用的电流互感器。

03.184 钳式电流互感器 split-core type transformer

磁路为钳形张开式(或以其他方式分为两部分)可钳在带有被测电流的绝缘的导体上的电流互感器。

03.185 棒式电流互感器 bar primary current transformer

一次导体由一根棒或并联的一组棒构成的电流互感器。

03.186 棒形套管式电流互感器 bar primary bushing type current transformer

一次导体为棒状的套管式电流互感器。

03.187 支承式电流互感器 support type current transformer

兼起支承一次导体作用的电流互感器。

03.188 绕线式电流互感器 wound primary type current transformer

一次绕组由单匝或多匝绕线构成的电流互感器。

03.189 全绝缘电流互感器 fully insulated current transformer

整体结构部件具有相当额定绝缘要求的电流互感器。

03.190 扩展的额定型电流互感器 extended rating type current transformer

使连续被测电流高于额定一次电流，并符合此电流规定准确度要求的电流互感器。

03.191 单铁心型电流互感器 single-core type current transformer

一次绕组与二次绕组绕在同一个铁心上的电流互感器。

03.192 多铁心型电流互感器 multi-core type current transformer

由数个分离的铁心构成的电流互感器，其中每一铁心带有各自的二次绕组和共用的一次绕组。

03.193 混合绕组电流互感器 compound-wound current transformer

带有一个专用作减少一次和二次电流间相位差的单独的辅助绕组的电流互感器。

03.194 总和电流互感器 summation current transformer

又称“*总加电流互感器*”。在电力系统中用作测量同频率电流相量之和的电流互感器。

03.195 电流匹配互感器 current matching transformer

用于使主电流互感器的额定二次电流与负载的额定电流匹配,或用作保护仪表安全的电流互感器。

03.196 测量用电流互感器 measuring current transformer

利用一次与二次绕组间电流对应关系来测量电流的互感器。

03.197 保护电流互感器 protective current transformer

将信号传送给保护和控制装置的电流互感器。

03.198 剩余电流互感器 residual current transformer

用作变换剩余电流的一个或三个连接成一组的电流互感器。

03.199 电压互感器 voltage transformer

利用电磁感应原理改变交流电压量值的器件。

03.200 不接地型电压互感器 unearthed voltage transformer

一次绕组的各部分(包括端子)均以额定绝缘水平的等级对地绝缘的电压互感器。

03.201 接地型电压互感器 earthed voltage transformer

一次绕组的一端直接接地的单相电压互感器,或一次绕组的星形点直接接地的三相电压互感器。

03.202 测量用电压互感器 measuring voltage transformer

利用一次与二次绕组间电压对应关系来测量电压的互感器。

03.203 保护电压互感器 protective voltage transformer

将信号传送给保护和控制装置的电压互感器。

03.204 双重用途电压互感器 dual purpose voltage transformer

供测量和控制双重用途的电压互感器。

03.205 级联式电压互感器 cascade voltage transformer

一次绕组以适当的电磁耦合方式分布在两个或更多的隔离的铁心上并以此方式向最接近地电位的铁心上的二次绕组传送电压的电压互感器。

03.206 电压匹配互感器 voltage matching transformer

在主电压互感器的二次电压和负载的额定电压之间作匹配用的电压互感器。

03.207 剩余电压互感器 residual voltage transformer

二次绕组接成开口三角形的一台三相电压互感器或三台单相电压互感器组。当三相剩电压施加于一次端时,在二次相应开口三角形端子间产生的电压表示存在有三相余电压。

03.208 电容器式电压互感器 capacitor voltage transformer

由电容分压器和电磁单元构成的电压互感器。

03.209 电容式分压器 capacitor voltage divider

仅由电容器构成的分压器。

04. 光学仪器

04.01 一般名词

04.001 光谱学 spectroscopy
研究光谱理论及其应用的光学学科分支。

04.002 光度学 photometry
研究各种光度量及其测定的光学学科分支。

04.003 辐射度学 radiometry
研究辐射量及其测定的学科。

04.004 色度学 colorimetry
研究颜色理论及其有关量测定的学科。

04.005 标准比色图表 standard color chart
将特定色板按一定规律排列而成的图表。

04.006 光学系统 optical system
由一个或若干个光学零部件组成的具有所需光学功能的系统。

04.007 理想光学系统 perfect optical system
没有像差的光学系统。

04.008 望远镜系统 telescopic system
能将远处物体进行视角放大的光学系统。入射的平行光束通过望远镜系统后,仍为平行光束。

04.009 显微镜系统 microscopic system
能将近处微小物体进行放大的光学系统。

04.010 投影系统 projecting system
将物体照明后成像于投影屏上的光学系统。

04.011 反射系统 catoptric system
利用光的反射作用的光学系统。

04.012 折射系统 dioptric system
利用光的折射作用的光学系统。

04.013 折反射系统 cata-dioptric system
利用光的折射作用和反射作用的光学系统。

04.014 正像系统 erecting system
能使像的上下、左右同时倒转的光学系统。

04.015 变形光学系统 anamorphotic optical system
像面上两正交方向上的横向放大率不等的光学系统。

04.016 变焦距系统 zoom system
又称“连续变焦系统”。通过移动一个或多个透镜组使焦距在一定范围内连续变化,并保持像面位置不变的光学系统。

04.017 附加光学系统 attachment optical system
在光学系统中,为了改变焦距、放大率等目的而附加的一种光学系统。

04.018 远心光学系统 telecentric optical system
使主光线通过像方焦点(或物方焦点)的光学系统。

04.019 远焦光学系统 afocal optical system
焦点位于无限远处的光学系统。

04.020 照明系统 illuminating system
由光源与集光镜、聚光镜及辅助透镜组成用以照明物体的装置。

04.021 摄影光学系统 photographic optical system
将景物成像于感光材料上的一种光学系统。

04.022 照相制版系统 photocopying system
将图形、文字、符号等精确成像在感光材料上的一种光学系统。

04.023 体视效应 stereoscopic effect
双目观察物体时，能判别物体远近深度的立体视觉效应。

04.024 光速 velocity of light
电磁波在真空中的传播速度。通常光速为 $c=299792458\text{m/s}$。

04.025 相速度 phase velocity
光波之等相面的传播速度。在晶体光学中也称“法向速度”。

04.026 漫反射 diffuse reflection
投射在粗糙表面上的光向各个方向反射的现象。

04.027 漫透射 diffuse transmission
透过漫射性物体的光向各个方向折射的现象。

04.028 像 image
物体上各点经成像系统后所形成的相应各像点的集合。

04.029 视角 visual angle
人眼对物体两端的张角。

04.030 景深 depth of field
在物平面的共轭像平面上呈清晰像的轴向深度。

04.031 折射率 refractive index
光在真空中的相速度与光在介质中的相速度之比值。

04.032 干涉条纹 interference fringe
由光的干涉产生的明暗（或带色）相间的条纹。

04.033 干涉级 order of interference
两束相干光束的光程差与波长的比值。

04.034 白光条纹 white light fringe
使用白光光源时，在各种色光的光程相等的状态下产生的零级干涉条纹。

04.035 牛顿环 Newton rings
用样板检查光学零件表面时所出现的同心或平行的等厚干涉条纹。

04.036 偏振光 polarized light
光波的光矢量的方向不变，只是其大小随相位变化的光。

04.037 电光效应 electro-optical effect
将物质置于电场中时，物质的光学性质发生变化的现象。

04.038 泡克耳斯效应 Pockels effect
将晶体置于电场中时，产生与电场强度成正比的折射率变化的现象。

04.039 克尔效应 Kerr effect
将物质置于电场中时，发生双折射，折射率的变化与电场强度的平方成正比的现象。

04.040 磁光效应 magneto-optical effect
物质置于磁场中时，物质的光学性质发生变化的现象。

04.041 法拉第效应 Faraday effect
将物质放在磁场中时，出现旋光性的现象。偏振面的旋转角与磁场强度和光在物质中传播的距离成正比。

04.042 光的多普勒效应 optical Doppler effect
用光照射运动着的物体，反射光的频率随物体运动速度而改变的现象。

04.043 拉曼效应 Raman effect
强单色光照射透明物质时，被物质分子散射后引起频率变化的现象。

04.044 全息摄影术 holography
记录来自物体的光波和与其相干的光波干

涉图，然后照明记录的干涉图，使波面再现的技术。

04.045 全息图 hologram
在照相记录材料上记录的全息干涉图样。

04.046 像质 image quality
光学系统成像的质量。

04.047 像差 aberration
在光学系统中，由透镜材料的特性、折射或反射表面的几何形状引起实际像与理想像的偏差。

04.048 畸变 distortion
横向放大率随视场的增大而变化所引起的一种失去物像相似的像差，但不影响像的清晰度。

04.049 反射[光]镜 mirror
使光发生反射的光学零件。

04.050 球面镜 spherical mirror
反射面为球面的反射镜。

04.051 非球面镜 aspherical mirror
反射面为非球面的反射镜。

04.052 凹面镜 concave mirror
反射面为凹面的反射镜。

04.053 椭球面[反射]镜 ellipsoidal mirror
反射面为椭球面的反射镜。

04.054 抛物面[反射]镜 parabolical mirror
反射面为抛物面的反射镜。

04.055 半透射镜 semi-transparent mirror
使入射光能量一半反射，一半透射的反射镜。

04.056 冷镜 cold mirror
使入射的可见光反射，近红外光透射的反射镜。

04.057 分束镜 beam splitter
将一束光分成两束或两束以上光的光学零件。

04.058 分色镜 dichroic mirror
将入射光的部分波长范围的光反射，其余部分透过的反射镜。

04.059 滤光片 filter
能衰减光强度，改变光谱成分或限定振动面的光学零件。

04.060 滤色片 color filter
只能使所需要的色光通过的滤光片，通常由有色玻璃制成。

04.061 光栅 grating
刻有大量按一定规律排列的刻槽（或线条）的透光和不透光（或反射）的光学零件。

04.062 直线位移光栅 linear displacement grating
利用叠栅条纹原理测量直线位移的装置。

04.063 角位移光栅 angular displacement grating
利用叠栅条纹原理测量角位移的装置。

04.064 角编码器 angular encoder
利用光栅或二进制等数字线条技术测量角位移的装置。角编码器分为增益码角编码器和绝对式角编码器两种。

04.065 叠栅条纹 moire fringe
曾称“莫尔条纹”。由两个规则变化的花纹重叠产生明暗相间的条纹。

04.066 叠栅条纹光栅 moire fringe grating
可形成叠栅条纹的光栅。

04.067 物镜 objective
（1）在光学仪器中最先对实际物体成像的光学部件。（2）在电子显微镜中，用于形成样品的第一次放大图像的电子透镜。

04.068 目镜 ocular

在光学系统中，将物镜所成的像放大后供眼睛观察用的光学部件。

04.069 聚光镜 condenser lens

用于照明物体并保证物镜具有一定数值孔径的会聚透镜。

04.070 调焦镜 focusing lens

一种调焦用的透镜。通过其轴向移动，在物面位置改变时，仍能使其像在光学系统原位置上。

04.071 投影镜 projection lens

将物或第一次像放大成像并投影在屏上的透镜。

04.072 空间滤波器 spatial filter

使影像中包含的特定空间频率成分加强，减弱或改变相位的器件。

04.073 光学低通滤波器 optical low-pass filter

滤除影像中不必要的高频空间频率成分的空间滤波器。

04.074 光学匹配滤波器 optical matched filter

用来检测淹没在光学噪声中的影像信号，以达到最大信噪比的空间滤波器。

04.075 光学纤维 optical fiber

传输光能的丝状或纤维状的介质材料。将若干条纤维组成一束传送图像的纤维束称为“像导(image guide)”。只传送光辐射的称为“光导(light guide)”。

04.076 光学测量 optical measurement

对光学性能、光学参数和光度量的测量。

04.077 辐射量 radiant quantity

用能量单位度量的与辐射有关的各种量。

04.078 光度量 luminous quantity

以光谱效率函数为基准所度量的辐射量。

04.079 色温 color temperature

和被测辐射色度相同的全辐射体的绝对温度。

04.080 发光强度 luminous intensity

描述点光源发光强弱的一个基本度量。以点光源在指定方向上的立体角元内所发出的光通量来度量。

04.081 光通量 luminous flux

发光强度为 1 的光源在立体角元内发出的光。

04.082 [光]亮度 luminance

表面一点处的面元在给定方向上的发光强度除以该面元在垂直于给定方向的平面上的正投影面积。

04.083 [光]照度 illuminance

照射到表面一点处的面元上的光通量除以该面元的面积。

04.084 自准直法 autocollimation method

使平行光管发出的平行光照射在试样上，再由试样反射回平行光管，根据焦点附近像的情况测定试样的倾斜等的方法。可用于对准、调焦、测量微小位移和角度等。

04.085 光学杠杆 optical lever

利用光线的反射使微量位移放大的光学装置。

04.086 光切法 light-section method

使与被测物体表面成一定角度的平面光束投射到被测物体上，以测定物体表面微观形状、粗糙度等的方法。

04.087 物理光度测量法 physical photometry

采用物理探测器的光度测量方法。

04.088 吸收率 absorptivity

单位长度(通常 1cm)的介质所吸收的光通

量与入射光通量之比。

04.089 反射比 reflectance
反射的辐射能通量与入射的辐射能通量之比。

04.090 光圈数 number of Newton's rings
应用光的干涉原理检验零件表面面形误差时，由于被检光学表面与参考光学表面之间的曲率半径的偏差所产生的干涉圈数或干涉条纹弯曲程度。

04.091 光学密度 optical density
表示物质吸收光的程度(能力)的量。

04.092 光圈局部误差 irregularity of Newton's ring
应用光的干涉原理检验零件表面面形误差时，被检光学表面与参考光学表面之间所产生的干涉条纹的局部不规则的程度。

04.093 定中误差 centering error
光学系统中，球面曲率中心(非球面指傍轴区曲率中心)对理想光轴偏离程度。

04.094 透镜中心偏差 centering error of lens
透镜的外圈几何轴线和光轴的偏离程度。

04.095 屋脊双像差 error of double image of roof prism
屋脊棱镜的屋脊角误差而形成双像的夹角值。

04.096 瞄准误差 sighting error
由于瞄准物体不准确所造成的测量误差。

04.097 基线长[度] base length
在双瞳系统中，在视线垂直方向上度量两个入射光瞳中心之间的距离。

04.098 有效基线 virtual base
仪器的基线长与光学系统放大率之积。

04.099 平均色散 mean dispersion
指光学介质对 F 谱线与 C 谱线的折射率之差。

04.100 光学均匀性 optical uniformity
介质折射率的均匀性，它表示介质内部折射率逐渐变化的不均匀程度。

04.101 双反射率 bireflectance
由于光学各向异性，引起特定波长的反射比的最大差异。

04.102 双折射率 birefringence
由于光学各向异性，引起特定波长的折射率的最大差异。

04.103 偏振度 degree of polarization
光束中偏振部分的光强度和整个光强度之比值。

04.104 旋光率 specific rotation
表征旋光物质的旋光能力大小的量。用线偏振光通过单位厚度旋光物质后其偏振面旋转的角度表示。

04.105 消光系数 extinction coefficient
两个偏振器相对旋转时的最小透射光强度与最大透射光强度之比。

04.106 光轴平行度 parallelism of optical axes
一般指双目仪器中，两光学系统光轴的不平行程度。

04.107 垂直发散度 vertical divergence
用双目仪器的左右两系统观察同一个物体时，两像上下错开的角度。右像低于左像时规定为正。

04.108 水平发散度 horizontal divergence
在双目仪器中，从左、右两系统观察同一个物体时，两像左右错开的角度。当右像位于左像的右方时，水平发散度规定为正。

04.109 波长范围 wavelength range
指某波长与另一波长之间的连续波长区间。在产品标准中，波长范围指仪器所能工作的波长范围。在红外区域，波长范围用波数范围表示。

04.110 波长准确度 wavelength accuracy
仪器波长指示器上所指示的波长值与实际波长值之差。

04.111 波长重复性 wavelength repeatability
仪器指示器多次指示同一波长值时所给出的波长值的变化量。

04.112 照度均匀度 uniformity of illumination
光学系统像面上各处照度的均匀程度。用任意部分的照度与中心部分的照度之比值来度量。

04.113 [光学]镀膜 optical thin film deposition
在光学零件表面上镀上一层或多层光学薄膜的工艺过程。

04.114 真空镀膜 vacuum deposition
在真空条件下，对光学零件镀膜的工艺过程。

04.115 [光学]薄膜 optical coating
为改变光学零件表面光学特性而镀在光学零件表面上的一层或多层膜。可以是金属膜、介质膜或这两类膜的组合。

04.116 反射膜 reflecting coating
能使一定波段的光反射的薄膜。

04.117 分色膜 dichroic coating
把一束光分成两束不同颜色的光的膜层。

04.118 滤光膜 filter coating
衰减光强度或改变光谱成分的膜层。

04.119 偏振膜 polarizing coating
使自然光变成偏振光的膜层。

04.120 光刻法 photolithography
通常指制作半导体器件(晶体管、集成电路等)的复制法。有接触式光刻、接近式光刻和透影式光刻方法，所用母板称为掩模板。

04.121 光胶 optical contact
不用黏结剂，稍加压力使两个清洁光滑和面形一致的光学零件表面吸附在一起的工艺过程。

04.122 黏[胶]模 block
研磨(粗磨、细磨)和抛光过程中，黏结光学零件的模具。

04.123 研磨模 lap
对光学零件表面进行研磨的工具。

04.124 光学材料 optical material
用来制作光学零件的材料。如玻璃、光学晶体、光学塑料等。

04.125 光学玻璃 optical glass
对折射率、色散、透射比、光谱透射率和光吸收等光学特性有特定要求，且光学性质均匀的玻璃。

04.126 光学晶体 optical crystal
制作光学零件的晶体，可用来制造透镜、棱镜、调制元件、偏光元件等。

04.127 光学塑料 optical plastics
用于制作光学零件的塑料。

04.128 光学树脂 optical resin
胶合光学零件用的合成树脂。

04.129 光学黑色涂料 optical blacking
直接涂在磨光的光学零件表面上的光吸收涂料，其折射率应与涂层下的玻璃材料的折射率相同。

04.02 显 微 镜

04.02.01 一般名词

04.130 照明 illumination
光对一个物体的作用,即照明物体。

04.131 显微术 microscopy
借助于显微镜进行显微应用研究的技术。

04.132 光学显微术 optical microscopy
用光作照明工具的显微术。

04.133 自发光物体 self-luminous object
具有初始光源性质的物体。

04.134 物场 object field
被研究的物面部分。

04.135 像场 image field
形成物体的像的范围。

04.136 齐焦 parfocal
当显微镜调焦后,调换任一透镜组,只需要微量调焦就能得到最大清晰度。

04.137 光度场 photometric field
测量光度的像场部分。

04.138 照明场 illuminated field
受到照明的物场部分。

04.139 光度对比 photometric contrast
在光学接收平面上的相邻近区域间的光强度差异。

04.140 干涉对比 interference contrast
干涉场中亮暗条纹的光强差异。

04.141 显微镜放大率 magnifying power of microscope
目视显微镜形成虚像的角放大率。放大率等于物镜放大率、目镜放大率和镜筒系数的乘积。

04.142 相位 phase
周期变化信号或波动的相对位置。

04.143 相位差 phase difference
相同频率的两波间,在时间和空间的指定点上的相位差异。

04.144 相位移 phase-shift
波传播过程中引起的相位改变。

04.145 相干性 coherence
光波能相互干涉的性质。相干光相干系数值接近1;非相干光相干系数值为零;部分相干光相干系数处于大于零和小于1之间。

04.146 色度 chromaticity
用来评价色质刺激,其值由色度坐标或主波长(或补色波长)和纯度确定。

04.147 阿贝成像原理 Abbe theory of image formation
平行于光轴的光通过如同一个衍射的物面后,受到衍射而形成向各个方向传播的平面波。如物镜的孔径足够大,以至可以接受由物面衍射的所有光,这些衍射光在后焦面上形成夫琅禾费衍射图样,焦平面上每一点又可以看成是相干的次波源,它们的光强度正比于各点振幅的平方,由这些次波源发出的光在像面上叠加而形成了物面的像。

04.148 贝克线 Becke line
在两种不同光程的介质边界上成像的一条明亮线。

04.149 镜筒系数 tube-factor
在物镜和第一次像之间加入中间透镜后,横

向放大率改变的系数。

04.150 视场数 field-of-view number
目镜线视场的大小(单位:mm)。它等于目镜的视场光阑的直径(当视场光阑位于场镜前)或视场光阑被场镜所成像的直径(当视场光阑位于场镜后)。

04.151 机械筒长 mechanical tube length
对有限像距的物镜,机械筒长是从物镜的安装定位处到显微镜镜筒上端面的距离(标准定为160mm)。对无限远像距的物镜,机械筒长可认为是无限长。

04.152 光学筒长 optical tube length
物镜后焦面到第一次像面之间的距离。

04.153 光学安装尺寸 optical fitting dimension
作为显微镜透镜计算和显微镜设计基础的机械距离或光学距离。

04.154 调焦 focusing
改变物镜与物体之间的距离,以获得本物体清晰像的调节过程。

04.155 干涉量度学 interferometry
用干涉原理来测量的学科。

04.156 显微摄影 photomicrography
利用摄影方法记录物体的显微图像的过程。

04.157 显微[照片]图 micrograph
由显微镜摄影所记录的物像。

04.158 镜筒透镜 tube lens
无限远像距物镜必不可少的中间透镜。它是物镜系统的一部分,对此系统的有效放大率和校正状况有直接影响。

04.159 浸液物镜 immersion objective
在显微镜中,物镜与标本之间浸以液体的物镜。

04.160 干物镜 dry objective
在显微镜物镜中,其前表面与标本(或盖玻片)之间为空气的物镜。

04.161 二向色镜 dichroic mirror
具有两向色性的分光板。其特性是反射短波光线,透过长波光线。

04.162 偏振元件 polarizer
从自然光中获得面偏振光的元件。

04.163 集光器 collector
由透镜与光阑组成。用来把适当大小光源的像投射到指定面上。

04.164 物镜转换器 revolving nosepiece
可装数个物镜并能依次转到显微镜光轴上的装置。

04.165 相位板 phase-plate
在玻璃平板或透镜上的局部区域内(通常是环带),镀上一层具有一定厚度和折射率的膜层,使透过该区域的光比通过非镀层区的光相位超前或滞后。

04.166 目镜分划板 ocular graticule
放在目镜里的光学零件,用于度量、标定或瞄准。

04.167 显微镜载物台 microscope stage
放置物体并与显微镜光轴垂直的平台。它通常装有机械运动装置,以便于物体沿轴移动和绕轴转动,并在轴范围定位。

04.168 万能转台 universal stage
支承物体的机构,它可使物体绕三轴旋转并可测量转角。主要用在偏光显微镜中。

04.169 显微镜反射镜 microscope mirror
装在载物台下面的平面镜或凹面镜,用来反射外界光源的照明光线。这种凹面镜用于没有聚光镜的低倍物镜中。

04.02.02 基本附件

04.170 抑止滤光片 barrier filter
在荧光显微镜中,为避免激发荧光波长的光线通向成像方向的滤光片。

04.171 滤光装置 filter
能吸收某一部分辐射光谱的装置。

04.172 激发滤光片 exciter filter
在荧光显微镜中,只有激发荧光的波长可通过的滤光片。

04.173 热滤光片 heat filter
为避免红外或近红外范围辐射光通过(利用吸收或反射)的滤光片。

04.174 中性滤光片 neutral filter
在规定一个较窄的光谱区,可以均匀减弱光的光强度而不改变光谱成分的滤光片。

04.175 干涉滤光片 interference filter
利用光的干涉原理和薄膜技术来改变光的光谱成分的滤光片。

04.176 衍射光栅 diffraction grating
利用光的多狭缝衍射效应进行色散的光栅元件,它能使光波衍射而产生大量光束,利用这些光束的干涉形成光谱。

04.177 平面光栅 plane grating
刻划面或复制面为平面的衍射光栅。

04.178 复制光栅 replica grating
用真空镀膜方法或照相复印法,利用衍射光栅母板复制而得到的衍射光栅。

04.179 反射光栅 reflection grating
使反射光形成光谱的光栅。

04.180 凹面光栅 concave grating
刻划面或复制面为凹形曲面的反射光栅。兼有色散和聚焦双重作用。

04.181 透射光栅 transmittance grating
使透射光形成光谱的光栅。

04.182 阶梯光栅 echelon grating
工作面的横截面如阶梯状的光栅。

04.183 闪耀光栅 blazed grating
能在特定方向和特定光谱级和特定波长上获得能量最集中的一种反射衍射光栅。

04.184 全息光栅 holographic grating
利用全息照相原理而制成的光栅。

04.185 内反射元件 internal reflection element
在反射光谱中,为得到物质的内反射光谱,建立必要条件所使用的透明光学元件。

04.186 测微尺 micrometer
测量微小长度的尺。

04.187 承物台测微尺 stage micrometer
放在载物台上,用来测量显微镜放大率、视场数等的标尺。

04.188 冷却台 cooling-stage
降低物体温度装置的载物台。

04.189 加热台 heating stage
升高物体温度装置的载物台。

04.190 物体标志器 object marker
装在物镜转换器上并能转到物镜工作位置,在对物体感光处作标记的附件。

04.191 描绘装置 drawing apparatus
显微镜的附件,利用描绘方法简化像的表示,用于同时观测显微镜像和绘图纸面的装置。

04.192 描绘棱镜 drawing prism
装在目镜上,由特殊棱镜组成的一种描绘装置。

04.193 显微摄影装置 photomicrographic device

把在显微镜中所观察到的物体细微结构的像真实地放大，并用感光材料记录下来的装置。

04.194 显微投影装置 microprojector

把显微镜中的第一次像通过投影目镜进一步放大，并投射到视场投影屏或银幕上的装置。

04.195 自动曝光装置 automatic exposure device

按显微图像的亮度，自动控制最佳曝光量的装置。

04.196 垂直照明器 vertical illuminator

照明物体视场与观察物体视场在同一边的且照明光束的光轴与显微镜的光轴相重合的一种照明器。

04.197 星点板 star tester

为模拟点光源而制成的带有透光小孔的光学零件。

04.198 分辨力板 resolving power test target

用于检验光学系统分辨力并具有特定图案的光学零件。

04.199 阿贝试验板 Abbe test plate

载波片表面有薄的镀银层，上面刻有透光的不规则的连续的锯齿形条纹的平板。锯齿形条纹有粗、细之分。主要用于检查物镜的球差和色差。

04.02.03 显微镜名称

04.200 单目显微镜 monocular microscope

只供单眼观察物像的显微镜。

04.201 双目显微镜 binocular microscope

双目同时观察一个物像的显微镜。

04.202 生物显微镜 biological microscope

主要用于观察研究生物的显微镜。

04.203 紫外显微镜 ultraviolet microscope

为紫外显微术专门设计或附加配备装置的显微镜。

04.204 荧光显微镜 fluorescence microscope

为荧光显微术专门设计或附加配备装置的显微镜。

04.205 相衬显微镜 phase-contrast microscope

为相衬显微术专门设计或附加配备装置的显微镜。

04.206 偏光显微镜 polarizing microscope

为偏光显微术专门设计或附加配备装置的显微镜。

04.207 金相显微镜 metallurgical microscope

用入射照明来观察金属试样表面（金相组织）的显微镜。

04.208 高温金相显微镜 high temperature metallurgical microscope

呈现和记录金相样品的显微组织在高温下变化情况的金相显微镜。

04.209 倒置显微镜 inverted microscope

载物台在物镜上面的显微镜。

04.210 体视显微镜 stereo microscope

从不同角度观察物体，使双眼引起立体感觉的双目显微镜。

04.211 比较显微镜 comparison microscope

将两个标本成像在同一视场中进行比较观察的显微镜。

04.212 图像分析显微镜 quantitative image analysis microscope

利用扫描原理和光度测量法进行图像分析的显微镜。

04.213　微分干涉显微镜　differential interference microscope

使照明光束通过起偏器并投射到石英棱镜上，在胶合面上光束分为寻常光和非寻常光平行地透过样品，经物镜后重新被两个石英棱镜会成，可观察到样品面或内部的微小起伏图像的显微镜。

04.214　全息显微镜　holographic microscope

利用全息原理设计制造的显微镜。

04.215　激光显微镜　laser microscope

以激光为光源的显微镜。

04.216　红外显微镜　infrared microscope

为红外显微术专门设计或附加配备装置的显微镜。

04.217　手术显微镜　operation microscope

用于工作距离长的外科精细手术中的一种体视显微镜。

04.218　万能显微镜　universal microscope

配备多种附加装置，具有多种用途的高级显微镜，常用于几何参数的精密测量。

04.219　示教显微镜　multi-teaching head microscope

为教育示范专门设计或附加配备装置的显微镜。

04.220　显微镜光度计　microscope photometer

测量样品的可见光谱反射比和吸收比的显微镜。

04.03　大地测量仪器

04.03.01　经　纬　仪

04.221　经纬仪　theodolite

测量水平和垂直角度和方位的仪器。

04.222　光学经纬仪　optical theodolite

具有玻璃度盘和光学读数装置的经纬仪。

04.223　激光经纬仪　laser theodolite

带有激光指向装置的经纬仪。

04.224　电子经纬仪　electronic theodolite

利用电子技术测角，带有角度数字显示或存储装置的经纬仪。

04.225　复测经纬仪　repetition theodolite

带有复测机构的经纬仪。

04.226　悬式经纬仪　suspension theodolite

安装特殊（通常是偏心安装）的经纬仪。

04.227　工程经纬仪　engineering theodolite

用于工程测量的经纬仪。

04.228　天文经纬仪　astronomical theodolite

用于天文测量的经纬仪。

04.229　陀螺经纬仪　gyro-theodolite

带有陀螺装置，用来测定测线真北方向角的经纬仪。

04.230　罗盘经纬仪　compass theodolite

带有测定磁方向角罗盘的经纬仪。

04.231　摄影经纬仪　photo-theodolite

带有摄影装置，用于地面摄影测量的经纬仪。

04.232　电子测距光学经纬仪　electronic range theodolite

带有电子测距装置的经纬仪。

04.233　归算经纬仪　reducing theodolite

能将经纬仪视距测量中所得斜距直接归算成水平距离的经纬仪。

04.03.02 水 准 仪

04.234 水准仪 level
测量地面两点间高差的仪器。一般由望远镜、管状水准器或补偿器、竖轴、基座等组成。

04.235 激光水准仪 laser level
带有激光指向装置的水准仪。

04.236 电子水准仪 electronic level
带有电子安平装置的水准仪。

04.237 液体静力水准仪 hydrostatic level
利用连通的液体管测定两点之间的微小高差的仪器。由两个储液器和连通管组成。

04.238 气泡式水准仪 spirit level
用管状水准器来安平的水准仪。

04.239 自动安平水准仪 compensator level
在一定的竖轴倾斜范围内，通过补偿器自动安平的水准仪。

04.240 工程水准仪 engineering level
用于工程测量的水准仪。

04.03.03 测 距 仪

04.241 测距仪 distance meter, range finder
利用电磁波学、光学、声学等原理测量距离的仪器。

04.242 电磁波测距仪 EDM instrument
测定电磁波信号在仪器与目标之间往返的延迟时间，从而求得距离的仪器。

04.243 脉冲式测距仪 impulse distance meter
直接测定脉冲波在仪器与目标之间往返的延迟时间，从而求得距离的电磁波测距仪。

04.244 相位式测距仪 phase distance meter
测定连续波在仪器与目标之间往返的相位变化间接求得传播时间，从而求得距离的电磁波测距仪。

04.245 微波测距仪 microwave distance meter
利用波长为0.8cm到10cm的微波作载波的相位式测距仪。

04.246 光电测距仪 electro-optical distance meter
利用波长为400nm到1000nm的光波作载波的电磁波测距仪。

04.247 红外测距仪 infrared distance meter
利用红外光源的电磁波测距仪。

04.248 激光测距仪 laser distance meter
利用激光器作光源的电磁波测距仪。

04.249 快速测距仪 tacheometer
具有快速测距功能的经纬仪。

04.250 自动归算快速测距仪 self-reducing tacheometer
通过归算装置自动求得被测点到仪器的水平距离和高差的快速测距仪。

04.251 双像快速测距仪 double-image tacheometer
利用双像方式测距的仪器。

04.252 电子快速测距仪 electronic tacheometer
测出角度和距离后自动计算坐标和高差的多功能仪器。

04.03.04 平板仪和罗盘仪

04.253 平板仪 plane table equipment

测定点位和高差,供绘制地图用的仪器。

04.254 电子平板仪 electronic plane table equipment

带有电子测距装置的平板仪。

04.255 归算平板仪 reducing plane table equipment

能把斜距直接归算成水平距离和高差的平板仪。

04.256 罗盘仪 compass

利用磁针确定方向角的仪器。

04.257 矿山罗盘仪 mining compass

用于矿山测量的罗盘仪。

04.258 地质罗盘仪 geologic compass

用于地质测量的罗盘仪。

04.04 光学计量仪器

04.259 光学计量仪器 optical metrological instrument

对零件的长度、角度、表面粗糙度及轮廓等几何尺寸和形状,以及零部件的直线性和相对位置等进行测量的光学仪器。

04.260 长度计量仪器 length measuring instrument

测量长度的光学计量仪器。

04.261 光学计 optimeter

应用光学自准直原理测量微差尺寸的长度计量仪器。

04.262 接触式干涉仪 contact interferometer

应用干涉原理接触测量微差尺寸的长度计量仪器。

04.263 测长仪 metroscope

带有长度基准,且测量范围较小(通常为100mm)的长度计量仪器。

04.264 光电式长度计 photoelectric length meter

采用光电敏感元件,测量并显示物体长度的仪表。

04.265 测长机 length measuring machine

带有长度基准,且测量范围大(通常为1m以上)的长度计量仪器。

04.266 阿贝比长仪 Abbe comparator

利用阿贝原理来比较长度的光学仪器。

04.267 量块干涉仪 gauge interferometer

以光波波长为长度基准,用干涉法精确测定量块的中心长度、工作面的平面度及平行度等的仪器。

04.268 测量显微镜 measuring microscope

配有瞄准显微镜和坐标工作台的用于二维坐标尺寸测量的光学计量仪器,这种仪器的瞄准显微镜立柱不能作偏摆运动。

04.269 工具显微镜 toolmaker's microscope

配有瞄准显微镜、坐标工作台及多种测量附件,可作二维坐标尺寸测量的光学计量仪器,除可作长度测量外,还可作角度测量、轮廓测量和极坐标测量等。

04.270 万能工具显微镜 universal toolmaker's microscope

可作二维坐标尺寸测量的光学仪器。除作长度测量外,还可作角度、轮廓和极坐标测量等。

04.271　三坐标测量机　three-coordinate measuring machine
在三维直角坐标系统内测量长度的仪器。通常配有计算机进行数据处理和控制操作。

04.272　投影仪　projector
以精确的放大倍率将物体放大投影在投影屏上测定物体形状、尺寸的仪器。

04.273　光学分度头　optical dividing head
利用光学装置和内装角度基准(如度盘、光栅盘)进行圆周分度和测量圆心角的仪器。

04.274　测角仪　goniometer
利用望远镜或自准直仪以及内装的度盘测量平面间夹角的仪器。

04.275　比较测角仪　comparison goniometer
利用自准直仪和外部角度基准,以测量角度微差的方法测定零件角度的仪器。

04.276　光学倾斜仪　optical clinometer
利用水准器及光学装置测量空间平面,柱面轴线与水平面之间夹角的仪器。

04.277　光学转台　optical rotating stage
一种作角度分度用的,装有角度基准和光学读数系统的可旋转工作台,通常作为精密机床的附件。

04.278　光切显微镜　light-section microscope
利用光切法测量零件表面粗糙度的仪器。其表面粗糙度测量范围为 1 ~ 100μm。

04.279　干涉显微镜　interference microscope
应用光的干涉原理测量零件表面粗糙度的光学仪器。

04.280　自准直仪　autocollimator
利用光学自准直原理测量微小角度变化的仪器。也可以对平面度和直线度进行间接测量。

04.281　光电自准直仪　photoelectric autocollimator
采用光电装置瞄准反射像的自准直仪。

04.282　激光准直仪　laser collimator
以激光光束为直线基准进行直线度和同轴度测量的仪器。

04.283　准直望远镜　alignment telescope
一种测量同轴度用的望远镜,以视轴为基准直线,通过调节调焦镜对不同距离上的目标进行观察和测量。

04.284　读数显微镜　reading microscope
用于对标尺的刻度进行细分的一种测量用显微镜。通常作为机床、设备的附属装置,与格值 1mm 的标尺配合使用。

04.285　光学投影读数装置　optical projection reading device
采用光学投影方式对标尺的刻度进行细分的光学装置。通常装在机床上使用。

04.286　光栅式线位移测量装置　grating type linear measuring system
以计量光栅尺作为长度基准,利用光栅叠栅条纹原理测量运动部件直线位移量的装置。

04.287　线纹比较仪器　linear comparator
检定刻度尺上刻度线位置误差的光学计量仪器,通常按瞄准方式可分为目视式和光电式。

04.288　光电比较仪　photoelectric comparator
一种光电式线纹比较仪器,用两只光电显微镜分别对基准刻度尺和被检刻度尺进行瞄准和读数。

04.289　孔径测量仪器　bore measuring instrument
测量内孔直径的光学计量仪器。

04.290　孔径干涉仪　bore interferometer
利用光干涉原理,将量块(或环规)与内孔尺寸相比较,测出其微差尺寸的测量仪器。

04.291　垂高计　cathetometer

以非接触方式测量目标上的水平线段(或水平面)的高度差异的仪器。

04.292　光电显微镜　photoelectric microscope

应用光电装置进行精确瞄准、定位或测量的显微镜。

04.05　物理光学仪器

04.293　物理光学仪器　physico-optical instrument

利用物理光学原理诸如光的干涉、衍射、偏振、吸收、散射和色散等现象进行精密测量或对物质成分、结构进行分析的一类光学仪器。

04.294　光谱仪器　optical spectrum instrument

利用光的色散、吸收、散射等现象得到与被分析物质有关的光谱,从而对物质成分、结构进行分析、测量的物理光学仪器。

04.295　单色仪　monochromator

从一束电磁辐射中分离出波长范围极窄单色光的仪器。

04.296　光栅单色仪　grating monochromator

以光栅为色散元件的单色仪。

04.297　棱镜单色仪　prism monochromator

以棱镜为色散元件的单色仪。

04.298　双单色仪　double monochromator

采用中间狭缝和两个色散元件的单色仪。

04.299　发射光谱仪器　emission spectrum instrument

使被分析物质受激发出的光,经色散元件和光学系统获得该物质的光谱,再进行观察、记录或光电接收的光谱仪器。

04.300　看谱镜　spectroscope

对光谱进行目视观察的发射光谱仪器。

04.301　摄谱仪　spectrograph

对光谱进行摄谱记录的发射光谱仪器。

04.302　光栅摄谱仪　grating spectrograph

以光栅为色散元件的摄谱仪。

04.303　棱镜摄谱仪　prism spectrograph

以棱镜为色散元件的摄谱仪。

04.304　激光微区光谱仪　laser microspectral analyzer

利用激光使样品局部气化的摄谱仪。

04.305　光电直读光谱仪　photoelectric direct-reading spectrograph

应用光电转换接收方法作多元素同时分析的发射光谱仪器。

04.306　光谱投影仪　spectrum projector

用来放大光谱干板上谱线的投影仪。

04.307　测微光度计　microphotometer

测量微小透射系数或反射系数的仪器。

04.308　吸收光谱仪器　absorption spectrum instrument

利用被分析物质对光的吸收以对物质成分、结构进行分析、测量的光谱仪器。

04.309　分光光度计　spectrophotometer

利用单色仪或特殊光源提供的特定波长的单色光通过标样和被分析样品,比较两者的光强度来分析物质成分的光谱仪器。

04.310　紫外-可见分光光度计　ultraviolet and visible spectrophotometer

波长范围在紫外、可见辐射区的分光光度计。

04.311 紫外分光光度计 ultraviolet spectrophotometer

波长范围在紫外辐射区的分光光度计。

04.312 红外分光光度计 infrared spectrophotometer

波长范围在红外辐射区的分光光度计。

04.313 原子吸收分光光度计 atomic-absorption spectrophotometer

利用各元素的原子蒸气对光选择吸收的特性而制成的分光光度计。

04.314 荧光分光光度计 spectrofluorophotometer

利用某些物质受激发出的荧光,其光强度与该物质的含量成一定函数关系的性质而制成的分光光度计。

04.315 拉曼分光光度计 Raman spectrophotometer

利用拉曼散射效应分析试样的结构或成分的分光光度计。

04.316 偏振仪器 polarizing instrument

利用光的偏振现象来进行测量的仪器。

04.317 旋光仪 polarimeter

测定旋光性物质的旋光度的仪器。

04.318 [旋光]糖量计 saccharometer

利用糖溶液或其他旋光性物质溶液的旋光性,测定其溶液浓度的仪器。

04.319 光弹性仪 photoelasticimeter

使线偏振光或圆偏振光通过处于应力状态下的试件,观察或摄取所获得的应力干涉条纹来判断试件受力状态的仪器。

04.06 光学测试仪器

04.320 光学测试仪器 optical testing instrument

用于测量和检查光学玻璃,光学零部件及光学系统的性能、质量和光学参数的仪器。

04.321 阿贝折射仪 Abbe refractometer

利用全反射原理测量介质折射率和平均色散的仪器。

04.322 V棱镜折射仪 V-prism refractometer

利用折射定律测量介质折射率和平均色散的仪器。

04.323 双折射检查仪 birefringence meter

应用偏振光干涉原理检查玻璃和晶体的双折射现象的光学仪器。

04.324 气泡检查仪 bubble meter

检查玻璃内部气泡大小和数量的仪器。

04.325 晶体光轴定向仪 crystal orientater

确定晶体光轴方向的仪器。

04.326 球径仪 spherometer

测定球面曲率半径的仪器。

04.327 干涉仪 interferometer

利用光的干涉,测定光程差或其他参量的仪器。

04.328 刀口仪 knife-edge tester

用阴影法来检验曲面面形不规则误差的带有照明器的刀口装置。

04.329 光度计 photometer

测定光度量或辐射量的仪器。

04.330 积分光度计 integrating photometer

指有积分球装置的光度计。

04.331 积分球 integrating sphere

光度测量用的中空球体。在球的内表面涂

有无波长选择性的(均匀)漫反射性的白色涂料。在球内任一方向上的照度均相等。

04.332　杂光检查仪　stray light testing equipment
测定光学系统杂光的仪器。

04.333　反射比测定仪　reflectometer
测定反射比的仪器。

04.334　膜厚测定仪　film thickness measuring device
测量光学膜层厚度的仪器。

04.335　膜层强度测定仪　film strength measuring device
测定膜层机械强度的仪器。

04.336　光栅能量测定仪　grating energy measuring device
测量光栅的衍射强度分布的仪器。

04.337　透镜中心仪　lens-centring instrument
测量外圆几何轴线与透镜光轴同轴度的仪器。

04.338　度盘检查仪　circle tester
测量度盘分划误差的仪器。

04.339　倍率计　dynameter
测量光学仪器出瞳直径、出瞳距离和放大率的仪器。

04.340　视度计　dioptrometer
测量光学仪器视度的仪器。

04.341　数值孔径计　numerical apertometer
测量显微镜数值孔径的装置。

04.342　平行光管　collimator
产生平行光束的仪器。

04.343　焦距仪　focometer
测定透镜焦距的仪器。

04.344　万能光具座　optical bench
测量光学零部件的光学参数和评定像质的仪器。

04.345　光学传递函数测定仪　optical transfer function instrument, OTF instrument
测定光学系统光学传递函数的仪器。

04.346　分光计　spectrometer
配备单色光源的平行光管的测角仪。可测量折射棱镜的偏向角。

04.07　电子光学仪器

04.07.01　一般名词

04.347　电子光学仪器　electronic optical instrument
由电子光学系统和其他机电系统构成的,应用电子光学原理达到观察、分析等目的的仪器。

04.348　感生电流像　induced current image
在扫描电子显微镜中,由电子探针对半导体和集成电路样品作用而感生的电流所成的像。

04.349　阴极发光像　cathode luminescence image
在扫描电子显微镜中,用电子探针激发样品所产生的光辐射对样品所成的像。

04.350　特征X射线像　characteristic X-ray image
在扫描电子显微镜中,由电子探针激发样品而产生的特征X射线对样品所成的像。

04.351　俄歇电子像　Auger electron image

在扫描电子显微镜中，用俄歇电子所成的像。

04.352 透射电子像 transmitted electron image

在电子显微镜中，用透过样品的电子所成的像。

04.353 背散射电子像 backscatter electron image

在扫描电子显微镜中，用反射电子对样品所成的像。

04.354 吸收电子像 absorbed electron image

在扫描电子显微镜中，用被样品吸收的电子所成的像。

04.355 电子通道图样 electron channeling pattern

在扫描电子显微镜中，用电子束对样品的通道效应所成的图形。

04.356 Y 调制像 Y-modulation image

在扫描电子显微镜中，用视频信号调制显微管的 Y 偏转电流（电压）对样品所成的像。

04.357 二次电子像 secondary electron image

在扫描电子显微镜中，二次电子对样品所形成的像。

04.358 离子轰击二次电子像 ion bombardment secondary electron image

在发射电子显微镜中，离子轰击样品激发的二次电子所成的像。

04.359 电子轰击二次电子像 electron bombardment secondary electron image

在发射电子显微镜中，电子轰击样品激发的二次电子所成的像。

04.360 热电子像 thermoelectronic image

在发射电子显微镜中，样品受热发射的热电子所成的像。

04.361 光电子像 photoelectronic image

在发射电子显微镜中，用样品在光辐射条件下发射的光电子所成的像。

04.362 明场像 bright field image

在电子显微镜中，用透明样品的非散射电子以及在物镜孔径角区域内的散射电子的电子束对样品所形成的像。

04.363 暗场像 dark field image

在电子显微镜中，仅利用透过样品的散射电子束对样品所形成的像。

04.364 选区衍射 selected-area diffraction

在透射电子显微成像镜物镜的后焦面上对样品的微小区域衍射成像，并用电子透镜放大的衍射图像。

04.365 电子光学放大[率] electron optical magnification

直接从电子显微镜中取得的图像的线性尺寸与相应样品的线性尺寸之比值。

04.366 电子总放大[率] electron total magnification

样品照片上图像的放大率等于电子光学放大率和从电子显微镜以外所得的附加放大率的乘积。

04.07.02 电子光学部件

04.367 电子透镜 electronic lens

产生轴对称分布的电场或磁场，将电子束聚焦的电子光学部件。

04.368 磁透镜 magnetic lens

采用磁场使电子束聚焦的电子透镜。

04.369 静电透镜 electrostatic lens

采用电场使电子束聚焦的电子透镜。

04.370 [电子]成像透镜 imaging lens

在扫描电子显微镜中，形成电子探针的电子透镜。

04.371　衍射透镜　diffraction lens
在透射电子显微镜中，用于形成样品中间图像的电子透镜，也可在中间镜的物面上形成样品的衍射图形。

04.372　样品室　specimen chamber
在电子显微镜中，用来放置并移动样品的部件。

04.373　电子枪　electron gun
放射并加速电子束的装置。

04.374　电子探针　electron probe
电子枪发射的电子束被聚光镜聚集成直径为纳米级的细束。

04.375　极靴　pole piece
电子显微镜的导磁体部分，用于将磁场集中到近轴区域。

04.376　照相室　camera chamber
电子显微镜的记录部分，用于拍摄样品电子放大像的图片。

04.377　消像散器　anastigmator
在电子显微镜中，用于校正轴向像散的电子光学部件。

04.378　锁气装置　air-look device
在电子显微镜中，更换样品时保持镜筒工作真空的装置。

04.07.03　电子显微镜

04.379　电子显微镜　electron microscope
按电子光学原理用电子束使样品成像的显微镜。

04.380　透射电子显微镜　transmission electron microscope
用透过样品的电子束使其成像的电子显微镜。

04.381　扫描电子显微镜　scanning electron microscope
用电子探针对样品表面扫描使其成像的电子显微镜。

04.382　反射电子显微镜　reflection electron microscope
由样品反射的电子束使其成像的电子显微镜。

04.383　发射电子显微镜　emission electron microscope
由样品发射的电子束使其成像的电子显微镜。

04.384　低压电子显微镜　low voltage electron microscope
加速电压在 50kV 以下的透射电子显微镜和加速电压在 10kV 以下的扫描电子显微镜。

04.385　高压电子显微镜　high voltage electron microscope
加速电压在 200kV 以上的透射电子显微镜。

04.386　静电电子显微镜　electrostatic electron microscope
采用静电式电子透射的电子显微镜。

04.08　航测和遥感仪器

04.08.01　一般名词

04.387　方位元素　orientation data
航空摄影测量中用来表示航摄像片在空间的

位置和状态的参数，决定投影中心相对于像片的位置关系的参数为内方位元素；确定整个投影光线束在空间的位置和状态的参数为外方位元素。

04.388　加密　densification bridging

指利用航空摄影像片上已知的少数控制点，通过对像片测量和计算的方法在像对或整条航摄带上增加控制点的作业。

04.389　视差差异　parallax difference

摄影立体像对上各像点的视差之差。

04.08.02　航测仪器

04.390　摄影测量仪器　photogrammetric instrument

对地形或地面各类目标进行摄影，将获得的像片绘制各种比例尺的地形图或确定地物形状、大小和位置的光学仪器。这类仪器包括从摄影到成图的一系列装备。

04.391　量测摄影机　metric camera

一种内方位元素已知的摄影物镜的畸变经过严格校正的摄影机。习惯上将具有框标的摄影机称为量测摄影机。

04.392　航空摄影机　aerial camera

一般指装置在飞机上对地面进行摄影的专用量测摄影机，配有自动曝光控制、消振及平衡装置。

04.393　地平线摄影机　horizon camera

一种附设在摄影机上沿像片 X、Y 方向记录的视地平线的摄影机，用以提供测定像片倾角的资料。

04.394　导航望远镜　navigation telescope

一种航空摄影飞行时用的导航仪器，用以测定控制航空摄影机工作所需要的导航数据。

04.395　地面量测摄影机　terrestrial camera

以单个形式使用的地面摄影测量用的量测摄影机，其轴线可在水平面内回转。在垂直平面内可倾斜一定的角度。

04.396　立体量测摄影机　stereo-metric camera

具有摄影基线的量测摄影机，通常是由二台量测摄影机与基线杆组合而成。摄影机分别固定在基线杆的两边，基线长度可以是固定的，也可以是可变的。用于地面摄影测量。

04.397　电子印像机　electronic-controlled printer

利用电子装置自动补偿像点反差的原理晒印像片的设备。

04.398　[立体]判读仪　[stereo] interpretoscope

利用体视效应对摄影取得的立体像进行立体观察判读的仪器。

04.399　反光立体镜　mirror stereoscope

由两个相同的放大镜和反光镜组成，用于双目观察获得立体图像的一种简易判读仪。

04.400　变倍立体判读仪　zoom stereo interpretoscope

放大率在一定范围内连续可变的立体判读仪，用以观察和判读不同比例尺的像片所构成的立体像对。

04.401　像片转绘仪　sketchmaster

将航摄影像片、卫星像片的图像转绘到地图上或进行地图修正的仪器。

04.402　纠正仪　rectifier

利用光学投影纠正的原理，将因像片倾斜和摄影时航高变化引起影像变形和比例尺不一致的航摄像片纠正为水平的或比例尺一致的像片的仪器。主要用于平坦地区的航摄像片纠正和制作平坦地区的影像地图。

04.403　正射投影仪　orthoprojector

应用分带纠正的原理,将中心投影的航摄像片变换成地面正投影像片和制作正射投影影像地图的仪器。

04.404 刺点仪 point transfer device
在构成立体像对的两张航摄像片上高精度转刺同名像点的仪器。通常采用高硬材料制成的刺针进行刺点,也有采用加热刺针或激光束进行刺点。

04.405 坐标量测仪器 coordinate measuring instrument
量测航空摄影和地面影像片上像点平面坐标的仪器。

04.406 立体测图仪 stereoplotter
一般指通过由两张像片构成的立体像,实现对直接测制地图的全能型测图仪器。

04.407 复照仪 copying camera
能对各种地形图、像片原图等按一定比例进行复制的专用照相机。

04.408 [像片]镶嵌仪 mosaicker
用于将一张张像片依次镶嵌拼成像片略图或像片平面图的仪器。

04.08.03 遥感仪器

04.409 遥感仪器 remote sensing instrument
通过电磁辐射获取的记录远距离目标的特征信息,以及对所获取的信息进行处理和判读的仪器。

04.410 遥感器 remote sensor
安装在遥感平台上直接测量和记录被探测对象的电磁辐射特性或反(散)射特性的装置。

04.411 多光谱照相机 multispectral camera
一种光学成像式遥感器。将目标光波波长分割成若干波段,分别将各个波段的影像同时拍摄下来的一种专用照相机。

04.412 多光谱扫描仪 multispectral scanner
一种光电式遥感器。通过对大地扫描的方式接收地面目标光波,并按分割的若干波段转换成视频输出的遥感器。

04.413 红外辐射仪 infrared radiometer
测量和记录被探测目标的红外辐射的遥感器,其典型工作波长范围为 8 ~ 14μm。

04.414 地物光谱辐射仪 ground-object spectroradiometer
测定地面物体光谱辐射特性的仪器,在可见光和近红外区通常是测定物体的光谱反射特性。

04.415 彩色图像合成仪 color image combination device
通过光学投影方式,将多光谱遥感图像(或像片)进行假彩色合成,以得到假彩色图像或像片的设备。

04.416 数字图像扫描记录系统 digital image scanning plotting system
一种图像信息处理系统。通过对图像扫描,将图像转换成数字图像信号,也可将所储存的数字图像信号转换成图像。

04.09 激光器件和激光设备

04.09.01 一般名词

04.417 激光 laser
由受激发射的光放大产生的辐射。

04.418 受激发射 stimulated emission

粒子由较高能级受激跃迁到较低能级时的发射。

04.419 激发 excitation

使微观粒子系统(如原子、离子、分子等)由较低能级向较高能级的跃迁。

04.420 能级 energy level

微观粒子系统(如原子、离子、分子等)所具有的确定的内部能量值或状态。

04.421 [能级间的]跃迁 transition [between the energy levels]

微观粒子系统(如原子、离子、分子等)在能级之间变化并伴随有能量的吸收或释放的过程。

04.422 辐射跃迁 radiation transition

以辐射的吸收或发射为特征的跃迁。

04.423 无辐射跃迁 radiationless transition

以热或其他非辐射形式的能量交换过程为特征的跃迁。

04.424 自发跃迁 spontaneous transition

处于较高能级的粒子自发地跃迁到较低能级上去的过程。

04.425 受激跃迁 stimulated transition

由于外部辐射场作用而产生的粒子能级间的跃迁。

04.426 跃迁概率 transition probability

在单位时间内,由某一能级跃迁到另一能级的粒子数与该能级原有粒子数之比。

04.427 爱因斯坦系数 Einstein coefficient

自发跃迁概率和受激发吸收跃迁概率、受激发射跃迁概率与外部辐射场单色能量密度的比例系数的总称。

04.428 激光工作物质 laser material

通过外界激励能形成粒子数反转,并在一定条件下能产生激光的物质。

04.429 激活媒质 active medium

又称"激活介质"。已经形成粒子数反转的[激光]工作物质,其微观粒子(电子、原子、分子或离子)由较高能级受激跃迁到较低能级时发射相干辐射。

04.430 兰姆凹陷 Lamb dip

在非均匀展宽的气体激光器中,激光器工作频率靠近工作物质增益曲线的中心频率直到完全重合时,由于烧孔效应,使对激光有贡献的反转粒子数减少,从而使该激光器输出功率下降直到某一极小值的现象。

04.431 阈值 threshold value

在激光器中,激活介质增益恰好能使激光振荡开始时的条件。

04.09.02 激光器名称

04.432 激光器 laser

产生激光的装置。

04.433 连续[波]激光器 continuous wave laser

能连续输出持续时间大于0.25s的激光器。

04.434 脉冲激光器 pulsed laser

以单一脉冲、脉冲序列或重复脉冲形式释放其能量的激光器,其脉冲持续时间不大于0.25s。

04.435 单脉冲激光器 single pulse laser

激光脉冲输出的间隔相对较长且无规律的脉冲激光器。

04.436 重复频率激光器 repetition frequency laser

在单位时间内,有规律地输出激光脉冲数目的激光器。

04.437 多模激光器 multimode laser
输出为多横模、多纵模的激光器。

04.438 单模激光器 single-mode laser
输出为单横模(一般为基模)、多纵模的激光器。

04.439 单频激光器 single-frequency laser
输出为单横模(一般为基模)、单纵模的激光器。

04.440 红宝石激光器 ruby laser
以红宝石为工作物质的激光器。

04.441 钕玻璃激光器 neodymium glass laser
以钕玻璃为工作物质的激光器。

04.442 [掺]钕钇铝石榴子石激光器 neodymium-doped yttrium aluminium garnet laser, Nd:YAG laser
以掺钕的钇铝石榴子石晶体为工作物质的激光器。

04.443 色心激光器 color center laser
以具有色心的晶体为工作物质的激光器。

04.444 铝酸钇激光器 yttrium aluminate laser, YAP laser
以掺钕的铝酸钇晶体为工作物质的激光器。

04.445 五磷酸钕激光器 neodymium pentaphosphate laser
以五磷酸钕晶体为工作物质的激光器。

04.446 金绿宝石激光器 Alexandrite laser
以具有金绿宝石结构,掺铬的 $BeAl_2O_4$ 晶体为工作物质的激光器。其输出波长可在 700 ~ 820nm 之间调谐。

04.447 蓝宝石激光器 sapphire laser
以掺钛的蓝宝石晶体为工作物质的激光器。

04.448 掺铒氟化钇锂激光器 erbium-doped yttrium lithium fluoride laser, Er:YLF laser
以掺铒的氟化钇锂晶体为工作物质的激光器。

04.449 掺钬氟化钇锂激光器 holmium-doped yttrium lithium fluoride laser, Ho:YLF laser
以掺钬的氟化钇锂晶体为工作物质的激光器。

04.450 铒玻璃激光器 erbium glass laser
以铒为激活离子,以镱为敏化剂的激光玻璃作工作物质的激光器。

04.451 气体激光器 gas laser
以气体为工作物质的激光器。

04.452 原子[气体]激光器 atomic [gas] laser
以中性气体原子为工作物质的激光器。它可分为两类:惰性气体原子激光器和金属蒸气原子激光器。

04.453 惰性气体[原子]激光器 noble gas [atomic] laser
以惰性气体原子为工作物质的激光器。

04.454 氦氖激光器 helium-neon laser, He-Ne laser
以氖为工作物质、氦为辅助气体的激光器。

04.455 金属蒸气[原子]激光器 metallic vapor [atomic] laser
以金属原子蒸气为工作物质的激光器。

04.456 铜蒸气激光器 copper vapor laser
以铜原子蒸气为工作物质的激光器。

04.457 分子[气体]激光器 molecular [gas] laser
以中性气体分子为工作物质的激光器。

04.458 二氧化碳激光器 carbon dioxide laser, CO_2 laser

以二氧化碳气体为工作物质,以氧、氦、氙等为辅助气体的激光器。主要输出 10.6μm 的红外光。

04.459 一氧化碳激光器 carbon monoxide laser

以一氧化碳气体为工作物质,以氦、氮、氧、氙、汞等为辅助气体的激光器。

04.460 氮分子激光器 nitrogen molecular laser

以氮气为工作物质的激光器。脉冲输出波长 337.1nm。

04.461 准分子激光器 excimer laser

以准分子为工作物质的激光器。

04.462 氟化氙准分子激光器 xenon fluoride excimer laser

以氙、三氟化氮(或氟)、氦的混合气体为工作物质的准分子激光器。

04.463 氟化氪准分子激光器 krypton fluoride excimer laser

以氪、三氟化氮(或氟)、氦的混合气体为工作物质的准分子激光器。

04.464 氯化氙准分子激光器 xenon chloride excimer laser

以氙、氯化物气体(或氯气)、氦(或氩)的混合气体为工作物质的准分子激光器 。

04.465 氯化氪准分子激光器 krypton chloride excimer laser

以氪、氯化物气体(或氯气)、氦(或氩)的混合气体为工作物质的准分子激光器。

04.466 离子[气体]激光器 ionic [gas] laser

以气态离子为工作物质的激光器。

04.467 氩离子激光器 argon ion laser

以氩的离子为工作物质的激光器。

04.468 氪离子激光器 krypton ion laser

以氪的离子为工作物质的激光器。

04.469 氦镉激光器 helium cadmium laser

以镉蒸气的离子为工作物质,以氦为辅助气体的激光器。

04.470 染料激光器 dye laser

以溶有激光染料的溶液为工作物质的激光器。

04.471 无机液体激光器 inorganic liquid laser

以无机溶液作为工作物质的激光器。

04.472 液体激光器 liquid laser

以液体为工作物质的激光器。

04.473 半导体激光器 semiconductor laser

以半导体材料为工作物质的激光器。

04.474 注入式激光器 injection laser

通过向电子-空穴转移区注入载流子而制成的半导体激光器。

04.475 砷化镓 p-n 结注入式激光器 gallium arsenide p-n junction injection laser

以砷化镓材料构成 p-n 结,以晶体解理面构成谐振腔,当 p-n 结中注入大电流,便以平行于结面的方向射出激光的激光器。

04.476 同质结激光器 homojunction laser

只用一种半导体材料制备的 p-n 结型半导体激光器。

04.477 异质结激光器 hetero junction laser

用多种半导体材料制备的 p-n 结型半导体激光器。

04.478 单异质结激光器 single hetero junction laser

用外延法在砷化镓单晶片上生长一层砷化镓铝($Al_xGa-xAs$)单晶,形成一个砷化镓铝-砷化镓异质结而构成的半导体激光器。

04.479　双异质结激光器　double hetero junction laser

用多次外延法在砷化镓基片的两侧各生长一层砷化镓铝单晶(一层为 p 型,一层为 n 型),分别形成一个砷化镓铝-砷化镓异质结而制成的半导体激光器。

04.480　自由电子激光器　free-electron laser

以自由电子为工作物质,将高能电子束的能量转换成激光的装置。

04.481　气动激光器　gas dynamic laser

用气体动力学的方法使作为工作物质的气体迅速膨胀来实现粒子数反转的激光器。

04.482　化学激光器　chemical laser

通过化学反应来实现粒子数反转的激光器。

04.483　γ 射线激光器　gamma-ray laser

输出波长在 γ 射线波段的激光器。

04.484　X 射线激光器　X-ray laser

输出波长在 X 射线波段的激光器。

04.485　紫外激光器　ultraviolet laser

输出波长在紫外波段的激光器。

04.486　红外激光器　infrared laser

输出波长在红外波段的激光器。

04.487　可调谐激光器　tunable laser

输出波长在一定范围内可连续变化的激光器。

04.488　薄膜激光器　thin film laser

激光工作物质呈薄膜状的激光器。

04.489　分布反馈激光器　distributed feedback laser

周期地改变工作物质的折射率或增益,引起布喇格反射,使光不断地被反馈并放大的激光器。

04.490　环形激光器　ring laser

具有环形谐振腔结构的激光器。

04.491　波导激光器　waveguide laser

具有波导激光谐振腔结构的激光器。

04.492　调 Q 激光器　Q-switched laser

通过调 Q 发射高功率短脉冲的激光器。

04.493　锁模激光器　mode-locking laser

利用锁模技术使脉冲宽度达到皮秒甚至飞秒量级输出的激光器。

04.494　稳频激光器　frequency stabilized laser

利用稳频技术,使输出频率稳定在某一数值上的激光器。

04.495　[光]参量振荡器　[optical] parametric oscillator

利用光学参量放大原理建立激光振荡的激光器。该激光器有两个频率的激光输出的,称双谐振荡器;只有一个频率的激光输出的,称单谐振荡器。

04.496　拉曼激光器　Raman laser

曾称"喇曼激光器"。利用受激拉曼散射原理建立振荡的激光器。

04.497　扫描激光器　scanning laser

激光辐射相对于一固定参照系随时间改变方向、传播的起点或图样的激光器。

04.09.03　激 光 技 术

04.498　激光技术　laser technique

依据一定的原理,改变激光振荡或激光辐射的参数,使之适合于某一目的的技术。

04.499　光弹效应　photo-elastic effect

物质的弹性应变,产生双折射,引起其折射率变化的现象。

04.500 声光效应 acoustooptic effect
介质中的超声波对光的衍射现象。有拉曼-奈斯衍射和布拉格衍射两种类型。

04.501 拉曼-奈斯衍射 Raman-Nath diffraction
当超声波频率较低,光线平行于声波波面入射时产生的与普通光学光栅衍射类似的衍射现象。

04.502 布拉格衍射 Bragg diffraction
当超声波频率较高,声光作用长度较大,光线与声波波面成一定角度斜入射时,产生不对称衍射光,具有零级或±1级的衍射现象。

04.503 布拉格条件 Bragg condition
在布拉格衍射中,使入射光能量几乎全部转移到+1级(或-1级)衍射极值上的条件。

04.504 调Q Q-switching
通过改变光学谐振腔的Q值,把储存在激活媒质中的能量瞬时释放出来,以获得一定脉冲宽度(几个到几十个纳秒)的激光强辐射的方法。

04.505 Q开关 Q-switch
用来改变光学谐振腔的Q值,以获得一定脉冲宽度(几到几十纳秒)的激光强辐射的装置。

04.506 机械Q开关 mechanical Q-switch
通过机械装置转动光学谐振腔光学元件实现调Q的装置。

04.507 电光Q开关 electrooptic Q-switch
利用电光效应实现调Q的装置。

04.508 声光Q开关 acoustooptic Q-switch
利用声光效应实现调Q的装置。

04.509 被动Q开关 passive Q-switch
利用光学材料在某一激光波长的透过率取决于激光强度的现象来实现调Q的装置。

04.510 腔倒空 cavity dumping
通过改变光学谐振腔的Q值,把储存在谐振腔中的能量倒空,以获得激光输出的方法。

04.511 消光率 extinction ratio
表征电光晶体消光作用的参数。将电光晶体用作光开关时,它等于在开启状态下光开关的最大透过光强与在关闭状态下光开关的最小透过光强之比。

04.512 动静比 output ratio of Q-switching to free running
激光器的动态输出(Q开关工作时的脉冲输出)和静态输出(不加Q开关或Q开关不工作而存在插入损耗时的脉冲输出)之比。

04.513 开关时间 switching time
光学开关从完全关闭变到完全打开的时间,即开关启动前后,谐振腔Q值从最小变到最大的时间。

04.514 光调制 optical modulation
按照一定规律改变光波的强度、相位、振幅、频率或偏振状态等参数的方法。

04.515 内调制 internal modulation
通过改变激光振荡的参数实现光调制的方法。

04.516 外调制 external modulation
在激光器外部实现光调制的方法。

04.517 光调制器 optical modulator
实现光调制的装置。

04.518 光强调制器 light intensity modulator
使光强按一定规律变化的光调制器。

04.519 相位调制器 light phase modulator
使光的相位按一定规律变化的光调制器。

04.520 频率调制器 light frequency modulator
使光的频率按一定规律变化的光调制器。

04.521 偏振调制器 light polarization modulator

使光的偏振状态按一定规律变化的光调制器。

04.522 电光调制器 electrooptic modulator

利用电光效应的光调制器。

04.523 声光调制器 acoustooptic modulator

利用声光效应的光调制器。

04.524 磁光调制器 magneto-optic modulator

利用磁光效应的光调制器。

04.525 光偏转 light deflection

使光束传播方向按一定规律偏转的技术。

04.526 频率下转换 frequency down-conversion

两束不同频率的光束在非线性介质中混频而产生差频的过程。

04.527 光参量放大 optical parametric amplification

一束具有较高频率的光波，通过非线性介质时，在某些条件下产生两个较低频率的光波并获得放大的现象。

04.528 光参量振荡 optical parametric oscillation

在光学谐振腔中，光参量在一定条件下产生振荡的现象。

04.529 拉曼散射 Raman scattering

某一频率的单色光经介质散射后出现其他频率散射光，且散射光频率与入射光频率之差和散射介质的某两能级差相对应的现象。

04.530 布里渊散射 Brillouin scattering

光通过介质时，因其无规则热运动的弹性波引起的散射。

04.531 自聚焦和自散焦 self-focusing and self-defocusing

强激光在某些介质中传播时，介质内部自动发生聚焦作用或散焦作用的非线性光学现象。

04.532 自感应透明 self-induced transparency

介质在强激光作用下，吸收系数减小的现象。

04.533 晶轴 optical axis [of crystal]

在各向异性晶体中，寻常光和非常光传播速度相同方向相同的轴。

04.534 激光探测 laser detection

接收激光并测量激光输出特性参数的探测。

04.535 非相干探测 non-coherent detection

激光探测器将入射到其光敏表面的激光信号转换为电信号，且大小正比于入射光子流瞬时强度的探测方式。

04.536 相干探测 coherent detection

相干的激光信号和本机激光振荡信号在满足波前匹配的条件（即在整个激光探测器的光敏表面上保持相同的相位关系）下，一起入射到探测器光敏表面上，产生拍频或相干叠加，探测器输出电信号大小正比于待测激光信号波和本机激光振荡波之和的平方的探测方式。

04.537 零差探测 zero-difference detection

本机激光振荡频率和待测激光频率相同时的光外差探测。

04.538 外光电效应 external photoelectric effect

某些材料在入射光子的能量足够大时有电子逸出材料表面的现象。

04.539 光电导效应 photoconductive effect

某些半导体在受光照射时其电导率增加的现象。

04.540 光伏效应 photovoltaic effect

某些半导体材料的 p-n 结，在光照射下形成光生电动势的现象。

04.541 光磁电效应 photomagnetoelectric effect

置于强磁场中的半导体表面受到光辐射照射时产生光生电子－空穴对。表面的电子与空穴浓度增大，向半导体内部扩散，在扩散过程中，因强磁场作用，使电子和空穴发生不同方向的偏转，它们的积累在半导体内部产生一个电场，阻碍电子和空穴的继续偏转。若此时把半导体两端短路，则产生短路电流，开路时，则有开路电压。这种现象即为光磁电效应。

04.542 光子牵引效应 photon drag effect

半导体在强光照射下，入射光子与自由载流子之间产生动量传递，从而产生光子牵引电压的现象。

04.09.04 激 光 器 件

04.543 激光头 laser head

将泵浦能量转化为激光辐射的部件。

04.544 激光电源 power supply of laser

向激光器提供电能使之工作的装置。

04.545 泵浦灯 pumping lamp

用于光泵浦的电光源。

04.546 连续氪灯 continuous krypton lamp

利用氪气的弧光放电，以连续方式发光的灯。

04.547 脉冲氪灯 pulsed krypton lamp

利用氪气的弧光放电，以脉冲方式发光的灯。

04.548 卤[素]钨丝灯 tungsten halogen lamp

简称“卤钨灯”。钨丝安置在混有一定比例卤素的惰性气体玻璃管内的白炽灯。

04.549 聚光腔[器] laser pump cavity

将泵浦光按一定要求聚集到激光工作物质的部件。

04.550 红宝石 ruby

掺有少量三价铬离子（Cr^{+3}）的 α 型氧化铝单晶，是六方晶系的单轴晶体。通常采用铬离子浓度为 0.03% ~0.07%（重量）的红宝石作为激光工作物质。

04.551 钕玻璃 neodymium glass

掺有三价钕离子（Nd^{+3}）的玻璃。

04.552 钇铝石榴子石 yttrium aluminium garnet

具有石榴子石型结构属立方晶系的光学各向同性晶体。它可掺入各种稀土元素的离子，其中掺钕的钇铝石榴子石（Nd:YAG）是目前应用较广的激光工作物质。

04.09.05 技 术 参 数

04.553 连续波 continuous wave

激光器以连续方式而不是脉冲方式输出的波。

04.554 激光脉冲 laser pulse

激光器输出的脉宽不大于 0.25s 的脉冲。

04.555 自由激光振荡 free laser oscillation

脉冲激光器的一种工作方式，即在激光脉冲形成过程中并不改变光学谐振腔 Q 值的振荡。

04.556 单脉冲振荡 single-pulse oscillation

脉冲激光器的一种工作方式，即通过调 Q，在脉冲泵浦期间只产生一个激光脉冲的振荡。

04.557 多模激光振荡 multimode laser oscillation

激光器的一种工作方式，其激光辐射具有处于相应自发辐射光谱范围的若干横模和纵模。

04.558 单模激光振荡 single mode laser

oscillation

激光器的一种工作方式,其激光辐射只有处于相应自发辐射光谱范围内的单一横模(一般是基模),多个纵模。

04.559 单频率激光振荡 single-frequency laser oscillation

激光器的一种工作方式,其激光辐射只有处于相应自发辐射光谱范围内的一个纵模即单一频率的振荡。

04.560 泵浦 pumping

给激光工作物质提供能量使其形成粒子数反转的过程。

04.561 激光泵浦 laser pumping

用激光进行泵浦的过程。

04.562 激光器转换效率 laser conversion efficiency

激光器输出的能量(或平均功率)与输入的能量(或平均功率)之比。

04.563 激光器输出特性 output characteristic of laser

表征激光器输出特性的参数。

04.564 输出功率 output power

单位时间内激光器连续输出的能量。

04.565 脉冲输出能量 output energy of a pulse

激光器输出的每个激光脉冲的能量。

04.566 脉冲峰值功率 peak output power of pulse

脉冲输出能量与该脉宽之商。

04.567 脉冲平均输出功率 average output power of pulse

每个脉冲输出的能量与脉冲周期之商。

04.568 输出功率稳定度 output power stability

激光器输出功率在一定测量时间内波动的程度。

04.569 输出能量稳定度 output energy stability

激光器输出能量在一定测量时间内波动的程度。

04.570 激光器噪声 laser noise

激光器输出光波的相位、频率或功率(能量)的随机起伏。

04.09.06 激 光 应 用

04.571 激光溶液 laser solution

能够成为激活媒质的溶液。

04.572 激光染料 laser dye

在一定条件下,能够形成粒子数反转的染料。

04.573 激光全息照相机 laser holographic camera

用激光作相干光拍摄全息照片的装置。

04.574 激光通信 laser communication

利用激光进行信息传递的通信。

04.575 激光传输 laser transmission

利用激光束和传输介质相互作用所进行的传输。

04.576 激活光纤 active fiber

由含钕的磷酸盐类玻璃作纤芯的光纤。

04.577 激光退火 laser annealing

利用激光对材料进行退火处理的加工方法。

04.578 激光刻划 laser grooving and scribing

利用聚焦后高能量密度的激光束,对被加工表面刻槽或划线的方法。

04.579 激光蒸发与沉积 laser evaporation

and deposition
利用高能量密度的激光束，使材料气化并沉积在适当基体上，以获得各种薄膜的方法。

04.580 激光微调 laser trimming
利用聚焦后的激光束，有控制地去除某些元件上的部分材料，或局部加热改变该材料的特性，以便微调其电阻值等性能参数的方法。

04.581 激光束聚焦 laser beam focusing
利用光学透镜获得所需要的能量密度高的激光光斑所采用的方法。

04.582 激光测距 laser rangefinder
利用激光测量距离的方法。

04.583 激光测厚 thickness measurement with laser
利用激光高精度测量厚度（小于 1mm）的方法。

04.584 激光测振 vibration measurement with laser
利用激光技术测量振动的振幅、速度和加速度，以及机械冲击的速度和加速度的方法。

04.585 激光干涉测量 laser interferometry
以激光为光源，以激光波长或激光频率为基准，利用光的干涉原理进行精密测量的方法。

04.586 激光多普勒测速 laser Doppler velocity measurement
根据多普勒效应，用激光束照射运动物体，检测并记录反射、透射、散射的光与参考光调频后的信号从而获得运动物体速度的方法。

04.587 激光探测器 laser detector
以单值方式把辐射功率或辐射能量转换为一个一般电学量而不进行信号处理或显示的器件。

04.588 激光测云仪 laser ceilometer
测量云层底部的高度、云层厚度和结构的脉冲激光测距仪。

04.589 激光测长机 laser length measuring machine
以稳频激光波长作长度基准，通过干涉仪精密测量长度的仪器。

04.590 激光测径仪 laser diameter measuring instrument
用激光测量工件或材料直径的仪器。

04.591 激光线性比较仪 laser linear comparator
以稳频激光波长作为长度基准测量分划尺的分划线位置误差的仪器。

04.592 激光水平仪 laser level meter
带有激光导向装置的测定地面水准点高差的仪器。

04.593 激光椭圆度测量仪 laser ellipticity measuring instrument
利用激光技术，测量并显示物体椭圆度的仪表。

04.594 激光指向仪 laser orientation instrument
以激光器为光源的发射系统并给出直线方向的仪器。

04.595 激光瞄准望远镜 laser alignment telescope
用激光进行瞄准的望远镜。

04.596 激光干涉仪 laser interferometer
以激光为光源的干涉仪器。

04.597 激光绝对重力计 laser absolute gravimeter
用激光绝对测量自由落体重力加速度的仪器。

04.598 激光加速度计 laser accelerometer
用激光测量运动物体加速度的装置。

04.599 激光光谱技术 laser spectrum technology

以激光为光源的光谱技术。

04.600 激光同位素分离 laser isotope separation

利用激光单色性强的特点,使同位素光谱有选择性的激发,经物理或化学的方法分离同位素。

04.601 激光医疗 laser medicine

利用激光的特性进行医学诊断和治疗的技术。

04.602 激光制导 laser guidance

利用激光提高飞行体目标精度的技术。

04.603 激光报警装置 laser alarm installation

当被对方激光束照射时,能探测和识别激光辐射,发出警报,并指示激光源方位、波长、使用方式等的装置。

04.604 激光武器 laser weapon

利用激光辐射能量达到摧毁战斗目标或使其丧失战斗力等作战武器。

04.605 激光印刷 laser printing

以激光作光源,利用其高分辨力成像,应用于印刷和自动办公设备的技术。

04.606 激光打印机 laser printer

利用激光扫描成像技术、计算技术、电子照相技术,高质量打印的设备。

04.607 光盘[存储]技术 optical disc [memory] technique

利用激光将信息存储到记录介质上且可用激光读出的技术。

04.09.07 激光安全

04.608 激光受控区域 laser controlled area

为避免辐射危害而易于控制和监视的人们停留与活动的区域。

04.609 伴随辐射 collateral radiation

激光器运行时,激光产品所必然产生的,波长范围为 200nm ~ 1mm 的激光辐射以外的电磁辐射。

04.610 窗孔 aperture

开在激光器防护罩或防护屏上的孔。

04.611 防护罩 protective housing

为防止人体在接近激光辐射时超过规定的可接受发射极(AEL)而设计的激光防护产品。

04.612 防护屏 protective enclosure

防止人体受到激光辐射照射的一种装置。

04.613 可接受的辐射 accessible radiation

允许人眼或皮肤暴露于正常使用的那些辐射。

04.614 可接受的发射极限 accessible emission limit

某一特定类别激光辐射所允许的可接受发射的最大值。

04.615 束内观察 intrabeam viewing

眼睛暴露于激光辐射的全部观察状态,不包括扩展源的观察。

04.616 扩展源 extended source

观察时眼睛张开的视角大于极限视角的激光辐射。

04.617 极限视角 limiting angular subtense

激光源或是漫反射对观察者眼睛所成的视角,它用以区分是束内观察还是对扩展源观察。

04.618 表观视角 apparent visual angle

根据光源大小及其到眼睛的距离,计算出的光源所对的视角。

04.619　照射时间　exposure time

照射到人体上的单脉冲、系列脉冲或连续激光辐射的持续时间。

04.620　发射持续时间　emission duration

单脉冲、系列脉冲或连续激光运转的持续时间。

04.621　最大输出　maximum output

激光产品在其工作范围内,在任意时间向任一方向发射的全部可接受激光辐射的最大辐射功率,或最大脉冲辐射能量。

04.622　最大允许照射量　maximum permissible exposure

在正常情况下,人体受到照射而不会受到有害影响的激光辐射量值。

04.623　标称眼睛受害区域　nominal ocular hazard area

光束辐照度或辐照量超过相应角膜最大允许照射量的区域 。

04.624　标称眼睛受害距离　nominal ocular hazard distance

使光束辐照度或辐照量减小到相应角膜最大允许照射量的距离。

04.625　一类激光产品　class 1 laser product

对于适当的波长和发射持续时间来说,允许人体接近的不超过一类可接受的发射极限激光辐射的激光产品。

04.626　二类激光产品　class 2 laser product

这类激光产品满足:①允许人体接近波长范围在 400nm 到 700nm 的超过一类可接受发射极限而未超过二类可接受发射极限的激光辐射;②允许人体接近任何其他波长的不超过一类可接受发射极限的激光辐射。

04.627　三 A 类激光产品　class 3A laser product

对于任一发射持续时间和波长来说,允许人体接近超过一类与二类可接受发射极限,而不超过三 A 类可接受发射极限激光辐射的激光产品。

04.628　三 B 类激光产品　class 3B laser product

对于任一发射持续时间和波长来说,允许人体接近超过一类与二类可接受发射极限,而不超过三 B 类可接受发射极限激光辐射的激光产品。

04.629　四类激光产品　class 4 laser product

允许人体接近超过三 B 类可接受发射极限激光辐射的激光产品。

04.630　孔径光阑　aperture stop

用于确定辐射测量的面积的光阑。

04.631　极限孔径　limiting aperture

最大圆形区域,可以计算通过该圆域辐射的平均辐照度及平均辐照量。

04.632　失效保护　fail safe

元件失效不增加危害的设计考虑。

04.633　安全联锁装置　safety interlock

当激光产品的防护罩被移开时,为避免人体接近三类或四类激光辐射而设置的与该防护罩相联的自动装置。

04.634　失效保护安全联锁　fail safety interlock

在失效情况下联锁作用并不失效的联锁装置。

04.635　遥控联锁连接器　remote interlock connector

远距离控制接断激光器与其他部件相连接的器件。

04.636　观察板　access panel

防护罩或防护屏的一部分,它被移开或拆去时可观察激光辐射。

05. 分析仪器

05.01 一般名词

05.001 定性分析 qualitative analysis
鉴定试样中各种组成的构成,包括的元素、根或官能团等的分析。

05.002 定量分析 quantitative analysis
测定试样中各种组分(如元素、根或官能团等)含量的操作。

05.003 常量分析 macro-analysis
被分析量为常规量的分析方法。一般可以指试样质量大于0.1g的分析,也可以指被测组分量高于千分之一的分析。

05.004 微量分析 micro-analysis
被分析量为很少量的分析方法。一般可以指试样质量为毫克级的分析,也可指被测组分含量约为万分之一至百万分之一的分析。

05.005 痕量分析 trace analysis
物质中被测组分含量在百万分之一以下的分析方法。

05.006 分析仪器 analytical instrument
用于分析物质成分、化学结构及某些物理特性的仪器。

05.007 电化学[式]分析仪器 electrochemical analyzer
运用电化学原理设计的分析仪器。一般有电导[式]分析器、电量[式]分析器、电位[式]分析器、伏安[式]分析器和极谱仪、滴定仪、电泳仪等。

05.008 光学[式]分析仪器 optical analytical instrument
利用光学原理对物质的成分进行分析的仪器。

05.009 热学[式]分析仪器 thermometric analyzer
利用物质的热物理热变化特征,如热导、对流、辐射,进行热学分析的仪器。

05.010 质谱仪器 mass spectrometer, mass spectrograph
利用电磁学等测量方法使离子按照质荷比进行分离从而测定物质的质量与含量的科学实验仪器。

05.011 波谱仪器 wave spectrometer
利用波谱法对物质的成分和结构进行分析的仪器。

05.012 能谱和射线分析仪器 spectroscope and ray analyzer
利用能谱法和X射线分析原理对物质的成分、结构以及表面物化特性等进行分析的仪器。

05.013 物性分析仪器 analyzer for physical property
利用不同原理对物质物理特性如黏度、密度、浊度、湿度等进行分析的仪器。

05.02 电化学式分析仪器

05.02.01 一般名词

05.014 pH 值 pH value

表示氢离子活度的量。用水溶液中氢离子的活度,常用对数的负值表示,通常在 1 至 14 之间。pH 值等于 7 时溶液呈中性;pH 值大于 7 时溶液呈碱性,pH 值小于 7 时溶液呈酸性。

05.015 电导 conductance

表示电解质溶液的导电能力的量,它是溶液电阻的倒数。

05.016 电导率 conductivity

边长为 1cm 的立方体内所包含溶液的电导。

05.017 电池常数 cell constant

电池中两电极的间距与两电极的截面积之比。通常用已精确测定电导率的溶液盛在电池内,测量其电导,再求得电池常数。

05.018 当量电导 equivalent conductance

在两个相距为 1cm 的电极之间含有 m/n 克溶质时的电导(m、n 分别为溶质的分子量和化合价)。

05.019 标准电极电位 standard electrode potential

半电池的所有反应物质活度为 1mol 时,电极相对于标准氢电极电位的电位值,即该电极与标准氢电极组成的电池的电动势。对给定的电极说,其标准电极电位是一个常数。

05.020 电极电位 electrode potential

一个包含标准氢电极和所研究的半电池的原电池的电动势。

05.021 极谱图 polarogram

应用可极化的电极或指示电极进行电解时,由于施加电压的变化而获得的电流 - 电压(或电位)曲线。

05.02.02 分析原理

05.022 电化学分析法 method of electrochemical analysis

根据物质的电化学性质确定物质成分的分析方法。

05.023 电容量分析法 method of electrovolumetric analysis

电导分析法、电量分析法、电位法、伏安法、电泳法与离子选择电极分析等的总称。

05.024 电导分析法 method of conductometric analysis

一种通过测量溶液的电导率确定被测物质浓度,或直接用溶液电导值表示测量结果的分析方法。

05.025 电量分析法 method of coulometric analysis

在特定条件下,用某些物质电解过程中某些电量(如电极电位、电流、电导等)的变化,测定其含量的电化学分析方法。

05.026 电位法 potentiometry

在零电流条件下,测量非极化电极电位的方法,根据被测物质含量与电极电位的关系(能斯特方程)获得分析结果。

05.027 伏安法 voltammetry

一种电化学式分析方法,根据指示电极电位与通过电解池的电流之间的关系,而获得分析结果。

05.028　极谱法　polarography

通过解析极谱(图)而获得定性、定量结果的分析。它是伏安法的一种,必须使用滴汞电极或其他表面周期性更新的液态电极。

05.029　滴定　titration

一种分析溶液成分的方法。将标准溶液逐滴加入被分析溶液中,用颜色变化、沉淀或电导率变化等来确定反应的终点。

05.030　电泳法　electrophoresis

利用溶液中带有不同量的电荷的阳离子或阴离子,在外加电场中以不同的迁移速度向电极移动,而达到分离目的的分析方法。

05.031　电重量分析法　electric gravity analysis

它是将试样溶液电解,使待测组分的金属(或氧化物)在阴极(或阳极)上析出,然后用重量法测量析出的物质。

05.02.03　仪器和附件

05.032　电导[式]分析器　conductometric analyzer

测量液体电导率的仪器。传感器为电导池,液体试样置于其中。该仪器也可用于测量气体的含量,此时电导池中盛有某种液体以吸收气体试样,然后测量液体吸收气体试样前后电导率的变化。

05.033　电量[式]分析器　coulometric analyzer

又称"库仑[式]分析器"。其传感器为库仑池的电化学分析器。一般分为控制电位库仑分析器和控制电流库仑分析器。

05.034　电位[式]分析器　potentiometric analyzer

利用电位法原理制成的测量仪器。

05.035　溶解氧分析器　dissolved oxygen analyzer

其敏感元件的工作特性是建立在化学与质量传递特性基础上的一种电化学分析器。工作时,由于试样中存在着氧而产生电流。此输出电流与溶解氧浓度有确定的关系。

05.036　盐量计　salinometer

测量溶液(如海水)中盐浓度的一种分析仪器。

05.037　pH 计　pH meter

测量溶液 pH 值用的仪器。以 pH 玻璃电极为测量电极。

05.038　离子活度计　ion-activity meter

一种测定溶液中离子活度的电化学分析仪器。

05.039　氧化-还原电位测定仪　redox potential meter

测定浸在水溶液中的金属电极和参比电极间电动势的仪器。输出电动势与处于氧化态和还原态的物质活度有关,并符合能斯特公式。

05.040　自动滴定仪　automatic titrator

滴定过程实现部分或全部自动化操作的仪器。

05.041　氧化锆氧分析仪器　zirconium dioxide oxygen analyzer

利用氧化锆陶瓷,在高温下具有传导氧离子的特性进行测量的一种氧分析器。

05.042　极谱仪　polarograph

由一个参比电极、一个指示电极构成,并具有电压调节的谱池和电流测量装置组成。通常以滴汞电极为指示电极。

05.043　示波极谱仪　oscillographic polarograph

在汞滴成长过程中进行快速线性扫描的极谱

仪。它必须借助示波器观察和记录极谱图。与经典极谱图不同,它的图形为峰形,由峰值电位定性,峰值电流定量。

05.044　交流极谱仪　alternating current polarograph

在电解电路上施加线性和交流(频率 5 ~ 50Hz,幅值 15 ~ 30mV)叠加电压的极谱仪。其极谱图为良好的峰状波,由峰值电位定性,峰值电流定量。

05.045　方波极谱仪　square-wave polarograph

在电解电路上施加线性和方波(频率 50 ~ 250Hz,幅值 10 ~ 30mV)叠加电压的极谱仪。其极谱图是有小阶梯的峰状波,由峰值电压定性,峰值电流定量。

05.046　脉冲极谱仪　pulse polarograph

在电解电路的慢速线性扫描电压上叠加脉冲电压的极谱仪,具有极高的灵敏度和分辨力。叠加振幅随时间增长的脉冲方波电压的称积分脉冲极谱;叠加恒定方波电压(50 ~ 100mV)的称微分脉冲极谱。

05.047　电泳仪　electrophoresis meter

实现电泳分析的仪器。一般由电源、电泳槽、检测单元等组成。

05.048　电化学式传感器　electrochemical transducer

由一个或多个能产生与被测组分某种化学性质相关电信号的敏感元件所构成的传感器。

05.049　传感膜　transduction membrane

由对离子敏感的材料制成的薄膜,该膜与内参比电极组成离子选择电极。

05.050　电池　cell

一对导电体(如金属)同离子导体(如电解质溶液)连接构成的系统。有两种类型的电池:原电池和电解池。

05.051　标准电池　standard cell

保持足够恒定电动势的原电池,供校准用。

05.052　原电池　galvanic cell

将化学能直接转变成电能的装置。

05.053　半电池　half-cell

一个导电体(如金属)同离子导体(如电解质溶液)连接构成的系统。

05.054　浓差电池　concentration cell

由两个半电池构成的一种原电池,它们的两支电极和两种电解质种类都相同,只是所含电解质的浓度不同。

05.055　电解池　electrolytic cell

在外加电源的作用下,将电能转变成化学能的电池。

05.056　极谱池　polarographic cell

极谱法(或伏安法)用的电解池。

05.057　电导池　conductivity cell

测定液体电导率的传感器,其两支电极间距恒定且面积相等。

05.03　光学式分析仪器

05.03.01　一般名词

05.058　谱带宽度　spectral band width

辐射功率大于等于半峰值的波长范围或波数范围。

05.059　光谱位置　spectral position

谱线轮廓峰值相应处波长的位置。

05.060　光谱狭缝宽度　spectral slit width

出射狭缝的机械宽度。

05.061 色散本领 dispersion power

色散元件或色散系统色散能力的大小。常用线色散率或角色散率来度量。

05.062 线色散率 linear dispersion

纯数学上的两条光谱线在成像焦面上的距离之比。

05.063 光谱范围 spectral range

可以使用的光谱波长上下限所规定的区间。

05.064 有效光谱范围 useful spectral range

在规定准确度范围内仪器进行测量的光谱范围。

05.065 杂散辐射功率比 stray radiant power ratio

杂散辐射功率 P_s 与可检测的总辐射功率 P_t 的比值。

05.03.02 分析原理

05.066 光谱化学分析 spectro-chemical analysis

利用测量光谱的波长和强度的方法来定性、定量或半定量地测定试样中的化学元素。

05.067 火焰发射光谱法 emission flame spectrometry

根据测量试样在火焰中被激发的原子或分子发射特征及每一元素的电磁辐射强度来确定化学元素的方法。

05.068 原子吸收光谱法 atomic absorption spectrometry

利用物质所产生的原子蒸气对谱线的吸收能力进行定量分析的方法。

05.069 原子荧光光谱法 atomic fluorescence spectrometry

处于气相的原子蒸气适当吸收光源辐射后，又重新激发出具有荧光形式的光谱特征，根据其特征及强度，确定化学元素及含量的方法，吸收和再次发射的波长可以相同也可以不同。

05.070 分子吸收光谱法 molecular absorption spectrometry

根据测量分子对特征电磁辐射的吸收，进行定性定量的一种分析方法。它可测量溶液中某一组分的浓度。

05.071 红外光谱法 infrared spectrometry

应用红外波段的辐射进行分析的方法。

05.072 旋光法 polarimetry

测量偏振光与旋光物质相互作用时偏振光振动方向的变化而实现对物质的分析的方法。

05.073 内反射光谱法 internal reflection spectrometry

通常在入射角大于临界角的情况下，将试样放在折射率较高的透明介质的界面上，测量界面的反射光（一次或多次）并记录光谱的一种方法。

05.074 光电比色法 photoelectric colorimetry

通过比较标准溶液和试样溶液，对特定波长单色光的吸收程度，实现定量分析的方法。

05.075 光声光谱法 photoacoustic spectrometry

将试样置于密封的光声池中，用周期性调制的单色光进行照射，试样有选择地吸收光能并转化为热，引起光声池产生相应的压力波动，用微音器检测并将信号强度作为入射波长的函数记录下来（即光声光谱图）进行定量定性分析的方法。

05.03.03 仪器和附件

05.076 比色计 colorimeter
通过被测溶液与标准溶液颜色的比较，进行定量分析的仪器。

05.077 红外线气体分析器 infrared gas analyzer
利用不分光红外光谱法原理制成的气体分析器。

05.078 辐射源 source of radiation
能发射比所需波长范围更宽的光谱的器件。

05.079 光电池 photovoltaic cell
利用光伏效应制成的检测光辐射的器件。

05.080 光电倍增管 photomultiplier
可将微弱光信号通过光电效应转变成电信号并利用二次发射电极转为电子倍增的电真空器件。

05.081 光电管 phototube
是一种光敏元件，当它受到辐射后，并从阴极释放出电子的电子管。可分为真空光电管和充气光电管。

05.082 放电灯 discharge lamp
能发出所含元素特征线的灯，其特征线是由所含元素的蒸气或气体在高压下通过的电流激发而产生。

05.083 空心阴极灯 hollow-cathode lamp
一种冷阴极辉光放电管，其阴极是圆筒形空心结构，当元素以蒸气态从阴极中逸出时受激发产生极窄的特征谱线。在不同材料的阴极上镶入不同的金属材料，就可制成不同的空心阴极灯。

05.084 无极放电灯 electrodeless-discharge lamp
其所含元素由高频电磁场激发，产生该元素的特征谱线的灯。

05.085 连续光谱灯 continuous lamp
能在给定光谱范围内发出连续辐射的灯。

05.086 自电极 self-electrode
由被分析材料构成的电极。

05.087 支持电极 supporting electrode
在自电极上支持试样的一种电极。

05.04 热学式分析仪器

05.04.01 一般名词

05.088 空白试验 blank test
不用试样，或用热惰性物质作为试样，或在差示测量时以参比物为试样所进行的热分析试验。

05.089 热分析曲线 thermal analysis curve
使用热分析仪器记录到的物质的物理性质与温度或时间的关系曲线。纵坐标为物质的物理性质，横坐标为温度或时间。

05.090 差热曲线 differential thermal analysis curve
使用差热仪记录的热分析曲线。纵坐标为试样与参比物的温度差(ΔT)，向上对应放热效应，向下对应吸热效应；横坐标为温度或时间。

05.091 吸热峰 endothermic peak
试样温度低于参比物温度的峰。ΔT 为负值。

05.092　放热峰　exothermic peak

试样温度高于参比物温度的峰。ΔT 为正值。

05.093　热重曲线　thermogravimetric curve

使用热天平记录的热分析曲线。纵坐标为试样质量,横坐标为温度或时间。

05.094　升温速率　heating rate

温度升高的速度。

05.095　均温区　uniform temperature zone

加热炉内温度梯度不超过某一限定数值的区域。

05.096　热分析量程　thermal analysis range

热分析曲线上满刻度对应的被测物理量值。

05.04.02　分析原理

05.097　热分析　thermal analysis

在程序控温下,测量物质的物理性质与温度关系的分析技术。

05.098　静态热技术　static thermal technique

在恒定温度下,测量物质的物理性质与时间关系的分析技术。

05.099　热重法　thermogravimetry

在程序控温下,测量物质的质量与温度关系的技术。

05.100　逸出气检测　evolved gas detection

在程序控温下,对气体从物质中的逸出与温度关系的检测。

05.101　逸出气分析　evolved gas analysis

在程序控温下,对从物质中逸出的挥发性物质的性质和(或)数量与温度关系的分析。

05.102　放射热分析　emanation thermal analysis

在程序控温下,对物质释放出的放射性物质与温度关系的分析。

05.103　热微粒分析　thermoparticulate analysis

在程序控温下,对物质释放出的微粒物质与温度关系的分析。

05.104　差示扫描量热法　differential scanning calorimetry

在程序控温下,测量输入到试样和参比物的热量差与温度关系的方法。

05.105　热机械分析　thermomechanical analysis

在程序控温下,对试样在非振动载荷下的形变与温度关系的分析。

05.106　动态热机械法　dynamic thermomechanometry

在程序控温下,测量试样在振动载荷下的动态模量和(或)阻尼与温度关系的方法。

05.107　扭辫分析　torsional braid analysis

将试样浸涂于一根丝辫上进行测量的一种特殊条件下的动态机械分析。

05.108　热滴定[法]　thermal titration

在绝热系统中滴定,测量温度－滴定剂容积曲线的方法。

05.109　差热滴定[法]　differential thermometric titration

同时向空白和盛有被测试样的两个相同的滴定池内加入滴定剂,测量两者的温度差与滴定剂容积曲线的方法。

05.110　热发声法　thermosonimetry

在程序控温下,测量试样发出的声音与温度关系的方法。

05.111　热传声法　thermoacoustimetry

在程序控温下,测量试样的声波特性与温度关系的方法。

05.112 热光学法 thermophotometry

在程序控温下,测量试样的光学特性与温度关系的方法。

05.113 热光度法 thermophotometry

在程序控温下,测量透过试样的总光量与温度关系的方法。

05.114 热光谱法 thermospectrometry

在程序控温下,测量通过试样的光谱与温度关系的方法。

05.115 热折射法 thermorefractometry

在程序控温下,测量试样折射率与温度关系的方法。

05.116 热发光法 thermoluminescence

在程序控温下,测量试样的发光强度与温度关系的方法。

05.117 热显微镜法 thermomicroscopy

在程序控温下,用显微镜观察试样的一种方法。

05.118 热电学法 thermoelectrometry

在程序控温下,测量试样的电学特性与温度关系的方法。

05.119 热磁学法 thermomagnetometry

在程序控温下,测量试样的磁化率与温度关系的方法。

05.120 燃烧法 burning method

在电能作用下,测量可燃物质达到燃点引起燃烧放热的方法。

05.121 热膨胀法 thermodilatometry

在程序控温下,在可忽略载荷时,测量试样尺寸与温度关系的方法。

05.122 线膨胀法 linear thermodilatometry

在程序控温下,测量试样长度与温度关系的方法。

05.123 体膨胀法 volume thermodilatometry

在程序控温下,测量试样体积与温度关系的方法。

05.04.03 仪器和附件

05.124 热磁式氧分析器 thermomagnetic oxygen analyzer

利用氧的顺磁性结合导热率产生的磁风大小与被测气中氧气的浓度成比例的特性实现氧气定量分析的仪器。

05.125 热导式气体分析器 thermoconductivity gas analyzer

利用气体试样中被测组分气体同背景气体的不同热导率来确定被测气体含量的仪器。

05.126 热化学式气体分析器 thermochemical gas analyzer

以测样品气体在传感器内进行化学反应所产生的热效应的大小来确定气体成分的仪器。

05.127 热分析仪器 thermal analysis instrument

在程序控温下,测量物质的物理性质与温度关系的仪器。

05.128 静态热分析仪器 static thermal analysis instrument

在恒定温度下,测量试样的物理性质与时间关系的仪器。

05.129 比值变送器 proportional transmitter

将交流双电桥不平衡电压的比值转换为标准化信号的装置。

05.130 逸出气检测仪 evolved gas detection apparatus

在程序控温下,检测从试样中逸出气体的仪器。

05.131 逸出气分析仪 evolved gas analysis

apparatus

在程序控温下，对试样中逸出挥发性物质进行定性和定量分析的仪器。

05.132 放射热分析仪 emanation thermal analysis apparatus

在程序控温下，测量试样释放出的放射性物质的仪器。

05.133 热微粒分析仪 thermoparticulate analysis apparatus

在程序控温下，测量试样释放出微粒物质的仪器。

05.134 升温曲线测定仪 heating curve determination apparatus

在程序控温下，测量试样的温度与程序温度关系曲线的仪器。

05.135 差热[分析]仪 differential thermal analyzer

在程序控温下，测量试样与参比物的温度差的仪器。

05.136 定量差热[分析]仪 quantitative differential thermal analyzer

可定量测得热量和其他物理量的差热仪。

05.137 差示扫描量热仪 differential scanning calorimeter, DSC

在严格控制程序温度下，测量输入（或取出）试样和参比物的平衡热量差的仪器。

05.138 热膨胀仪 thermodilatometer

在程序控温下，测量试样在可忽略载荷时的尺寸与温度关系的仪器。

05.139 热机械分析仪 thermomechanical analyzer

在程序控温下，测量试样在非振荡载荷下形变与温度关系的仪器。

05.140 扭辫分析仪 torsional braid analysis apparatus

将试样浸涂于一根丝辫上进行测量的一种动态热机械分析仪。

05.141 热发声仪 thermosonimetry apparatus

在程序控温下，测量试样发出的声音与温度关系的仪器。

05.142 热传声仪 thermoacoustimetry apparatus

在程序控温下，测量声波通过试样后的特性与温度关系的仪器。

05.143 热光仪 thermophotometry apparatus

在程序控温下，测量试样的光学特性与温度关系的仪器。

05.144 热光度仪 thermophotometry apparatus

在程序控温下，测量透过试样的总光量与温度关系的仪器。

05.145 热光谱仪 thermospectrometry apparatus

在程序控温下，测量试样的光谱与温度关系的仪器。

05.146 热折射仪 thermorefractometry apparatus

在程序控温下，测量试样的折射率与温度关系的仪器。

05.147 热发光仪 thermoluminescence apparatus

在程序控温下，测量试样发出的光强度与温度关系的仪器。

05.148 热显微仪 thermomicroscopy apparatus

在程序控温下，用显微镜观察试样的一种热光仪。

05.149 热电[分析]仪 thermoelectrometry apparatus

在程序控温下，测量物质的电学特性与温度关系的仪器。

05.150　热磁仪　thermomagnetometry apparatus

在程序控温下，测量物质的磁化率与温度关系的仪器。

05.151　热量计　calorimeter

用量热标准物质标定，以系统内热量变化减去作功方式所传递的能量来计量热量的仪器。

05.152　氧弹式热量计　oxygen bomb calorimeter

量热体系中以氧气为助燃剂燃烧试样的热量计。

05.153　双干式热量计　double-dry calorimeter

不利用水调节环境温度和测量体系温度的热量计。

05.154　标准型热量计　standard calorimeter

以量热标准物质标定的热量计。

05.155　绝热式热量计　adiabatic calorimeter

调节环境温度使与测量体系温度差为零的热量计。

05.156　恒温式热量计　isothermal calorimeter

以恒温水槽来保证环境温度的热量计。

05.157　平板导热仪　plane table thermoconductivity meter

以平板稳定法测量热导率的仪器。

05.158　热导率计　thermal conductivity meter

测定直接接触物体的各部分热能交换的仪器。

05.159　热流计　heat flow meter

测量单位时间内通过某截面热流量的仪器。

05.160　催化元件　catalysis element

用裸露铝丝绕制的涂有催化剂的元件。

05.161　氧弹　oxygen bomb

充有压力为 4MPa 的纯氧和装有可燃物质的燃烧室体。

05.05　质谱仪器

05.05.01　一般名词

05.162　质荷比　mass-to-charge ratio

离子质量与电荷的比值，常用符号 m/e 表示。

05.163　质量色散　mass dispersion

能量相同、而质荷比不同的离子束，通过磁分析器后，按质荷比大小分离开来的程度。

05.164　总离子色谱图　total ion chromatogram

色谱－质谱法测得的各种质荷比的离子总数和及其随时间变化的曲线。

05.165　谱库检索　library searching

将被分析试样的归一化质谱与数据系统标准谱库中已知化合物的归一化标准质谱对比而给出定性分析结果的过程。

05.166　逆谱库检索　reverse library searching

谱库检索的逆过程，即用标准谱库中某已知化合物的质谱与试样的未知质谱进行比较而实现定性。

05.167　峰匹配　peak matching

质谱仪器进行两个峰测定时，利用快速切换扫描参数，使两个峰同时定位在显示装置上，从而实现精确测定质量的方法。

05.168　[质谱]峰宽　peak width [of mass spectrometry]

质谱图形中，质量峰规定高度上两侧之间的距离。

05.169　[质谱]峰高　peak height [of mass

spectrometry]

质谱图形中,质量峰的峰顶到零输出基线的距离。

05.170　[质谱]峰距　peak separation [of mass spectrometry]

质谱图形中,过两个质量峰的顶点所作平行于纵坐标(离子流强度)的直线之间的距离。

05.171　谷　valley

两个质荷比差1的相邻质量峰间的高于零输出基线的部分。谷高是谷的最低点到零输出基线的距离。当两个峰完全分开时,谷高与零输出基线重合。

05.172　零输出基线　zero output base line

质谱图形中,质量分析器不输出离子时离子检测器的输出。

05.173　基体效应　matrix effect

二次离子质谱法中,待分析离子信号受基体成分的影响。

05.05.02　测量原理

05.174　质谱学　mass spectroscopy

研究与探讨物质质量谱的获得原理、方法及仪器;谱的处理及其应用的科学。

05.175　质谱法　mass spectrometry

测定和解析物质的质量谱,用以分析研究同位素丰度、物质组分,包括化合物的碎裂过程、反应机构、电离电压、结合能、分子构造和热力学性质等的方法。

05.176　气相色谱－质谱法　gas chromatography mass spectrometry

用气相色谱法分离并定性与用质谱法定性相联用的分析方法。

05.177　液相色谱－质谱法　liquid chromatography mass spectrometry

用液相色谱法分离与用质谱法定性相联用的分析方法。

05.178　质量色谱法　mass chromatography

利用数据系统对色谱－质谱法所得质谱进行处理,给出任意质量的色谱图(质量色谱图)的分析方法。

05.179　质量碎片谱法　mass fragmentography

色谱－质谱法中,利用数据系统控制质量扫描测定一种或几种离子的质量色谱图的分析方法。

05.180　质谱－质谱法　mass spectrometry-mass spectrometry, MS-MS

用第一个质量分析器选出某种质荷比的离子,使之与中性气体分子碰撞,激活分解生成碎片离子,再用串接的第二个质量分析器扫描给出质谱的分析方法。

05.181　二次离子质谱法　secondary ion mass spectrometry

用能量1～20keV的一次离子束轰击固体试样,溅射出二次离子,再进行质谱分析的方法,可以检测由氢到铀的所有元素,能够进行表面微区分析和纵深分析,测出化学组分和同位素组成。

05.182　质谱－质谱法扫描　MS-MS scans

质谱－质谱法中,用第一质量分析器选择某种离子,使其碰撞激活,再用第二个质量分析器扫描,得到碎裂的离子谱(质量分析离子动能谱)的操作方法。

05.05.03 仪器和附件

05.183 质谱计 mass spectrometer

采用电学测量方法按时间顺序检测不同质荷比离子的仪器。

05.184 静态[质谱]仪器 static [mass spectrometer] instrument

在稳定电磁场中分离不同质荷比离子的质谱仪器。

05.185 动态[质谱]仪器 dynamic [mass spectrometer] instrument

在交变电磁场(通常是电场)中或按飞行时间分离不同质荷比离子的质谱仪器。

05.186 单聚焦质谱计 single-focusing mass spectrometer

利用一块磁铁构成的磁分析器使速度(能量)相同而又有一定分散角度(方向)的离子束在直流磁场中作不同轨迹的圆周运动,既实现不同质荷比离子的分离,又实现离子束方向再度聚焦的质谱计。

05.187 高分辨质谱计 high-resolution mass spectrometer

分辨率超过 10 000 的质谱仪器。

05.188 双聚焦质谱计 double focusing mass spectrometer

能够同时实现离子束的方向和质量聚焦的质谱仪器。

05.189 虚像质谱计 virtual image mass spectrometer

由具有发散性静电分析器和反向排列均匀磁场磁分析器构成的双聚焦质谱计。

05.190 棱镜质谱计 prism mass spectrometer

采用磁棱镜作为质量分析器的一种质谱计。

05.191 磁式动态仪器 magnet dynamic instrument

采用交变磁场作质量分析器的动态质谱仪器。包括:回旋质谱计和离子回旋共振质谱计等。

05.192 回旋质谱计 omegatron mass spectrometer

利用回旋加速器的原理,使不同质荷比的离子分开的一种磁式动态质谱计。

05.193 离子回旋共振质谱计 ion cyclotron resonance mass spectrometer

电离区与共振区分开的一种回旋质谱计。

05.194 摆线质谱计 cycloidal mass spectrometer

离子束在正交的静电场和直流磁场的质量分析器中作摆线运动的一种双聚焦质谱计。

05.195 飞行时间质谱计 time-of-flight mass spectrometer

具有一定能量的不同质荷比的离子在一定长度的无场漂移空间,按速度飞行时间到达接收器实现质量分离的一种质谱计。具有快速响应特点,能在微秒级时间内观测全质谱。

05.196 单极质谱计 monopole mass spectrometer

由一根加有直流和射频电位的圆柱杆(或双曲线杆)和一个处于地电位的直角电极构成的四分之一四极电场质谱计。

05.197 四极离子阱 quadrupole ion trap

四极质谱计的一种派生仪器。由截面内侧轮廓为双曲线的旋转对称的环形电极和两个位于环形电极上、下方的盖电极组成,可存储离子达数日之久。

05.198 流程质谱计 process mass spectrometer

又称"在线质谱计"。用于工业生产流程中,承担连续和自动分析、监控任务的专用质谱计。通常可以进行多组分混合气体的快速分析。

05.199 激光探针质谱计 laser probe mass spectrometer

利用激光束作为探针,使固体试样蒸发和电离,从而进行质谱分析的质谱计。

05.200 同位素质谱计 isotope mass spectrometer

能够精确测定同位素丰度比的质谱计。

05.201 热电离质谱计 thermal ionization mass spectrometer

采用热表面电离型离子源用作固体同位素分析和化学分析的质谱计。

05.202 分压强计 partial pressure gauge

用于测量真空系统中气体分压强的质谱计。通常采用裸式离子源。

05.203 双束质谱计 double-beam mass spectrometer

有两个独立的离子源,两个独立的接收器和一个共用质量分析器的质谱计。可同时分析两种试样或对同一个试样进行比较分析。

05.204 多接收器质谱计 multi-collector mass spectrometer

具有多道接收器,可同时测量多种组分的质谱计。常用于同位素测量和流程气体分析。

05.205 气相色谱－质谱[联用]仪 gas chromatograph-mass spectrometer

气相色谱仪经接口与质谱计结合而构成的气相色谱－质谱法的分析仪器。

05.206 液相色谱－质谱[联用]仪 liquid chromatograph-mass spectrometer

液相色谱仪经接口与质谱计结合而构成的液相色谱－质谱法的分析仪器。

05.207 等离子色谱－质谱[联用]仪 plasma chromatograph-mass spectrometer

等离子体色谱与质谱计联用的仪器。

05.208 碰撞激活质谱计 collision activation mass spectrometer

可以实现磁撞激活过程的质谱计。构成形式为逆配置的双聚焦质谱计或三级串联四极质谱计。

05.209 质量分析离子动能谱仪 mass analysis ion kinetic energy spectrometer

能测出离子动能谱的一种逆配置双聚焦质谱计。

05.210 三极串联四极质谱计 triple tandem quadrupole mass spectrometer

由三个四极滤质器串接组成的一种实现质谱－质谱法的仪器。

05.211 二次离子质谱计 secondary ion mass spectrometer

用一次离子束轰击试样,对生成的二次离子进行质谱分析的一种质谱计。还可和能谱仪联用。

05.212 扫描离子微区探针 scanning ion microprobe

利用细微的一次离子束对被分析表面扫描轰击,顺序取得微区信息的一种二次离子质谱计。

05.213 离子源 ion source

使试样原子或分子电离并使之形成有一定形状、能量和强度的离子束的离子源。

05.214 电子轰击离子源 electron impact ion source

用慢电子(约700eV)轰击电离试样的离子源。特点是离子流强度较高、稳定、能量分散小,是质谱仪器最常用的一种源。

05.215 场电源 field ionization source

用场强 108 ~ 1 010V/m 的静电场电离试样的离子源。

05.216 表面发射离子源 surface emission ion source

用高温金属表面电离试样的离子源。有单带(丝)、双带、三带等不同结构。

05.217 火花电离源 spark source

采用高频变压产生火花放电电离试样的离子源。

05.218 化学电离源 chemical ionization source

基于离子-分子反应产生电离的离子源。能给出较强的分子离子或准分子离子,和少而弱的碎片离子,质谱图较简单。

05.219 电子轰击-化学电离源 electron impact-chemical ionization source, EI-CI source

采用串联或机械转换电离室方式构成的电子轰击与化学电离两用离子源。便于迅速获得两种质谱,以进行分析对比。

05.220 气体放电源 gas-discharge source

低气压气体放电电离试样的离子源。特点是离子流较强、离子能量分散大、离子流波动较大。

05.221 冷阴极离子源 cold-cathode source

基于彭宁(Penning)放电现象电离试样的离子源。

05.222 裸式离子源 open source

电离室的流导较大的电子轰击离子源。

05.223 封闭式离子源 tight ion source

电离室的流导很小的(约 11/s)的电子轰击型离子源。

05.224 离子排斥极 ion repeller

在电离室内起排斥离子体,用以改善电离室内电位分布的一种电极。

05.225 质量分析器 mass analyzer

质谱仪器中的核心器件,在磁场或电场的作用下使离子按质荷比分离的部件。

05.226 磁分析器 magnetic analyzer

基于磁偏转原理,使不同质荷比的离子束按空间位置分开的一种质量分析器。

05.227 扇形磁分析器 sector magnetic analyzer

离子束偏转角度小于 180°的磁分析器。

05.228 双聚焦分析器 double focusing analyzer

实现速度聚焦和方向聚焦的两种质量分析器。通常由静电分析器和磁分析器串接组成。

05.229 质量指示器 mass indicator

显示被分析试样中组分质量的部件。

05.230 π 弧度磁分析器 π radian magnetic analyzer

离子束偏转 180°的磁分析器。

05.231 静电分析器 electrostatic analyzer

利用静电场使不同能量的离子束偏转和聚焦的部件。

05.232 径向静电场分析器 radial electrostatic field analyzer

用筒形、球形或环形电容器产生的径向静电场,使不同能量的离子束偏转和聚焦的一种静电分析器。

05.233 能量过滤器 energy filter

能够从具有一定能量分布的离子束中选择一种特定能量离子的部件。

05.234 维恩速度过滤器 Wien velocity filter

利用正交电磁场产生速度色散作用,只允许一定速度的离子通过的离子光学部件。

05.235 静电四极透镜 electrostatic quadrupole lens

四个对称电极构成的离子(或电子)透镜。具有消像散、线聚焦及扫描放大等功能。

05.236　静电八极透镜　electrostatic octapole lens

由八个对称电极构成的离子(电子)透镜,其电极有扇形或圆柱形,主要作用是消色散。

05.237　四极滤质器　quadrupole mass filter

由直流和射频叠加的四极场构成的质量分析器。不同质荷比的离子在给定场参数下,在其中作轨道稳定或不稳定的运动,稳定的离子被收集,不稳定的离子被滤除。

05.238　分析管　analyzer tube

质量分析器的部件,构成真空供离子通过。

05.239　积层磁铁　laminated magnet

一种可用于实现快速磁扫描,由许多薄导磁片叠加而成的一种新型磁铁。

05.240　四极探头　quadrupole probe

四极质谱计的离子源、滤质器、离子检测器以及固定连接法兰等部分的总称。

05.241　四极杆　quadrupole rod

四极滤质器中,用来产生四极电场的电极。

05.06　波 谱 仪 器

05.06.01　一 般 名 词

05.242　[核磁共振]分辨力　resolution [of NMR]

仪器可区分出相邻两条谱线的能力。

05.243　[核磁共振]稳定性　stability [of NMR]

一般指磁场对频率随时间的相对稳定性。

05.244　场扫描　field sweeping

为了取得核磁共振谱,固定射频频率,使磁场变化通过共振范围而取得所需之共振谱。

05.245　频率扫描　frequency sweeping

固定磁场,使射频或磁场调制频率缓慢变化,通过共振范围,取得所需之共振谱。

05.246　[核磁共振]采样频率　sampling frequency [of NMR]

在脉冲傅里叶变换核磁共振波谱法中,将自由感应衰减信号变成数字量的 A/D 变换的频率。

05.247　弛豫过程　relaxation process

核自旋系统受到外界作用离开平衡状态以后,自动返回平衡状态的过程。

05.248　脉冲回转角　pulse flip angle

在脉冲核磁共振中,由于在主磁场(B_0)的垂直方向上加一射频磁场而使原与 B_0 同方向的磁化矢量(M_0)与 B_0 形成的夹角。

05.249　停顿时间　dwell time

在自由感应衰减中,一个数据点取样开始和紧接着的下一个数据点取样开始之间的那段时间。

05.250　空隙时间　aperture time

试样接受激发的时间。在脉冲核磁共振的大多数应用中,空隙时间仅是停顿时间的一小部分。

05.06.02　分 析 原 理

05.251　波谱法　wave spectroscopy

利用原子对射频、微波的响应进行定性定量

分析的方法。

05.252 核磁共振波谱法 nuclear magnetic resonance spectroscopy
研究原子核在磁场中吸收射频辐射能量进而发生能级跃迁现象的一种波谱法。

05.253 自旋去耦 spin decoupling
应用核磁双共振方法消除核间自旋耦合的相互作用的技术。

05.254 电子顺磁共振波谱法 electron paramagnetic resonance spectroscopy
应用微波频率的辐射对具有不成对自旋的电子诱导磁能级之间跃迁的波谱法。

05.255 核四极共振波谱法 nuclear quadrupole resonance spectroscopy
利用在射频电磁场作用下,原子核在固体晶格的非均匀电场中能级之间的共振跃迁,进行物质成分和结构分析的方法。

05.256 波谱图 wave spectrogram
原子核或电子对频率的响应函数图形。

05.06.03 仪器和附件

05.257 核磁共振仪 nuclear magnetic resonance spectrometer, NMR spectrometer
利用核磁共振原理测量试样的某种核磁共振信息或精密测量磁场的装置。

05.258 [核磁共振]传感器 transducer [of NMR]
根据核磁共振原理,将核(或电子)的共振信息转换成电参量传送给波谱仪的装置。

05.259 [核磁共振]参比试样 reference sample [of NMR]
与被测试样混合在一起,并以其谱线作为化学位移零点的化合物。

05.260 [核磁共振]内参比试样 internal reference sample [of NMR]
和试样混于同一样品管内的参比化合物。

05.261 [核磁共振]外参比试样 external reference sample [of NMR]
和试样不混于同一相的基集参比化合物。

05.07 色谱仪器

05.07.01 一般名词

05.262 涡流扩散 eddy diffusion
在填充色谱柱中,组分分子随流动相通过填充固定相的不规则空隙,不断改变流动方向,形成紊乱的类似涡流的流动状态,造成同一组分的分子在柱内滞留的时间不等,使色谱峰扩散的现象。

05.263 分配等温线 partition isotherm
在分配色谱中,在一定温度下,组分会以一定规律分配于固定相和流动相中,在平衡状态时,用组分在固定相中的浓度作横坐标,用在流动相中的浓度作纵坐标所得到的曲线。

05.264 渗透率 permeability
表示流动相通过色谱柱时所受到的阻力的一个特征量。

05.265 容量因子 capacity factor
在平衡状态时,组分在固定相与流动相中的质量之比。

05.266 相比率 phase ratio
气相色谱柱中气相与液相体积之比。

05.267 分配系数 partition coefficient

在平衡状态下，组分在固定液与流动相中的浓度之比。

05.268 柱切换 column switching

为了分离复杂的混合物，将两根或多根色谱柱串、并联，使试样按一定程序通过不同的柱子进行分离的操作过程。

05.269 畸峰 distorted peak

形状不对称的峰。如拖尾峰，前伸峰。

05.270 死时间 dead time

不被固定相滞留的组分，从进样到出现最大峰值所需的时间。

05.271 死体积 dead volume

不被固定相滞留的组分，从进样到出现最大峰值所需的流动相体积。

05.272 保留体积 retention volume

组分从进样到出现最大峰值所需的流动相体积。

05.273 柱效能 column efficiency

色谱柱在色谱分离过程中主要由动力学因素（操作参数）所决定的分离效能。通常用理论板数、理论板高或有效板数表示。

05.274 理论板数 number of the theoretical plate

表示柱效能的物理量。

05.275 理论板高 height equivalent to a theoretical plate

单位理论板的柱长。

05.276 分离度 resolution

两个相邻色谱峰的分离程度。

05.277 分离数 separation number

两个相邻的正构烷烃峰之间可容纳的峰数。

05.278 基流 background current

纯流动相在通过检测器时所产生的信号电流。

05.279 洗脱 elution

流动相携带组分在色谱柱内向前移动并流出色谱柱的过程。

05.280 谱带扩张 band broadening

由于涡流扩散、传质阻力等因素的影响，使组分在色谱柱内移动过程中谱带宽度增加的现象。

05.281 反吹 back flushing

在一些组分洗脱以后，将流动相反向通过色谱柱，使某些组分向相反方向移动的操作。

05.282 色谱图 chromatogram

色谱柱流出物通过检测器系统产生的响应信号对时间或载体流出体积的曲线图。

05.283 [色谱]峰 [chromatographic] peak

色谱柱流出组分通过检测器系统产生的响应信号的微分曲线图。

05.284 [色谱]峰底 [chromatographic] peak base

从峰的起点到终点之间的直线。

05.285 [色谱]峰高 [chromatographic] peak height

从峰最大值到峰底的距离。

05.286 [色谱]峰宽 [chromatographic] peak width

在峰两侧拐点处所作切线与峰底相交两点间的距离。

05.287 半高峰宽 peak width at half height

通过峰高的中点作平行于峰底的直线，此直线与峰两侧相交两点之间的距离。

05.07.02 分析原理

05.288 色谱学 chromatography
研究色谱分离方法和技术的一门科学。其内容包括色谱分离机理,各种色谱分离的动力学及热力学过程以及固定相、流动相、分离装置等。

05.289 色谱法 chromatography
是一种利用混合物中诸组分在两相间的分配原理以获得分离的方法。

05.290 气相色谱法 gas chromatography
用气体作为流动相的色谱法。

05.291 气-液色谱法 gas-liquid chromatography
将固定液涂渍在载体上作为固定相的气相色谱法。

05.292 气-固色谱法 gas-solid chromatography
用固体(一般指吸附剂)作为固定相的气相色谱法。

05.293 制备色谱法 preparative chromatography
用能处理较大量试样的色谱系统,进行分离、切割并收集组分,以提纯化合物的色谱法。

05.294 体积色谱法 volumetric chromatography
测定分离组分的体积进行定量分析的一种气相色谱法。

05.295 液相色谱法 liquid chromatography
用液体作为流动相的色谱法。

05.296 液-液色谱法 liquid-liquid chromatography
将固定液涂渍在载体上作为固定相的液相色谱法。

05.297 液-固色谱法 liquid-solid chromatography
用固体(一般指吸附剂)作为固定相的液相色谱法。

05.298 迎头色谱法 frontal chromatography
将试样连续地通过色谱柱,吸附或溶解最弱的组分,首先以纯物质状态流出色谱柱,然后顺次流出的是次弱组分和第一流出组分的混合物,依次类推,从而实现混合物分离的色谱法。

05.299 冲洗色谱法 elution chromatography
将试样加在色谱柱的一端,用在固定相上被吸附或溶解能力比试样中各组分都弱的流动相作为冲洗剂,由于试样中各组分在固定相上的吸附溶解的能力不同,于是被冲洗剂带出柱的先后次序亦不同,从而使试样中各组分彼此分离的色谱法。

05.300 空穴色谱法 vacancy chromatography
用分析试样(或按一定比例稀释后的试样)作载体,以不含试样组分的气体作被分析物的冲洗色谱法。

05.301 差示色谱法 differential chromatography
用一种试样(气态)作载体,以另一种含量不同,但组分类似的试样作被分析物的冲洗色谱法。

05.302 核对色谱法 iteration chromatography
以试样(气态)作载体,以包含试样组分的标准物质混合物作为被分析物的冲洗色谱法。

05.303 顶替展开法 replacement development method
将试样加入色谱柱后,注入一种为固定相吸附或溶解能力较试样中诸组分都强的物质,将试样中诸组分依次被顶替出色谱柱，从而实现混合物分离的色谱法。

05.304　离子色谱法　ion chromatography
用电导检测器对阳离子和阴离子混合物作常量和痕量分析的色谱法。分析时在分离柱后串接一根抑制柱，来抑制流动相中的电解质的背景电导率。

05.305　薄层色谱法　thin layer chromatography
将固定相（如硅胶）薄薄地均匀涂敷在底板（或棒）上，试样点在薄层一端，在展开罐内展开，由于各组分在薄层上的移动距离不同，形成互相分离的斑点，测定各斑点的位置及其密度就可以完成对试样的定性、定量分析的色谱法。

05.306　纸色谱法　paper chromatography
用纸为载体，在纸上均匀地吸附着液体固定相（如水、甲酰胺或其他），用与固定液不互溶的溶剂作流动相。将试样滴在纸一端在展开罐中展开，由于各组分在纸上移动的距离不同，最终形成互相分离的斑点，实现定性、定量分析的色谱法。

05.307　凝胶色谱法　gel chromatography
流动相为有机溶剂，固定相是化学惰性的多孔物质（如凝胶）的色谱法。

05.308　离子交换色谱法　ion-exchange chromatography
以离子交换树脂作固定相，在流动相带着试样通过离子交换树脂时，由于不同的离子与固定相具有不同的亲合力而获得分离的色谱法。

05.309　离子排斥色谱法　ion-exclusion chromatography
利用电介质与非电介质，对离子交换剂的不同吸、斥力而达到分离的色谱方法。

05.310　配位体色谱法　ligand chromatography
利用物质与金属离子间络合（或取代配位体）强度不同实现分离的色谱方法。

05.311　吸附色谱法　adsorption chromatography
固定相是一种吸附剂，利用其对试样中诸组分吸附能力的差异，而实现试样中诸组分分离的色谱法。

05.312　分配色谱法　partition chromatography
固定相是液体，利用液体固定相对试样中诸组分的溶解能力不同，即试样中诸组分在流动相与固定相中分配系数的差异，而实现试样中诸组分分离的色谱法。

05.313　络合色谱法　complexation chromatography
利用化合物络合性能差异进行分离的色谱方法。在固定相中加入能与被分离组分形成络合物的试剂。试样通过时，各组分生成的络合物稳定性不同被分离。

05.314　催化色谱法　catalytic chromatography
将催化剂和固定相结合起来的一种色谱法。催化反应直接在柱内进行，同时进行分离。

05.315　等离子体色谱法　plasma chromatography
利用有机物与等离子体反应的分离方法。

05.316　放射色谱法　radio chromatography
测定放射性物质的色谱法。

05.317　循环色谱法　recycle chromatography
采用程序控制的切换方法，使混合物多次通过色谱柱系统循环，用不太长的柱可以得到长柱分离效果的色谱法。

05.07.03 仪器和附件

05.318 色谱仪 chromatograph
应用色谱法对物质进行定性、定量分析，及研究物质的物理、化学特性的仪器。

05.319 气相色谱仪 gas chromatograph
用气相色谱法对物质进行定性、定量分析的仪器。

05.320 通用气相色谱仪 universal gas chromatograph
实验室用的具有多种功能的气相色谱仪。

05.321 液相色谱仪 liquid chromatograph
用液相色谱法对物质进行定性、定量分析的仪器。

05.322 高效液相色谱仪 high performance liquid chromatograph
用高效液相色谱法对物质进行定性、定量分析的仪器。

05.323 制备液相色谱仪 preparative liquid chromatograph
用制备液相色谱法对物质进行定性、定量分析的仪器。

05.324 色谱柱 chromatographic column
一种内有固定相，用以分离混合物的柱管。

05.08 能谱和射线分析仪器

05.08.01 一般名词

05.325 弹性本底 elastic background
除双弹性过程使探针粒子散射所产生的响应信号外，探测系统和能量过滤系统对其他过程的响应信号。

05.326 非弹性本底 inelastic background
除去非弹性散射过程的探针粒子的响应信号外，能量过滤系统和探测系统对其他过程的响应信号。

05.327 仪器本底 instrumental background
除了探针离子束轰击试样表面所产生的响应信号外，能量过滤系统和探测系统对其他过程的响应信号。

05.328 二次离子本底 secondary ion background
能量过滤系统和探测系统对探针离子轰击靶材所产生的二次离子的响应信号。

05.329 双弹性散射峰 binary elastic scattering peak
能谱仪探测系统响应信号在本底水平上的增量，该增量是由探针离子受到表面特定质量原子的双弹性散射造成的。

05.330 离子散射谱 ion-scattering spectrum
把散射离子的强度表示为散射离子的能量与入射离子能量比值的函数的能谱图。

05.331 散射离子能量 scattering ion energy
在双弹性碰撞过程中，发生双弹性碰撞的探针离子的动能，它是离子电荷与加速电压的乘积 。

05.08.02 分析原理

05.332 能谱法 spectroscopy

用具有一定能量的粒子束轰击试样物质，根据被激发的粒子能量(或被试样物质反射的粒子能量和强度)与入射粒子束强度的关系图(称为能谱)实现试样的非破坏性元素分析、结构分析和表面物化特性分析的方法。

05.333 电子能谱法 electron spectroscopy

记录试样物质被激发的电子能谱的分析方法。

05.334 光电子能谱法 photo-electron spectroscopy

以光作激发源的电子能谱分析方法。常用激发源有X射线和紫外光。

05.335 X射线光电子能谱法 X-ray photo-electron spectroscopy

用X射线激发试样原子内壳层电子获得的光电子能谱法，实现对元素的定性分析或化学态分析的方法。

05.336 紫外光电子能谱法 ultraviolet photo-electron spectroscopy

用紫外光激发试样的光电子能谱法。

05.337 俄歇电子能谱法 Auger electron spectroscopy

测量和分析试样产生的俄歇电子的能谱的电子能谱法。

05.338 电子能量损失谱法 electron energy lose spectroscopy

测量被试样物质非弹性散射轰击已损失的部分能量的电子的能谱，用以分析试样的化学成分和化学态的电子能谱法。

05.339 电子衍射法 electron diffraction method

通过记录和分析入射电子束与试样物质发生相干弹性散射而形成的电子衍射图像。测定试样晶体结构的电子能谱法。

05.340 角分辨电子谱法 angle resolved electron spectroscopy

通过检测器在分析时的转动来实现测量电子的能谱和电子能量角分布的电子能谱法。

05.341 出现电势谱法 appearance potential spectroscopy

通过逐渐增强入射电子束的能量，测量试样被激发的X射线或俄歇电子能量的变化以分析试样表面成分，元素电子束缚能表面电子结构的电子能谱法。

05.342 离子化损失谱法 ionization lose spectroscopy

基于原子电离时，其电子必须克服束缚能的原理，利用具有能量E的电子束激发试样原子并使之电离时，对应入射电子的剩余能量($E_a - E_b$)将有相应的能谱峰，对试样的原子和结构进行定性定量分析的电子能谱法。

05.343 离子中和谱法 ion neutralizing spectrum

用单能惰性气体离子束轰击试样表面，当入射的离子从试样的表面的原子中获取一个电子而被中和时，能激发出俄歇电子，通过测量该俄歇电子的能谱，分析试样表面电子状态、吸附状态、成分和能带的电子能谱法。

05.344 场发射显微镜法 method of field emission microscope

用带高电压的针形试样，使镜室内的惰性气体电离，正离子飞向荧光屏成像，用肉眼可观察试样尖端的原子结构像的电子能谱法。

05.345 离子散射谱法 ion-scattering spectroscopy

使离子束倾斜入射，在一定角度上测量散射离子能谱，除氢、氦外可分析全部元素和同位素。

05.346 卢瑟福背散射谱法 Rutherford back scattering spectroscopy

以兆电子伏特级的高能氢元素离子通过针形电极(探针)以掠射方式射入试样，大部分离子由于试样原子核的库仑作用产生卢瑟福散射，改变了运动方向而形成背散射。测量背散射离子的能量、数量，分析试样所含有元素、含量和晶格的方法。

05.347 二次离子谱法 secondary ion spectroscopy

对试样被激发射出的二次离子束进行质荷比的测量，分析试样表面元素分布和深度元素分布的能谱法。此法能分析所有元素和同位素。

05.348 X射线分析法 X-ray analysis

测量试样在各种条件下所发射的特征 X 射线，或者是测定试样的 X 射线衍射图形，包括 X 射线衍射分析法、发射 X 射线谱法和吸收 X 射线谱法三类。

05.349 X射线衍射分析法 X-ray diffraction analysis

利用试样对 X 射线的衍射现象进行物质结构分析的方法。

05.350 发射X射线谱法 emission X-ray spectrum

利用 X 射线或电子束激发试样产生的 X 射线，对试样所包含的某种元素进行定量定性分析的方法。

05.351 吸收X射线谱法 absorption X-ray spectrum

利用试样对 X 射线的特征吸收进行试样元素定性定量分析的方法。

05.352 X射线荧光分析法 X-ray fluorescence analysis

对固体或液体试样进行化学分析的一种非破坏性物理分析法。试样在强 X 射线束照射下产生的荧光 X 射线被已知高点阵间距的晶体衍射而取得荧光 X 射线光谱。这种谱线的波长是试样中元素定性分析的依据；谱线的强度是定量分析的依据。

05.08.03 仪器和附件

05.353 电子能谱仪 electron spectrometer

实现电子能谱分析的仪器。

05.354 X射线光电子能谱仪 X-ray photoelectron spectrometer

用 X 射线激发试样光电子的能谱仪。适用于元素分析，价态和化学结构分析，也可测量电子结合能。

05.355 紫外光电子能谱仪 ultraviolet photoelectron spectrometer

用紫外光激发试样光电子的能谱仪。适用于表面状态分析，能获得能带结构，振荡能级信息。

05.356 俄歇电子能谱仪 Auger electron spectrometer

测量试样俄歇电子能量的电子能谱仪。适用于表面元素分析，对原子序数较小的元素灵敏度高。

05.357 电子能量损失谱仪 electronic energy loss spectrometer

测量试样非弹性散射电子能量的电子能谱仪。

05.358 电子衍射谱仪 electron diffractometer

利用电子衍射图谱进行晶体结构分析的仪器。

05.359 低能电子衍射仪 low electron energy diffractometer

电子能量小于 500eV 电子束是单色的、近似平行的，直径为 $10^{-3} \sim 10^{-2}$ m，通常垂直入射，利用集电极或半球形荧光屏来探测被弹性反向散射的电子形成的衍射图的电子衍射仪。

05.360 高能电子衍射仪 high electron energy diffractometer

电子能量为 5 ~ 500keV，电子束是单色的、近似平行的，直径为 $10^{-3} \sim 10^{-2}$ m，通过荧光屏或其他检测器探测前向散射电子形成的衍散图的电子衍射仪。

05.361 出现电势谱仪 appearance potential spectrometer

测量出现电势谱的能谱仪。

05.362 离子中和谱仪 ion neutralization spectrometer

实现离子中和谱法的仪器。

05.363 离子散射谱仪 ion-scattering spectrometer

能产生基本上是单能、单电荷、低能离子束，并能测定沿已知角从固体表面散射出来的探针离子能量分布的能谱仪。

05.364 二次离子谱仪 secondary ion spectrometer

适用于元素的表面分布、深度分布的微区分析的能谱仪。

05.365 电子能量分析器 electron energy analyzer

对应于一定的参数，只允许一种能量的电子通过，使电子能量分离的装置。

05.366 X 射线分析器 X-ray analyzer

对 X 射线波长进行分析的仪器。

05.367 X 射线光谱仪 X-ray spectrometer

X 射线波谱仪和 X 射线能谱仪的总称。用于获得试样 X 射线光谱，并测量谱线的位置和强度。

05.368 X 射线荧光发射光谱仪 X-ray fluorescent emission spectrometer

用于测量荧光 X 射线的 X 射线光谱仪。

05.369 X 射线晶体光谱仪 X-ray crystal spectrometer

利用晶体作分光器的 X 射线光谱仪。晶体具有适当的点阵间隔，对一定波长的 X 射线产生衍射作用，可起到类似于光学式分析仪器中衍射光栅的作用。

05.370 X 射线摄谱仪 X-ray spectrograph

配有照相或其他记录装置，能同时取得一定波长范围 X 射线光谱的 X 射线光谱仪。

05.371 X 射线吸收[式]光谱仪 X-ray absorption spectrometer

测定连续 X 射线透过试样后产生的特征吸收单色 X 射线的仪器，最适合于有机溶剂等的分析。

05.372 扫描 X 射线光谱仪 sequential X-ray spectrometer

能对其中不同波长的 X 射线光谱进行连续研究的 X 射光谱仪。

05.373 非衍射 X 射线光谱仪 nondiffraction X-ray spectrometer

一种不采用衍射原理的 X 射线光谱仪。它的检测器输出信号或与 X 射线光子能量有关或与试样对 X 射线的选择吸收有关。

05.374 多道 X 射线光谱仪 multichannel X-ray spectrometer

能对多种不同波长或能量同时进行测量的 X 射线光谱仪。

05.375 X 射线衍射仪 X-ray diffractometer

接受和记录衍射 X 射线，以获得试样结构信息的仪器。

05.376 X 射线粉末衍射仪 X-ray powder diffractometer

用已知波长的 X 射线束照射粉末状或多晶物质试样，记录 X 射线衍射谱的角位置和强度，供晶体鉴别或结构分析用的一种 X 射线衍射式分析仪器。

05.377 X 射线测角仪 X-ray goniometer

在 X 射线分析法中，用于测量入射 X 射线束与衍射 X 射线束之间夹角的仪器。

05.378 X 射线分光装置 X-ray spectroscope apparatus

用以使 X 射线产生波长色散的装置。

05.379 X 射线单色器 X-ray monochrometer

利用单晶体衍射作用以取得单色 X 射线束的装置。

05.380 固态[X 射线]检测器 solid-state [X-ray] detector

利用 X 射线光子激发半导体形成的电流脉冲与 X 射线光子的能量成比例的原理制成的 X 射线半导体检测器。

05.381 气体正比检测器 gas proportional detector

X 射线光子通过窗口时，因产生气体离子－电子对而失去能量，根据离子－电子对的数量与光子的能量成比例关系的原理制成的 X 射线检测器。

05.382 闪烁检测器 scintillation detector

闪烁体(如碘化钠)受 X 射线照射后产生荧光闪烁，利用光耦合和反射使荧光进入光电倍增管产生的脉冲与 X 射线光子能量成比例关系的原理制成的检测器。

05.383 X 射线过滤器 X-ray filter

由吸收材料制成，用于减弱或改变 X 射线辐射光谱成分的装置。

05.384 X 射线光束截捕器 X-ray beam stop

X 射线光谱分析器中吸收未被利用的入射 X 射线的装置。

05.09 物性分析仪器

05.09.01 一 般 名 词

05.385 牛顿流动定律 Newton's law of flow

描写流体流动时的剪切力、剪切速率和流体黏度的定律。

05.386 非牛顿流体 non-Newtonian fluid

黏度系数在剪切速率变化时不能保持为常数的流体。

05.387 比黏 specific viscosity

已知浓度的聚合物相对黏度减去 1。

05.09.02 分 析 原 理

05.388 动力黏度 dynamic viscosity

由牛顿流动定律导出的黏度值。

05.389 运动黏度 kinematic viscosity

在相同温度下，流体的动力黏度与密度之比。

05.390 相对黏度 relative viscosity

溶液的动力黏度与溶剂动力黏度之比。

05.391 固有黏度 intrinsic viscosity

还原黏度在浓度趋于零时的极限值。常用于高分子聚合物分子量的测定。

05.392 恩格勒黏度 Engler viscosity

试油从恩格勒黏度计流孔中流出200ml所需要的时间与蒸馏水在20℃流出相同体积的流量所需时间之比。

05.393 还原黏度 reduced viscosity

比黏与浓度之比。

05.394 体积黏度 volume viscosity

物体在体积发生变化时，表征其所受阻力和体积变化速度关系的量。

05.09.03 仪器和附件

05.395 黏度计 viscometer

测量流体（主要是液体）黏度的仪器。

05.396 毛细管黏度计 capillary viscometer

一种具有玻璃毛细管（或金属毛细管）的黏度测量仪器。

05.397 标准黏度计 master viscometer

用以标定黏度标准液的一种毛细管黏度计。

05.398 旋转黏度计 rotational viscometer

一种具有转动测定系统的黏度计。

05.399 环式黏度计 ring viscometer

试样放在两个大小相同的环状平板之间，一环固定，另一环旋转，由旋转环的角速度和力矩可求出试样黏度的一种平行板式旋转黏度计。

05.400 双锥黏度计 double-cone viscometer

试样放在同轴的两圆锥之间，一个圆锥转动，通过测定转动体的角速度和转矩可得试样黏度的一种旋转黏度计。

05.401 锥板黏度计 cone-plate viscometer

由同轴的平板和圆的锥板构成，通过测量圆锥板转动力矩求出试样黏度的一种旋转黏度计。

05.402 落球黏度计 falling sphere viscometer

利用球体在液体中自由下落的速度与该液体的黏度有关的原理制成的一种黏度计。

05.403 滚球式黏度计 rolling sphere viscometer

根据滚动的距离和时间可求出试样黏度的一种黏度计。

05.404 流出式黏度计 efflux viscometer

由测定试样通过一个锐孔流出的时间或体积得到试样黏度的一种黏度计。

05.405 活塞式黏度计 plunger viscometer

由载荷与活塞下落速度求出试样黏度的一种黏度计。

05.406 振动黏度计 vibrating viscometer

通过测定振动衰减速度来测量黏度的一种黏度计。

05.407 密度计 densitometer

测量物质密度的仪器。由于密度和比重之间有一定关系，因此密度计也可以作为比重计。密度计按其用途分为液体密度计、气体密度计、固体密度计等。

05.408 液体密度计 liquid densitometer

测定液体密度的仪器。常有振动式密度计、放射性同位素密度计、浮力式密度计、静压式密度计、重力式密度计、声速式密度计等。

05.409 γ射线密度计 γ-densitometer

具有γ射线源和辐射检测器的密度计。

05.410 气体密度计 gas densitometer

测量气体密度的仪器。

05.411 湿度计 hygrometer

测量气体中含水量的仪器。

05.412 机械湿度计 mechanical hygrometer

装有一种敏感元件，其尺寸或质量随气体含水量的不同而改变的仪器。

05.413 电气湿度计 electrical hygrometer
其敏感元件的电气特性随着通过它的气体的湿度而变化的一种湿度计。

05.414 电解湿度计 electrolytic hygrometer
利用吸收物质（如五氧化二磷）与气体中水分接触时，会转换成电解质（如磷酸）的一种湿度计。

05.415 电容湿度计 capacitance hygrometer
利用电容器电容量变化进行测量的湿度计。

05.416 电阻湿度计 resistance hygrometer
应用吸湿物质的电阻随湿度变化的特性制成的湿度计。

05.417 干湿球湿度计 psychrometer
由两个湿度敏感元件组成，用来测定大气相对湿度的仪器。

05.418 露点湿度计 dew point hygrometer
利用试样在冷却表面上露点形成的温度与通过此表面的试样湿度的函数关系制成的湿度计。

05.419 浊度计 turbidimeter
测量液体的浑浊程度的仪器。

05.420 透射光浊度计 transmission turbidimeter
根据浊度和透射光衰减程度之间的关系，实现对浊度测量的仪器。

05.421 散射光浊度计 scattering turbidimeter
根据散射光的强度与试样中的浊质微粒大小和含量成正比关系，实现对浊度测量的仪器。

05.10 环境分析仪

05.422 环境监测站 environmental monitor station
用于环境污染监测的仪器系统。

05.423 环境气体分析仪 environmental gas analyzer
分析大气中有害气体含量的仪器。

05.424 二氧化硫分析仪 sulfur dioxide analyzer
分析大气中二氧化硫含量的仪器。

05.425 氮氧化物分析仪 nitrogen-oxide analyzer
分析大气中一氧化氮、二氧化氮等氮氧化物的仪器。

05.426 臭氧分析仪 ozone analyzer
分析大气中臭氧含量的仪器。

05.427 尘量分析仪 dust analyzer
分析环境空气所含粉尘、烟尘或漂尘的分析仪。

05.428 水质分析仪 water quality analyzer
对水的特性和有害物质进行分析的仪器。

05.429 生物医学分析仪 biomedical analyzer
用于生物、生理、生物化学和医学等方面的分析仪器。

05.430 农用分析仪 agricultural analyzer
用于农产品成分、贮存保鲜、农药污染、育种、植物光合作用和光呼吸作用以及土壤成分的各类分析仪器。

05.431 食品分析仪 food analyzer
用于食品营养成分、风味、污染检测的仪器。

05.432 动态校准器 dynamic calibrator
用于校准多种环境气体分析仪的装置。

05.433 气体发生器 gas generator
能产生分析仪器使用的氮气、氢气等气体的装置。

05.434 渗透管 permeability tube

利用聚乙烯塑料膜的渗透性提供微量校准气的器件。

05.435 采样器 sampler
与分析仪器配套使用的采集样品的装置。

05.436 反应气 reaction gas
在化学发光式分析器中，使与被测气体发生化学发光反应的气体。

06. 试 验 机

06.01 材 料 试 验 机

06.01.01 一 般 名 词

06.001 力学性能 mechanical property
材料抵抗外力与变形所呈现的性能。

06.002 破坏性试验 destructive test
按规定的条件和要求，对产品或零件进行直到破坏为止的试验。

06.003 无损检验 nondestructive testing
不损坏被检验材料或成品的性能和完整性而检测其缺陷的方法。

06.01.02 材料试验机名称

06.004 材料试验机 material testing machine
对材料、零件、构件进行力学性能和工艺性能试验的仪器和设备。

06.005 金属材料试验机 metallic material testing machine
试验金属材料及其零件、构件的试验机。

06.006 非金属材料试验机 nonmetallic material testing machine
试验非金属材料及其零件、构件的试验机。

06.007 高温试验机 high temperature testing machine
在高温环境中对材料进行力学性能试验的试验机。不包括带有高温装置的常温试验机。

06.008 低温试验机 low temperature testing machine
在低温环境中对材料进行力学性能试验的试验机。不包括带有低温装置的常温试验机。

06.009 腐蚀试验机 corrosion testing machine
在腐蚀介质中对材料进行力学性能试验的试验机。不包括带有腐蚀装置的一般材料试验机。

06.010 自动试验机 automatic testing machine
能自动完成装卸试样、加卸试验力、数据处理等全部试验过程的材料试验机。

06.011 半自动试验机 semi-automatic testing machine
除试样装卸或数据处理等个别环节外，试验过程自动进行的材料试验机。

06.012 程序控制试验机 program-controlled testing machine
按给定程序自动控制试验过程的材料试验机。

06.013 拉力试验机 tensile testing machine
用于拉伸试验或以拉伸试验为主的静态力试验机。

06.014 压力试验机 compression testing machine

用于压缩试验为主的静态力试验机。

06.015 万能试验机 universal testing machine
能进行拉伸、压缩、弯曲等多种试验的材料试验机。

06.016 扭转试验机 torsion testing machine
用于扭转试验的静态力试验机。

06.017 复合试验机 combined testing machine
试样同时承受两种或两种以上试验力的试验机。

06.018 硬度计 hardness tester
用于测定材料硬度值的试验机。

06.019 携带式硬度计 portable hardness tester
便于携带和应用于现场试验的硬度计。

06.020 超声硬度计 ultrasonic hardness tester
应用带有压头的超声传感器杆与试件表面接触时其谐振频率随试件硬度改变的特性来测定硬度值的硬度计。

06.021 标准硬度计 standard hardness tester
用于测定各种标准硬度块的硬度计。

06.022 布氏硬度计 Brinell hardness tester
用于测定材料布氏硬度值的硬度计。

06.023 洛氏硬度计 Rockwell hardness tester
用于测定材料洛氏硬度值的硬度计。

06.024 维氏硬度计 Vickers hardness tester
用于测定材料维氏硬度值的硬度计。

06.025 肖氏硬度计 Shaw hardness tester
用于测定材料肖氏硬度值的硬度计。

06.026 邵氏硬度计 Shore durometer
用于测定材料邵氏硬度值的硬度计。

06.027 赵氏硬度计 Pusey and Jones indentation instrument
用于测定材料赵氏硬度值的硬度计。

06.028 蠕变试验机 creep testing machine
按规定试验力和温度进行[静]蠕变试验和动蠕变试验的材料试验机。

06.029 持久强度试验机 creep rupture strength testing machine
在规定温度下使试样承受恒定试验力，进行持久强度试验的材料试验机。

06.030 松弛试验机 relaxation testing machine
在规定温度下使试样保持恒定总变形，进行应力松弛试验的材料试验机。

06.031 疲劳试验机 fatigue testing machine
使试样或构件承受周期或随机变化的应力或应变，以测定疲劳极限和疲劳寿命等指标的试验机。

06.032 动静万能试验机 static/dynamic universal testing machine
采用电液伺服控制系统并兼有电子式万能试验机和疲劳试验机功能的试验机。

06.033 冲击试验机 impact testing machine
对试样施加冲击试验力，进行冲击试验的材料试验机。

06.034 弹簧试验机 spring testing machine
测定弹簧性能的试验机。

06.035 杯突试验机 cupping testing machine
用于测定金属板材和带材的冷冲压变形性能的试验。

06.036 弯折试验机 reverse bend tester
试验金属及其他材料线、带材耐反复弯折能力的试验机。

06.037 线材扭转试验机 wire torsion tester
测定线材耐扭转能力的试验机。

06.038　摩擦磨损试验机　friction-abrasion testing machine

对材料及润滑剂进行摩擦与磨损性能试验的试验机。

06.039　运输包装件试验机　transport package testing machine

对运输包装件进行基本试验的试验机。

06.01.03　力、变形检测仪名称

06.040　力基准机　primary force standard machine

国务院计量行政部门负责建立的用作统一全国力值的最高依据的力标准机。

06.041　力标准机　force standard machines

产生标准力值及用于检定标准测力仪的机器。

06.042　标准测力仪　standard dynamometer

用于检定、比对、传递各种标准力值的计量器具。

06.043　扭矩基准机　primary standard torquer

国务院计量行政部门负责建立的,用作统一全国扭矩值的最高依据的扭矩标准机。

06.044　扭矩标准机　standard torquer

产生标准扭矩及用于检定标准扭矩仪的机器。

06.045　标准扭矩仪　standard torquemeter

用于检定、比对、传递各种标准扭矩值的计量器具。

06.046　引伸计　extensometer

用于测量试件标距间轴向及径向变形的装置,有指示型和记录型。

06.01.04　零部件及附件

06.047　测力系统　dynamometric system

测量和显示力值的系统。

06.048　试台　testing bench

支承试件进行试验的工作台。

06.049　硬度压头　hardness penetrator

硬度计上压入试件而无永久变形的零部件。

06.050　冲击摆锤　impact pendulum

摆锤式冲击试验机上,由摆杆和锤体组成的施加冲击试验力的部件。

06.051　摆杆　rod of pendulum

连接摆轴与冲击锤体的连接件。

06.052　冲击锤体　impact hammer

冲击摆锤的主要质量部分。

06.053　摆轴　axle of rotation

摆锤的旋转轴。

06.054　缓冲器　buffer

保持加、卸试验力平稳,或减缓试样断裂时冲击的装置。

06.055　反向器　reverser

使施加的试验力反向的装置。

06.01.05　技 术 参 数

06.056　试验力　test force

施加在试样或试件上的外力。

06.057　试验力幅　test force amplitude

试验力范围之半。

06.058　超试验力　over test force

超过试验机最大试验力的力值。用百分比表

示。

06.059 空试验力 no test force

试验机在无试验力下运行的状态。

06.060 摆锤力矩 moment of pendulum

摆锤所受重力乘以摆锤质心至摆轴中心的距离。

06.061 满量程误差 full scale error

以测量范围上限值百分数表示的示值误差。

06.062 同轴度 coaxality

在给定条件下，材料试验机的夹持部件、试样等和受力方向等轴线间同轴的程度。

06.063 试验系统的柔度 testing system flexibility

每增加单位试验力试验系统所产生的弹性变形量。

06.064 径向间隙 radial clearance

冲击试验机的摆轴径向最大间隙。

06.065 轴向间隙 axial clearance

冲击试验机摆轴轴向最大间隙。

06.066 试验力施加速率 rate of applying test force

单位时间试验力的增量。

06.067 变形速率 rate of deformation

单位时间变形的增量。

06.068 打击点 striking point

理想形状和尺寸的冲击试样放置在试样支座水平面时，试样与冲击刀刃接触线的中点。

06.069 摆锤空击 free swing of pendulum

冲击试验机上不放置试样，按规定扬角释放摆锤。

06.070 均热带长度 uniform temperature zone length

温度场内温度均匀区域的长度。高低温装置的均热带长度，系指试样的试验区域的温度均匀区的长度。

06.071 试验空间 test space

材料试验机装夹试件进行试验的空间。

06.072 颠簸试验 bump test

考核试验机装配和包装质量，按规定条件进行的运输或模拟运输试验。

06.02 振动台与冲击台

06.02.01 一般名词

06.073 机械振动 mechanical vibration

机械系统中运动量的振荡现象。

06.074 激励 excitation

作用于系统，激起系统出现某种响应的外力或其他输入。

06.075 角频率 angular frequency

正弦量频率的 2π 倍。

06.076 固有频率 natural frequency

由系统本身的质量和刚度所决定的频率。n 自由度系统一般有 n 个固有频率，按频率的高低排列，最低的为第一阶固有频率。有阻尼的线性系统的自由振动频率称为“阻尼固有频率”。

06.077 碰撞试验 continuous shock test

考核试件承受多次重复冲击载荷能力的试验。

06.02.02 振动台与冲击台名称

06.078 振动台 vibration generator system

由振动发生器、控制与测量装置及其所需辅助设备构成的系统。

06.079 机械振动台 mechanical vibration generator system

具有机械振动发生器的振动台。

06.080 电动振动台 electrodynamic vibration generator system

具有电动振动发生器的振动台。

06.081 电磁振动台 electromagnetic vibration generator system

具有电磁振动发生器的振动台。

06.082 压电振动台 piezoelectric vibration generator system

具有压电振动发生器的振动台。

06.083 磁致伸缩振动台 magnetostrictive vibration generator system

具有磁致伸缩振动发生器的振动台。

06.084 液压振动台 hydraulic vibration generator system

具有液压振动发生器并采用电液伺服控制的振动台。

06.085 标准振动台 standard vibration machine

校准和标定测振仪器振动量值的振动台。

06.086 冲击台 shock testing machine

对试件施加可控再现的机械冲击的试验机。

06.087 碰撞试验台 bump testing machine

对试件进行碰撞试验的试验机。

06.02.03 零部件与功能单元

06.088 振动发生器 vibration generator

用于产生振动或激振力并将其传递给试件或结构的振动发生装置。

06.089 电动振动发生器 electrodynamic vibration generator

由固定的磁场和位于磁场中通有一定交变电流的线圈的相互作用所产生的激振力来驱动的振动发生器。

06.090 电磁振动发生器 electromagnetic vibration generator

由电磁铁和磁性材料相互作用产生激振力来驱动的振动发生器。

06.091 压电振动发生器 piezoelectric vibration generator

由压电元件的压电效应产生激振力来驱动的振动发生器。

06.092 磁致伸缩振动发生器 magnetostrictive vibration generator

由磁致伸缩元件的磁致伸缩效应产生激振力来驱动的振动发生器。

06.093 液压振动发生器 hydraulic vibration generator

由液压源输出的液压油产生激振力来驱动的振动发生器。

06.094 共振振动发生器 resonant vibration generator

由处于共振状态的运动系统产生激振力来驱动的振动发生器。

06.095 回转振动发生器 circular vibration generator

产生回转振动的发生器。

06.096　振动控制仪　vibration controller
对振动发生器振动参数进行控制的装置。

06.097　隔离器　isolator
用来减弱冲击和振动传输的构件。通常是弹性支承物。

06.098　隔振器　vibration isolator
用来衰减某一频率范围内振动传输的隔离器。

06.099　限位器　snubber
当相对位移大于规定值时,能限制机械系统相对位移的装置。

06.02.04　技术参数

06.100　激振力　excitation force
通过振动发生器激励运动部件和试件使之产生振动的力。

06.101　有效激振力　effective excitation force
通过振动发生器传输到试件上的力。

06.102　最大正弦激振力　maximum sine excitation force
在规定的频率和试验载荷下,正弦激振力的上限值。

06.103　额定正弦激振力　rated sine excitation force
不同试验载荷下所有最大正弦激振力的最小值。

06.104　试验载荷　test mass
用于检验振动台或振动发生器工作性能的由金属或其他材料制成规定形状的试验质量块。

06.105　额定频率范围　rated frequency range
规定试验载荷下对应于额定激振力的频率范围。

06.106　额定行程　rated travel
振动发生器运动部件正常工作允许的最大行程。

06.107　杂散磁场　stray magnetic field
泄漏到台面上的无用磁场。

06.108　额定位移　rated displacement
正常工作时,台面允许达到的最大位移。

06.109　额定速度　rated velocity
正常工作时,台面允许达到的最大速度。

06.110　额定加速度　rated acceleration
正常工作时,台面允许达到的最大加速度。

06.111　最大横向力　maximum transverse force
在正常工作条件下,振动台允许承受垂直于振动方向上的最大瞬态力(静态、动态或静动复合的力)。

06.112　额定静态横向力　rated static transverse force
在正常工作条件下,振动台能持久承受而不改变其特性的静态横向力。

06.113　工作台面温度　table temperature
热稳定条件下运动部件处于最大发热量时工作台面的温度。

06.03 无损检测仪器

06.03.01 渗透探伤机

06.114 渗透探伤 penetrant inspection, penetrant flaw detection

借助于显示剂的作用,观察从材料或零部件表面缺陷中吸出的渗透液显示缺陷的探伤。包括着色渗透探伤和荧光渗透探伤。

06.115 着色渗透探伤 dye-penetrant inspection

采用着色渗透液,在可见光线照射下观察缺陷的指示迹痕的渗透探伤。

06.116 荧光渗透探伤 fluorescent penetrant inspection

采用荧光渗透液,在紫外线照射下通过激发出的荧光观察缺陷迹痕的渗透探伤。

06.117 渗透探伤装置 penetrant inspection unit

在渗透探伤试验中使用的设备。通常由渗透装置、乳化装置、显示装置、清洗装置及干燥装置等构成。

06.118 黑光灯 black light lamp

在荧光渗透探伤或磁粉探伤中,发射黑光的装置。一般由带滤光片的高压水银石英灯和控制器等组成。

06.119 黑光滤光片 black light filter

能透过近紫外辐射,同时吸收其他波长辐射的滤光器件。

06.120 预清洗装置 precleaning unit

渗透探伤检验前,清洗和干燥被检试件的设备。一般由除油装置、溶剂清洗槽、冲洗喷头等组成。

06.121 除油装置 degreasing unit

盛放除油液的装置,通常底部装有加热器,上部装有蛇形管冷凝器及支撑零件的格栅等。

06.122 渗透装置 penetrant unit

渗透探伤时,装渗透液的装置。设有滴落台及支撑试件用的格栅等。

06.123 乳化装置 emulsifier unit

在渗透探伤时,装乳化液的装置。通常由不锈钢板或铝合金板制做,底部装有格栅和排液孔。

06.124 清洗装置 washing unit

在渗透探伤中使用的冲洗装置。通常由喷头、水压调节、水温调节、流量调节等部分构成,并配有压力计、温度计等。

06.125 静电喷洒装置 electrostatic spraying device

渗透探伤时,采用静电喷洒法所用的设备。一般包括静电发生器、粉末漏斗柜、高压空气泵、渗透液喷枪、显示剂喷枪等部分。

06.126 喷涂器 sprayer

一种密闭的压力容器。里面装有渗透探伤剂和气雾剂,通常在液态时装入,常温下气化,形成气压喷雾。

06.127 载液 vehicle

能溶解或悬浮渗透探伤剂的水质或非水质液体。

06.128 渗透液 penetrant

具有强渗透力的油液与带色染料或荧光染料按一定的比例混合而成的溶液。分为水洗性渗透液,后乳化性渗透液,溶剂去除性渗透液。

06.129 荧光渗透液 fluorescent penetrant
含有荧光物质，在黑光的照射下会发射荧光的渗透液。

06.130 着色渗透液 dye penetrant
含有带色染料的、在普通光线下可观察的渗透液。

06.131 双用途渗透液 dual purpose penetrant
既能在黑光照射下产生荧光，又能在可见光照射下产生颜色反差的渗透液。

06.132 水洗性渗透液 water washable penetrant
能被水洗的含有乳化剂的渗透液，分为水洗性着色渗透液，水洗性荧光渗透液。

06.133 后乳化性渗透液 post emulsifiable penetrant
不含乳化剂的油基性渗透液，必须施加乳化剂才能用水洗涤，分为后乳化性荧光渗透液，后乳化性着色渗透液。

06.134 乳化剂 emulsifier
能与油质物质反应，使之易于用水洗涤的物质。分为亲水性乳化剂和亲油性乳化剂两种。

06.135 亲水性乳化剂 hydrophilic emulsifier
亲水型界面活性剂的水基液体，与渗透液油相互作用，使之易于用水洗涤。

06.136 亲油性乳化剂 lipophilic emulsifier
亲油型界面活性剂的油基液体，与渗透液油相互作用，使之易于用水洗涤。

06.137 清洗剂 detergent remover
能溶解渗透液的挥发性溶剂，用以去除被检工件表面上多余的渗透液。

06.138 显示剂 developer
能加速吸出渗入到试件表面缺陷中的渗透液，并增强显示衬度的一种物质。

06.139 干式显示剂 dry developer
一种干燥的细粉末状态的显示剂。

06.140 液膜式显示剂 liquid film developer
一种显示剂的悬浮液。干燥之后，在探伤面上形成一层树脂或聚合物的膜。

06.141 可溶式显示剂 soluble developer
一种非悬浮状的，完全溶于溶剂中的显示剂，干燥之后形成一层吸附涂层。

06.142 悬浮式显示剂 suspension developer
显示剂微粒的水悬浮液或非水悬浮液。

06.143 润湿剂 wetting agent
加入液体中以减小其表面张力的物质。

06.144 渗透探伤剂 penetrant flaw detection agent
在渗透探伤中所要求的一完整系列的渗透探伤材料的总称。

06.145 紫外辐照计 ultraviolet radiation meter
在荧光渗透探伤及磁粉探伤中测定黑光强度的仪器。

06.146 对比试块 reference block
在渗透探伤中，用以评价探伤效果或装置性能的具有人工缺陷的试块。

06.03.02 磁粉探伤机

06.147 磁粉探伤 magnetic particle flaw detection
借助于磁粉显示出铁磁性材料漏磁场的分布，从而发现材料表面或近表面缺陷的一种无损探伤。

06.148 荧光磁粉探伤 fluorescent magnetic particle flaw detection

使用荧光磁粉，在黑光的照射下，检查材料表面和近表面缺陷的磁粉探伤。

06.149　磁化电流　magnetizing current

使试件产生磁性的电流。

06.150　磁化　magnetizing

铁磁性材料在外加磁场作用下，其内部分子磁矩有秩序地排列，从而显示出磁性的现象。

06.151　通电法　current flow method

借助于触头或接触板将磁化电流导入试件，使试件磁化的方法。

06.152　支杆法　prod method

借助于支杆触头，将磁化电流导入试件，使试件的一部分得到磁化的方法。

06.153　中心导体法　central conductor method

磁化电流沿着穿过试件心孔的导体使试件磁化的方法。

06.154　线圈法　coil method

磁化电流沿着缠绕试件的线圈流动使试件的整体或一部分磁化的方法。

06.155　磁轭法　yoke method

借助于电磁铁或永久磁铁使试件的整体或一部分磁化的方法。

06.156　感应电流法　induced current method

因试件心孔的导磁体内磁通交变变化，在试件中产生感应电流使其磁化的方法。

06.157　退磁　demagnetization

使被磁化的铁磁性试件中剩磁减少到允许程度的方法。

06.158　磁粉　magnetic powder

导磁性良好的磁性粉末。

06.159　荧光磁粉　fluorescent magnetic powder

在紫外线照射下能发出荧光的磁粉。

06.160　磁悬液　magnetic ink

磁粉和媒介液按一定的比例混合形成的悬浮液体。

06.161　磁化时间　magnetizing time

磁粉探伤机对被检试件进行磁化的时间。

06.162　磁极间距　magnetic pole distance

磁粉探伤机两触头之间的距离，一般可根据探伤时的需要进行调节。

06.163　连续法　continuous method

在外加磁场作用下施加磁粉或磁悬液进行磁粉探伤的方法。

06.164　干粉法　dry method

将干磁粉施加于试件表面进行磁粉探伤的方法。

06.165　湿粉法　wet method

将磁悬液施加于试件表面进行磁粉探伤的方法。

06.166　磁痕　magnetic particle indication

由缺陷和其他因素造成的漏磁场积聚磁粉所形成的图像。

06.167　夹头　contact head

设置在磁粉探伤机上，用来夹持和支撑被检试件，并能导入磁化电流和(或)构成磁路的装置。

06.168　接触垫　contact pad

置于夹头之上，可以更换的金属垫(一般为铜丝编织物)，用于使被检验试件电接触良好，并防止电极损坏。

06.169　触头　prod

装在软电缆上的手持棒状电极，用来将磁化电流从电源导入试件的某一部分。

06.170　磁化线圈　magnetizing coil

能磁化试件的线圈组件。

06.171　开环线圈　split coil

带有插头连接器的单匝或多匝线圈组件，能够被分开和扣合，用于磁化没有自由端的零件。

06.172 磁化电源 excitation supply

在磁粉探伤中提供磁化电流的电源装置。

06.173 退磁器 demagnetizer

用于退去被磁化试件中剩磁的装置。

06.174 断电相位控制器 phase controlled circuit breaker

在使用交流电流的剩磁法探伤中，控制交流电流断电相位，使试件剩磁稳定的仪器。

06.175 磁轭 yoke

轭状的电磁铁或永久磁铁，通常是由“C”字形的实体或迭层的软磁性材料，周围绕以电流线圈组成。

06.176 试片 test block

在磁粉探伤中，用以评价探伤效果的具有人造或已知自然缺陷的试样。

06.177 磁粉探伤机 magnetic particle flaw detector

为磁粉探伤提供所需要的磁化电流或磁通的探伤设备。

06.178 固定式磁粉探伤机 stationary magnetic particle flaw detector

固定在某一场所使用的磁粉探伤机。

06.179 荧光磁粉探伤机 fluorescent magnetic particle flaw detector

采用荧光磁粉，加装黑光照射装置的磁粉探伤机。

06.180 移动式磁粉探伤机 mobile magnetic particle flaw detector

将磁化电源等装在小手推车上，便于在一定范围内移动的磁粉探伤机。

06.181 携带式磁粉探伤机 portable magnetic particle flaw detector

体积小、质量轻、便于搬运的磁粉探伤机。

06.182 涡流 eddy current

由于磁场的时间或空间（或二者）的变化，在导体中感应的旋涡电流。

06.183 涡流检测 eddy current testing

利用导电材料的电磁感应现象，通过测量感应量的变化进行无损检测的方法。

06.184 阻抗平面图 impedance plane diagram

表示试验线圈阻抗变化点的平面轨迹图形。

06.185 提离效应 lift-off effect

当探测线圈从被测试件表面移开时，引起其间磁耦合的改变，导致阻抗发生变化的效应。

06.186 边缘效应 edge effect

由于试件的几何形状的突然变化（边界处），引起磁场和涡流的变化，导致对输出的影响。

06.187 穿透深度 depth of penetration

试件表面下电流密度等于试件表面电流密度值的37%时的深度。

06.188 涡流检测仪 eddy current testing instrument

利用电磁感应原理设计的，用于涡流检测的仪器。

06.189 涡流探伤仪 eddy current flaw detector

利用导电材料在交变磁场中产生涡流的性质，检测导电材料叠加磁场的变化信号以表征材料缺陷的仪器。

06.190 [手动式]涡流探伤仪 [manual] eddy current flaw detector

操作者手持探头在工件上来回移动进行扫查，通过显示仪表的指示或示波管上图形来判断有无缺陷的涡流探伤仪。

06.191 自动式涡流探伤仪 automatic eddy

current flaw detector
材料进给、显示、记录、分选等全过程都是自动化的涡流探伤仪。

06.192　涡流电导率仪　eddy current conductivity meter
利用试件电导率变化导致检测线圈阻抗变化来测量电导率的仪器，主要用于非铁磁性金属电导率的测量。

06.03.03　超 声 检 测 仪

06.193　超声　ultrasonic
频率高于20 000Hz的机械振动。

06.194　超声频谱　ultrasonic spectrum
超声波中各频率成分的幅度分布。

06.195　声束　sonic beam
在声源的指向性方向上集中发射的一束超声波。

06.196　声程　sonic path distance
在探伤中，声束单向通过的路程。

06.197　声阻抗　acoustic impedance
声波波振面某一面积上的声压与通过这个面积的质点速度之比。

06.198　探伤面　test surface
在超声探伤时，超声束进入[或离开]的试件表面。

06.199　[探头]入射点　[prober] incident point
在斜角探头中，超声束的中心入射于探伤面的一点。

06.200　超声探伤　ultrasonic flaw detection
超声波在被检材料中传播时，利用材料内部缺陷所显示的声学性质对超声波传播的影响来探测其内部缺陷的方法。

06.201　探伤图形　pattern inspection figure
在超声探伤仪的示波屏上显示探伤结果的图形。

06.202　A型显示　A-display
采用水平基线(X轴)表示距离或者时间，离开基线的垂直偏转(Y轴)表示幅度的一种数据显示方法。

06.203　B型显示　B-display
以探头的移动距离为横轴，以探伤距离(深度)为纵轴，绘制探伤体的截面图的显示方式。

06.204　C型显示　C-display
以辉度调制的方式，将逐行扫查声束辐射范围内的缺陷投影成平面图像的显示。

06.205　MA型显示　MA-display
在探头扫查过程中，把所得到的A型显示图形连续叠加的显示。

06.206　射频显示　radio frequency display
探头接收到的超声高频信号，被放大后直接进行的显示。

06.207　视频显示　video presentation
探头接收到的超声高频信号，经检波放大后形成探伤图形的显示。

06.208　探伤频率　inspection frequency
超声探伤时所使用的频率。

06.209　脉冲回波法　pulse echo method
用回波幅度及时间来判断反射体的存在和位置的检测方法。

06.210　穿透法　penetrating method
超声波由一个探头发射，并由位于被检材料对面的另一个探头接收，根据超声波的穿透程度来进行探伤的方法。

06.211　共振法　resonance method

改变连续超声波的频率，以激励物体中介质最大幅度的振动（即共振状态）从而测定物体厚度的方法。

06.212　声阻[抗]法　acoustic impedance method
利用被检测物体的振动特性，即被检测物体对探头所呈现的机械阻抗（声阻抗）的变化来进行检测的一种无损检测法。

06.213　纵波法　longitudinal wave method
利用纵波进行探伤的方法。

06.214　横波法　shear wave method
利用横波进行探伤的方法。

06.215　表面波法　surface wave method
利用表面波进行探伤的方法，这种方法多用于表面光滑的材料或工件。

06.216　板波法　plate wave technique
利用板波进行探伤的方法，这种方法主要用于薄板的探伤。

06.217　单探头法　single probe method
用同一个探头既发射又接收超声波的探伤方法。

06.218　双探头法　double probe method
用两个探头分别发射和接收超声波的探伤方法。

06.219　接触法　contact inspection method
仅通过少量的耦合剂，使探头与探伤面接触的探伤方法。

06.220　液浸法　immersion testing
探头和被检物体都浸在水（或其他液体）中，探头不直接接触探伤面，以液体为耦合介质的探伤方法。

06.221　超声探伤仪　ultrasonic flaw detector
利用超声波反射或透射检查物体内缺陷的仪器。

06.222　超声测厚仪　ultrasonic thickness gauge
根据超声波在材料或试件中的传播时间或产生共振的原理，测量材料或试件厚度的仪器。

06.223　轮式检测装置　wheel search unit
把一个或多个压电元件置于注满液体的活动轮胎中，通过轮胎的滚动接触面使超声束与探伤面耦合的一种探伤装置。

06.224　探头　probe
发射和接收超声波的电声转换部件。

06.225　直探头　normal probe
进行垂直探伤的探头，主要用于纵波探伤。

06.226　斜探头　angle probe
进行斜角探伤的探头。主要用于横波探伤。

06.227　表面波探头　surface wave probe
发射和接收表面波的探头。主要用于表面波探伤。

06.228　可变角探头　variable angle probe
能够改变入射角的探头。

06.229　双晶探头　double crystal probe
装有两个晶片的探头。其中一个作为发射，另一个作为接收。

06.230　聚焦探头　focusing type probe
能使超声束聚焦的探头。

06.231　水浸探头　immersion type probe
用于水浸法探伤的探头。

06.03.04 声全息

06.232 物体声束 object sonic beam
通过物体后，被调制了的声束。

06.233 参考声束 reference wave
直接射在记录介质上，与物体声束发生干涉的声束。

06.234 声束比 sonic beam ratio
参考声束与物体声束的强度之比。

06.235 记录介质 recording medium
用来记录干涉图样即全息图的物质。

06.236 声全息图 acoustic hologram
记录介质记录的物体声束和参考声束的干涉图样。

06.237 液面声全息[术] liquid surface acoustic holography
以液面作为记录介质的声全息方法。

06.238 机械扫描声全息[术] acoustic holography by mechanical scanning
用一个或多个换能器并采用某种机械扫描方式，以记录一幅全息图的方法。

06.239 电子束扫描声全息 acoustic holography by electron-beam scanning
在声电管中由电子束对压电晶体扫描，把晶体上所记录的声场信号取出，记录一幅全息图的方法。

06.240 激光束扫描声全息[术] acoustic holography by laser scanning
把带有物体信号的声波投射在一个固体与气体的界面上，使这个界面产生形变，再用一束激光对界面进行二维扫描，激光束受到界面形变即声场的调制情况，由光电管输出的信号中反映出来，光电管的输出信号和参考信号叠加形成全息信号，而用示波器显示出全息图的方法。

06.241 布拉格衍射声成像 acoustic imaging by Bragg diffraction
声波使光波发生衍射而显示图像的方法。布拉格衍射声成像是一种声光调制成像法。它是利用声场在布拉格条件下对激光进行衍射而使声像显示出来的，在这种声－光转换过程中，声束的相位信息被保留下来了，所得到的像是全息像。

06.03.05 声发射检测仪器

06.242 声发射 acoustic emission
材料中由局部应力集中源的能量迅速释放而产生的瞬时弹性波。

06.243 声发射源 acoustic emission source
声发射事件的物理源点。材料结构的局部发生流变、微裂纹的发生和发展及金属相变产生声发射现象的机理源。

06.244 声发射技术 acoustic emission technique
通过测量材料的声发射特性以评价材料性能的材料试验或无损检测技术。

06.245 声发射事件 acoustic emission event
声发射源一次快速能量释放引起的声发射。

06.246 声发射信号 acoustic emission signal
在材料表面接收元件所能接收到的一个或多个声发射事件而获得的电信号。

06.247 凯泽效应 Kaiser effect

在固定的灵敏度下，直到超过曾使用过的应力之前，不能检测到声发射的效应。

06.248 阵 array

为计算声发射源的位置，检测系统允许换能器按一定几何关系配置的一组排列。

06.249 线阵 linear array

按一维空间定位声发射源的一种换能器排列。

06.250 平面阵 planar array

在平面内定位声发射源的一种换能器排列。可分为三角阵、方阵和菱形阵。

06.251 三角阵 triangular array

三个换能器按三角形三个顶点布置的阵，或四个换能器按等边三角形三个顶点和中心四个点布置成的阵。

06.252 方阵 quad array

四个换能器按正方形顶点布置的阵。

06.253 菱形阵 diamond array

四个换能器按菱形顶点布置的阵。

06.254 柱面阵 cylindrical array

在柱体表面上布置的四换能器阵，换能器的周向间距为90°，纵向间距可以因各个柱面阵而异。

06.255 声发射计数 acoustic emission count

在一次试验中声发射信号超过阈值的振铃脉冲次数。

06.256 声发射计数率 acoustic emission count rate

每秒钟超过限定阈值的振铃脉冲数。

06.257 声发射振幅 acoustic emission amplitude

声发射波包络的幅度。

06.258 声发射频谱 acoustic emission spectrum

声发射信号中各频率成分的幅度分布。一般用于声发射检测的频率范围为几十千赫兹到几兆赫兹。

06.259 声发射能量 acoustic emission energy

声发射源释放的弹性能量。系指从材料表面测得的经过传播衰减后的剩余弹性能量，多以振幅平方计数表示。

06.260 声发射检测仪 acoustic emission detector

拾取声发射信号并测量其表征参数的仪器。一般指单通道、两通道的声发射测量仪器。

06.261 声发射分析系统 acoustic emission analysis system

对声发射信号进行统计和分析的系统。

06.262 声发射换能器 acoustic emission transducer

将弹性波转换为电信号的转换接收元件。一般用压电元件制成。

06.263 单端换能器 single ended transducer

一个压电元件制成的单芯端子输出信号的换能器。

06.264 差动换能器 differential transducer

由两个压电元件极性反接制成的输出差动信号的换能器。

06.265 声发射前置放大器 acoustic emission preamplifier

为提高信噪比以及与换能器阻抗匹配而近置于换能器的低噪声放大器。有单端和差动前置放大器。

06.266 声发射信号处理器 acoustic emission signal processor

处理前置放大器输出信号并形成振铃计数脉冲和事件脉冲的电子系统。

06.267 振幅检测组件 amplitude detector module

测量声发射信号的峰值幅度的检测组件。多以分贝度量。

06.268 能量处理组件 energy processor module

声发射事件的相对能量测量组件。

06.269 监听器 audio monitor

将超声频的声发射信号变为声频信号并用以监听声发射源活动性的电子组件。

06.270 声发射脉冲发生器 acoustic emission pulser

产生声发射源模拟信号的组件。

06.03.06 射线探伤机

06.271 X射线 X-ray

由高速电子撞击物质的原子所产生的电磁波。

06.272 γ射线 gamma-ray

由核子蜕变过程中发射的一种电磁波。

06.273 射线检测 radiographic inspection

利用射线对材料或试件进行透照，检查其内部缺陷或根据衍射特性对其晶体结构进行分析的技术。

06.274 半衰期 radioactive half-life

放射源的强度衰减到它的原来数值的一半所用的时间。

06.275 半价层 half-value layer

能将已知射线强度减弱一半的某种物质的厚度。

06.276 十倍衰减层 tenth-value layer

能使已知射线强度减小到十分之一的某种物质的厚度。

06.277 衰变曲线 decay curve

表示自发衰变的放射源强度随时间变化的关系曲线。

06.278 X射线探伤机 X-ray detection apparatus

用X射线管产生的X射线束透照试件来检测其内部缺陷的装置。

06.279 携带式X射线探伤机 portable X-ray detection apparatus

便于搬运、携带的X射线探伤机。通常由X射线管头、控制器和低压电缆三部分组成。

06.280 移动式X射线探伤机 mobile X-ray detection apparatus

一般指在有射线防护设施的场所使用的，能在一定范围内移动的X射线探伤机。通常由X射线管头、高压发生器、控制器和冷却装置等组成。

06.281 工业X射线电视装置 X-ray television apparatus for industry

对试件进行X射线探伤并将缺陷显示在电视监视器上的整套装置。

06.282 γ射线探伤机 gamma-ray detection apparatus

用放射性同位素产生的γ射线检测试件内部缺陷的设备。

06.283 X射线管 X-ray tube

借助于阳极和阴极之间电位差的作用加速电子束轰击阳极而产生X射线的真空管。

06.284 旋转阳极X射线管 rotating target X-ray tube

工作时阳极靶旋转的X射线管。其焦点瞬时能量密度比固定阳极的高。

06.285 栅控X射线管 grid-controlled X-ray tube

在阳极靶与阴极之间装有控制栅极的X射

线管。

06.286 小焦点X射线管 small focus X-ray tube
定性地描述焦点尺寸较小的X射线管。

06.287 双焦点[X]射线管 dual-focus X-ray tube
具有两个不同焦点的X射线管。

06.288 长阳极管 long anode tube
靶位于长管状阳极端部的X射线管。其X射线束一般呈周向发射,适用于管道口环形焊缝等的探伤。

06.289 金属陶瓷X射线管 metal-ceramic X-ray tube
用金属做套管和用陶瓷做外壳的X射线管。

06.290 X射线高压发生器 X-ray high-voltage generator
将电源电压、电流变为X射线管电压、管电流的装置。

06.291 X射线控制器 X-ray controller
操纵、控制X射线探伤机工作的电器装置。

06.292 X射线管防护 X-ray tube shield
具有防护作用的X射线管头外部的金属壳体。

06.293 X射线管窗口 X-ray tube window
X射线管上透过X射线的窗口。

06.294 X射线管电压 X-ray tube voltage
简称"管电压"。X射线管阴、阳极之间工作电压的峰值。

06.295 X射线管电流 X-ray tube current
简称"管电流"。X射线管阴、阳极之间的工作电流的平均值。

06.296 闪光射线照相术 flash radiography
曝光时间极短,用以研究瞬态效应的射线照相法。

06.297 荧光透视法 fluoroscopy
以X射线透过物体(试件),在荧光屏上形成可见图像,可直接观察的方法。

06.298 层析X射线照相术 tomography
用X射线透照试件中预定层面的技术。

06.299 γ射线照相术 gamma-radiography
用γ射线透照试件摄影的技术。

06.300 中子射线照相术 neutron radiography
用中子射线透照试件摄影的技术。

06.301 X射线照相术 X-radiography
用X射线透照物体摄影的技术。

06.302 全景曝光 panoramic exposure
用圆心处或球心处的单一射线源同时对圆周或球面上的胶片作一次照射。

06.04 平 衡 机

06.303 惯性主轴 principal inertia axis
又称"主惯性轴"。对通过物体一给定点的每组笛卡尔坐标轴,该物体的三个惯性积通常不等于零,若对于某一上述的坐标轴物体的惯性积为零,则这种特定的坐标轴称为主惯性轴。

06.304 整机平衡 assembled machine balancing
对总装后的机器进行的平衡。

06.305 平衡机 balancing machine
测量转子不平衡的机器。

06.306 重力式平衡机 gravitational balancing machine

依赖转子本身的重力作用，在不旋转的状态下，测量刚性转子静不平衡量及其相位的平衡机。

06.307 离心力式平衡机 centrifugal balancing machine

在旋转状态下，利用转子不平衡而引起的振动或振动力测量转子不平衡量及其相位的平衡机。

06.308 单面平衡机 single-plane balancing machine

为完成单面平衡用的重力式或离心力式平衡机。

06.309 动平衡机 dynamic balancing machine

为完成双面平衡用的离心力式平衡机。

06.310 硬支承平衡机 hard bearing balancing machine

平衡转速低于刚性转子振型临界转速的平衡机。

06.311 谐振式平衡机 resonance balancing machine

平衡转速等于刚性转子振型临界转速的平衡机。

06.312 软支承平衡机 soft bearing balancing machine

平衡转速高于刚性转子振型临界转速的平衡机。

06.313 通用平衡机 universal balancing machine

在规定的转子质量和转速范围内，能平衡多种转子的平衡机。

06.314 专用平衡机 special balancing machine

只用于平衡某一种特定转子的平衡机，如陀螺平衡机、曲轴平衡机等。

06.315 立式平衡机 vertical balancing machine

被平衡转子的旋转轴线在平衡机上呈铅垂状态的平衡机。

06.316 自动平衡机 automatic balancing machine

对特定的转子能自动完成平衡测量和平衡校正的平衡机。

06.317 低速平衡机 low speed balancing machine

用于平衡刚性转子的平衡机。

06.318 高速平衡机 high speed balancing machine

用于平衡挠性转子的平衡机。

06.319 质量定心机 mass centering machine

调整转子轴线使其尽量与中心主惯性轴一致，以减小初始不平衡量的机器。

06.320 现场平衡仪 field balancing equipment

对安装好的整机或机组进行现场平衡的测试仪器。

06.321 自平衡装置 self-balancing device

在正常运转过程中，对不平衡的变化能自动进行补偿的装置。

06.322 平衡自动线 automatic balancing line

能自动完成转子平衡测量和平衡校正的生产线。

06.323 不平衡补偿器 unbalance compensator

用电信号补偿转子初始不平衡信号而使不平衡指示为零的装置。

06.324 不平衡矢量测量装置 unbalance vector measuring device

测量和指示不平衡矢量的大小和相位的装置。

06.325 不平衡分量测量装置 unbalance component measuring device

根据所选择的坐标系统测量和指示不平衡矢量的分量的装置。

06.326 不平衡量指示器 unbalance amount indicator

用于指示不平衡量值大小的仪表或装置。

06.327 不平衡相位指示器 unbalance phase indicator

用于指示不平衡相位的仪表或装置。

07. 实验室仪器和装置

07.01 天平仪器

07.01.01 一般名词

07.001 不等臂误差 arm error

天平横梁两臂的臂长不等所产生的称量误差。

07.002 最大称量 maximum capacity

天平允许的极限称量值。

07.003 标尺分度数 number of scale division

最大称量和标尺分度(或分格)值之比。

07.004 模拟分度值 analog division value

模拟读数或模拟打印输出的最小标尺分度值。

07.005 灵敏度漂移 sensitivity drift

灵敏度随时间而产生的变化。

07.006 灵敏度误差 sensitivity error

天平灵敏度示值与约定真值之差。

07.007 模拟误差 analog error

模拟读数(模拟显示)的误差。

07.008 砝码标称值 weight nominal value

砝码上标明的质量值。

07.009 砝码实际质量值 actual mass value of a weight

砝码材料所含的实际质量值。

07.010 砝码修正值 weight correction value

砝码的验定质量值与砝码标称质量值之差值。

07.011 砝码允差 weight tolerance

允许砝码质量值偏离砝码质量标称值的正负偏差值。

07.012 组合砝码误差 built-up-weight error

单一组合砝码的标称值与实际值之差值。

07.013 砝码字盘组合 weight-dialing combination

天平内装砝码的分数与倍数的各种组合。

07.014 砝码字盘系统 weight-dialing system

组合在天平内并配备有一个以上的砝码,作用于不变的杠杆臂并可通过装有读数器(显示器)调节装置从外面进行调节的系统。

07.015 水平误差 horizontal error

称量过程中由于水平位置的改变而引起的称量误差。

07.016 逆向误差 reversal error

在增加或减少载荷的条件下,对同一样品进行称量时,称量结果的差值。

07.017 倾斜测试 inclining test

天平处于倾斜时进行的测试。

07.018 干扰值 disturbance value

影响天平正常工作的量值，干扰值包括倾斜、温度、电流网络、振动等。

07.019　视差　parallax error

指示器与标尺表面不在同一平面时，观察者偏离正确观测方向进行读数或瞄准时所引起的误差。

07.020　化整误差　rounding error

当测量值或测量结果的最末一位显示数字进行化整时新出现的误差。

07.01.02　天 平 名 称

07.021　天平　balance

利用作用在物体上的重力以平衡原理测定物体质量或确定作为质量函数的其他量值、参数或特性的仪器。

07.022　自动天平　auto-balance

不用操作人员干预可自动称量的天平。

07.023　机械天平　mechanical balance

采用机械平衡，其示值为机械的、光学的或其他非电方法表示物体质量量值的天平。

07.024　杠杆式天平　beam balance

利用杠杆平衡原理测量物体质量量值的天平。

07.025　双盘天平　double pan balance

具有两个秤盘的等臂天平。

07.026　等臂天平　equal arm balance

臂长相等，主刀承安放在天平横梁中间的杠杆天平。

07.027　单盘天平　single pan balance

臂比不等且只有一个秤盘的天平。

07.028　架盘天平　mount pan balance

等臂杠杆式上皿双盘天平。

07.029　电子天平　electronic balance

以电磁力或电磁力矩平衡原理进行称量的天平。

07.030　纤维天平　fiber balance

测定纤维质量量值的天平。

07.031　标准天平　standard balance

用于检定砝码或质量量值传递用的天平。

07.032　压电天平　piezoelectric balance

以压电晶体为敏感元件的天平。

07.033　分析天平　analytical balance

称量范围与读数能力适合于多种分析用天平的总称。

07.034　双称量范围天平　dual-range balance

有两个不同称量范围的天平。

07.035　扭力天平　torsion balance

采用弹性元件扭转变形的力与被称量物体质量平衡原理，测量物体质量量值的天平。

07.036　托盘扭力天平　table pan torsion balance

等臂双杠杆式上皿双盘的扭力天平。

07.037　微量热天平　micro thermal balance

分度值为10μg的热天平。

07.038　快速天平　quick balance

具有自动去皿装置的天平。

07.039　莫尔天平　Mohr's balance

测定流体静力的天平。

07.040　液体比重天平　hydrostatic balance

通过测定液体浮力来确定相对密度的天平。

07.041　沉降天平　sedimentation balance

根据斯托克斯定理测定沉积物颗粒粒度分布的天平。

07.042 黏度天平 viscosity balance

根据斯托克斯定律测定物体在高温状态下黏度的天平。

07.043 克拉天平 carat balance

以克拉为直读单位的天平。

07.044 表面张力天平 surface tension balance

测量液体表面或面积张力的天平。

07.045 百分率天平 percentage balance

设置有百分率刻度或百分率指示装置的天平。

07.046 三分力天平 three-component balance

测定流体升力、阻力和俯仰力矩的天平。

07.047 六分力天平 six-component balance

测定流体升力、阻力、侧力、俯仰力矩、滚动力矩和偏航力矩的天平。

07.048 空气压力天平 air pressure balance

能产生自动平衡输出高精度空气压力信号的天平。

07.049 空气动力学天平 aerodynamics balance

在风洞或其他形式空气动力模型中对流体进行三分力或六分力试验的天平。

07.01.03 机械天平零部件及附件

07.050 横梁 beam

绕平衡支点刀刃运动的杠杆或梁体。

07.051 刀子 knife

由刀刃支撑横梁的刀形零件。

07.052 刀承 bearing

支承刀子的零件。

07.053 支力销 supporting pin

又称"支力柱"。支撑横梁和悬挂系统的支撑销子。

07.054 超载制动销 overload lock pin

当称量高于天平允许的最大称量时能起防护作用的装置。

07.055 承重刀座 supporting knife-plane

装配承重刀的基座。

07.056 重心铊 gravity nut

调节横梁重心的零件。

07.057 平衡托 poise nut

固定于横梁一端或两端的平衡两边微小质量差异的零件。

07.058 圈码 ring weight

用金属丝做成圆状的小质量砝码。

07.059 游码 rider weight

一种可放上与摘下的可移动或滑动的小质量砝码。

07.060 挂码 hanging weight

安放右天平加码杆上，开启砝码度盘系统可以外部加减于横梁的小砝码。

07.061 分度板 scale plate

带有刻度标尺并与天平横梁连接的板状零件。

07.062 圆盘刻度 circular dial scale

分度和数字成圆形的刻度盘。

07.063 度盘 dial

载有一个或多个标尺的固定的或可动的指示装置部件。

07.064 开关轴 switch axle

一种使天平横梁和吊架升降的传递部件。

07.065 托翼 bracket

承托天平横梁和悬挂系统的部件。

07.066　升降拉杆　lifter drawing bar

驱动托翼上升或下降的杆状部件。

07.067　骑码装置　principle horse device

沿着天平横梁上的标尺移动的一种加减码装置。

07.01.04　电子天平零部件及附件

07.068　零点修整装置　zero point correcting device

天平偏离零位时对称量结果进行自动修整的装置。

07.069　补偿装置　compensation device

用于补偿称量时不应有影响的各种器件的总称。

07.070　水平补偿器　horizontal compensator

自动补偿由于天平水平位置改变引起指示器偏移的器件。

07.071　内插装置　interpolation device

一种与指示器件相连接,无需特殊调节即可对分度标尺细分的装置。

07.072　灵敏度调节器　sensitivity regulator

调节天平灵敏度的器件。

07.073　单控制杆　single control bar

电子天平上可开关,显示和重新置零使操作简化的部件。

07.074　超载/欠载指示器　overload/underload indicator

指示天平处于超载或欠载状态下的器件。

07.075　零位指示器　zero indicator

指示天平零位的器件。

07.076　补偿砝码　compensation weight

补偿天平空称时杠杆系统不平衡力的砝码。

07.077　秤盘　scale pan

天平中承受载荷或砝码的盘状部件。

07.078　[秤]盘制动器　pan brake

用来减缓、停止、减小秤盘和吊身摆动的器件。

07.079　水平螺栓　leveling screw

调节天平使之处于水平状态的螺旋杆。

07.080　制动装置　locking device

使天平的全部或局部机构固定不动的装置。

07.081　水平调整装置　leveling device

把天平仪器调整到标准水平位置的装置。

07.082　调零装置　zero-setting device

当秤盘无载荷时,能够使天平的指示值复零或保持零位的装置。

07.083　安全密封装置　safety sealing device

经检定合格后不允许再对天平某些部件进行调整和拆卸的装置。

07.084　去皿装置　taring device

能将放置被测物容器的质量预先减去,而直接测出被测物净质量的装置。

07.085　预称装置　pre-weighing device

被称量物体通过简单操作可在极短时间内称出大概质量值的装置。

07.086　开[关]启装置　open-initiate system

使天平横梁和吊架升高和下降的装置。

07.087　阻尼装置　damping device

使天平指示器达到中心位置或使天平快速静止的装置。

07.088　水准器　level indicator

用液体中的气泡等来指示天平的水平位置或称准位置的器件。

07.01.05 称 量 法

07.089 差动称量法 differential weighing
通过测定被测量与一已知量之差来确定其质量的称量方法。

07.090 比例称量法 proportional weighing
将天平调整到零位后，样品放在秤盘上并可读出质量（砝码）、也可由天平指示器的位置来确定质量的方法。

07.091 替代称量法 substitution weighing
将选定的已知值的量替代被称的量，使得在指示装置上示值相同的称量方法。

07.092 微差称量法 mini-differential weighing
将被称量的物体与同它的量值只有微小差异的同类已知量相比较，并测出这两个量值的差值的称量方法。

07.093 门捷列夫称量法 Mendeleev weighing
在天平秤盘上放上总重量等于该天平最大载荷的标准砝码群，在天平另一秤盘上用替代物平衡，然后，在放砝码群的秤盘上加上被称物体，同时相应地取下一部分砝码，仍使天平保持平衡，取下砝码则为被称物体质量值的称量法。

07.094 交换称量法 transposition weighing
先将被称量物 A 和标准砝码 B（添加式减少）进行平衡，然后再将被称物 A 和标准砝码 B 对换再进行平衡的一种称量方法。

07.095 直接比较称量法 direct-comparison weighing
将被称量物体的量直接与已知其值的同类量相比较的称量方法。

07.096 直接称量法 direct weighing
不必对与被称物体的量有函数关系的其他量进行测量，能直接得到被称物体量值的称量方法。

07.02 气候环境试验设备

07.02.01 一 般 名 词

07.097 温度可调范围 temperature adjustment range
试验箱工作空间内，在规定的环境条件下运转时，温度的最大可调范围。

07.098 相对湿度可调范围 relative humidity adjustment range
试验箱工作空间内，在规定的环境条件下，相对湿度的最大可调范围。

07.099 温湿度范围 temperature humidity range
试验箱在进行温湿度运行时，温度及湿度的控制所能维持的范围。

07.100 波动度 fluctuation
试验箱的工作空间某点环境参数在短时间内变化的程度，即短时间内环境参数值变化的大小。

07.101 温度波动度 temperature fluctuation
试验箱工作空间内任一点在规定的短时间内温度变化的大小。

07.102 湿度波动度 relative humidity fluctuation
试验箱工作空间内任一点在规定的短时间内相对湿度变化的大小。

07.103 温度均匀度 temperature uniformity
在任一时刻，工作空间的其他点的温度与工作空间几何中心点温度的最大差值。

07.104 湿度均匀度 humidity uniformity
在任一时刻，工作空间内其他点相对湿度与工作空间几何中心点相对湿度的最大差值。

07.105 升温时间 temperature rise time
在规定的环境温度条件下，工作空间温度从规定的温度升高到最高工作温度所需的时间。

07.106 降温时间 temperature fall time
在规定的环境温度条件下，工作空间温度从规定的温度降到最低工作温度所需的时间。

07.107 回复时间 time of recovery
工作空间的环境参数达到稳定状态时，把箱门完全打开一定时间再关闭箱门后，恢复到原来稳定状态所需时间。

07.108 盐雾沉降率 precipitation rate of salt spray
在一定的温度下，工作空间内的盐雾在单位时间和规定面积上的自由沉降量。

07.109 辐射强度分布 radiation strength distribution
试验箱内光源稳定后，在工作空间的照射平面上的辐射强度所包含的光谱能量分布(包括紫外线、可见光、红外线的能量)。

07.110 气压偏差 air pressure deviation
试验箱在规定状态下，工作空间各点在规定时间内的实测气压与标称气压的最大偏差。

07.111 极限标称温度 limit nominal temperature
试验箱工作空间允许达到的最高或最低的标称温度。

07.112 极限标称湿度 limit nominal humidity
试验箱工作空间允许达到的最高或最低的标称湿度。

07.113 极限标称气压 limit nominal air pressure
试验箱工作空间内允许达到的最高或最低的标称气压。

07.02.02 设备名称

07.114 试验箱 test chamber
具有一个或多个放置试样的封闭空间，用于进行环境试验的设备。

07.115 干燥箱 drying oven
对试样进行脱水干燥或热处理用的设备。

07.116 电热干燥箱 electrically heated drying oven
用电加热的箱内空气呈自然对流状态的干燥箱。

07.117 电热鼓风干燥箱 drying oven on forced convection
用通风装置强迫箱内空气对流的电热干燥箱。

07.118 真空干燥箱 vacuum drying oven
工作空间处于负压状态的干燥箱。

07.119 远红外干燥箱 far infrared drying oven
应用远红外线辐射加热的干燥箱。

07.120 微波干燥箱 microwave drying oven
利用微波加热的干燥箱。

07.121 红外线干燥箱 infrared drying oven
利用红外线辐射加热的干燥箱。

07.122 真空冷冻干燥箱 vacuum freezing drying oven
利用真空冷冻原理，使物质脱水干燥的设备。

07.123 温度试验箱 temperature test chamber
工作空间能提供特定温度(如高温、低温、高低温或温度变化)的试验箱。

07.124 高温试验箱 high temperature test chamber
工作空间温度高于室温至某一特定温度的试验箱。

07.125 低温试验箱 low temperature test chamber
工作空间温度低于室温至某一特定温度的试验箱。

07.126 高低温试验箱 high-low temperature test chamber
工作空间温度在 -90 ~ +200℃之间的温度试验箱。

07.127 温度变化试验箱 temperature variation test chamber
工作空间温度能按规定程序和速率进行变化的试验箱。

07.128 温度冲击试验箱 thermal shock test chamber
按规定的技术要求可对试样进行温度急骤变化试验的试验箱。

07.129 湿热试验箱 thermal-humidity test chamber
工作空间内能提供试验规范要求的温度和相对湿度的试验箱。

07.130 长霉试验箱 mould growth test chamber
能按照规定技术要求提供霉菌生长条件的试验箱。

07.131 腐蚀试验箱 corrosion test chamber
能按规定的方法提供盐雾或腐蚀性气体,对试样进行腐蚀试验的试验箱。

07.132 盐雾腐蚀试验箱 salt spray [corrosion] test chamber
能按规定的盐雾试验方法对试样进行盐雾腐蚀试验的试验箱。

07.133 臭氧腐蚀试验箱 ozone corrosion test chamber
能对试样进行臭氧腐蚀试验的试验箱。

07.134 浸渍腐蚀试验箱 dry and wet corrosion test chamber
能对试样进行干热、浸水快速交替腐蚀试验的试验箱。

07.135 低气压试验箱 low air pressure test chamber
模拟高海拔地区和高空环境、低于标准大气压环境的试验箱。

07.136 老化试验箱 aging test chamber
利用热或光对试样进行老化作用的试验箱。

07.137 热老化试验箱 heat aging test chamber
没有空气湿度调节而有可调换气量加热试验箱。

07.138 综合试验箱 combined test chamber
在同一工作空间内,有三个或三个以上组合环境参数(如温度、湿度、压力、光照、振动、臭氧、二氧化碳、沙尘等)的试验箱。

07.139 氙灯气候试验箱 xenon arc type climatic test chamber
以氙灯作光源,并模拟降雨、温湿、结露等气候环境的试验箱。

07.140 植物生长试验箱 plant growth test chamber
能模拟植物生长条件的试验箱。

07.141 生物人工气候试验箱 artificial bioclimatic test chamber
能模拟生物生长条件的试验箱。

07.142　恒温槽　thermostatic bath

工作空间以液体为介质，温度可以调节并能恒定在某一设定温度的试验设备。

07.143　恒温水槽　thermostatic water bath

用水作介质的恒温槽。

07.144　恒温油槽　thermostatic oil bath

用油作介质的恒温槽。

07.145　低温槽　cryostat

温度可降至0℃以下的恒温槽。

07.146　防护试验装置　protection test equipment

验证试样对沙尘、雨淋、冲水、滴水等防护能力的试验设备。

07.147　沙尘试验箱　sand and dust test chamber

模拟有沙尘的气候环境对试样进行防尘试验和风沙试验的试验箱。

07.148　浸水试验装置　immersion water test equipment

能使试样浸入水中试验其外壳密封性能的装置。

07.149　滴水试验装置　dribble test equipment

能对试样进行耐滴水试验的装置。

07.150　淋水试验装置　sprinkling test equipment

模拟自然降雨，试验试样外壳密封性的装置。

07.151　冲水试验装置　flush test equipment

能以规定的水压和流量冲向试样，试验其密封性能的装置。

07.02.03　零部件及附件

07.152　加热器　heater

由加热元件和附件组成的器件。

07.153　空气过滤器　air filter

能清除空气中灰尘及杂质的器件。

07.154　盐雾过滤器　salt spray filter

从工作空间排出的气流中滤去盐雾微粒的器件。

07.155　换气装置　breather

能使工作空间的气体与箱（室）外的空气进行交换的装置。

07.156　喷雾装置　spraying device

使液体雾化喷射的装置。

07.157　鼓风装置　blower device

使箱内气体介质产生强迫对流的机械装置。

07.158　搅拌器　stirrer

使液体、气体介质强迫对流并均匀混合的器件。

07.159　除湿器　dehumidifier

降低空气中水蒸气含量的器件。

07.160　加湿器　humidifier

增加空气中水蒸气含量的器件。

07.161　远红外辐射器　far infrared radiator

由远红外辐射元件与定向辐射器组成的器件。

07.162　辐射元件　radiant element

在加热状态下，能辐射出红外线、远红外线、紫外线等波长的器件。

07.163　盐雾发生装置　salt spray generator

将盐水溶液分散成雾状微粒并送入工作空间的装置。

07.164　调节器　regulator

能将环境试验设备性能参数限制在规定范围

内,并保持一定精确度的器件。

07.165　观察窗　viewing window

用于观察工作空间试样受试情况的窗口。

07.166　温度控制器　temperature controller

使箱内温度在规定的范围内变化的器件。

07.167　湿度控制器　humidity controller

能使工作空间相对湿度在规定范围内变化的器件。

07.168　温湿度控制器　temperature and humidity controller

能使工作空间温湿度两参数值在规定范围内变化的器件。

07.169　温度程序控制器　programme regulator for temperature

能使工作空间温度按规定程序变化的温度控制器件。

07.170　人工光源　artificial light source

能模拟太阳光谱的发光装置。

07.171　降雨装置　rainer

模拟自然降雨状态,并能周期地控制降雨量大小的装置。

07.02.04　测 量 方 法

07.172　温度间接测量法　indirect measurement of temperature

由传感器及附加连接仪表,通过测量与温度有关的参数,测出被测物质温度的方法。

07.173　温度直接测量法　direct measurement of temperature

由传感元件直接测出被测物质温度的方法。

07.174　热电偶测量法　temperature measurement with thermocouple

利用热电偶电动势测量温度的方法。

07.175　电阻测量法　resistance method of temperature measurement

利用物体的电阻随温度变化的特性,通过测定电阻值来测定温度的方法。

07.176　干湿球法　measurement with wet-and-dry-bulb thermometer

利用处于同一风速条件下,等精度且彼此距离为 20mm 的两支干湿球温度传感器,测得其温度示值之差,再通过计算或查表求得相对湿度的方法。

07.177　环境试验　environmental test

把试样暴露到自然或人工环境中,从而对它们实际上会遇到在使用、运输、储存、生长等条件下的行为性能等作出评价的一套操作程序。

07.178　满载试验　full-load test

工作空间放置最大试验载荷时进行的运行试验。

07.179　空载试验　no-load test

工作空间内不给予载荷时进行的运行试验。

07.180　高温试验　high temperature test

把试样暴露在高温且空气干燥的环境中进行的试验。

07.181　温度变化试验　temperature variation test

把试样暴露在温度突变或渐变的环境中进行的试验。

07.182　盐雾试验　salt spray test

把试样暴露在一定温度下有盐雾的环境中进行的试验。

07.183　腐蚀性大气试验　corrosive atmosphere test

把试样暴露在有腐蚀性气体的环境中进行的试验。

07.184　长霉试验　mould growth test

把试样暴露在有一定数量由空气传播的霉菌孢子和温、湿度的利于霉菌生长的环境条件中进行的试验。

07.185　恒定湿热试验　steady damp heat test

把试样暴露在相对湿度、温度保持恒定状态的环境中进行的试验。

07.186　交变湿热试验　cyclic damp heat test

把试样暴露在相对湿度和温度按某种程序周期变化的环境中进行的试验。

07.187　低气压试验　low air pressure test

把试样暴露在低于标准气压的环境中进行的试验。

07.188　低温试验　low-temperature test

把试样暴露在低温环境中进行的试验，通常用温度和试验持续时间表示严酷等级。

07.189　浸水试验　immersed water test

确定部件、设备或其他器件在规定压力和时间条件下水浸时密封性的试验。

07.190　淋雨试验　sprinkling test

确定部件、设备或其他器件在暴雨中运行适应性的试验。

07.191　沙尘试验　sand and dust test

确定产品在含有沙尘的大气中储存、运输或运行使用适应性的试验。

07.192　辐射试验　radiation test

把试样暴露在太阳辐射环境中进行的试验。

07.193　综合试验　combined test

两个以上环境参数同时作用于试样上的试验。

07.194　组合试验　composite test

试样依次暴露在两个或两个以上不同环境参数的试验环境中的试验。

07.195　蒸汽加湿　steam humidification

将水加热变成水蒸气送入试验箱（或室）工作空间以增加空气湿度的方法。

07.196　喷雾加湿　spraying humidification

用喷雾的方法将加热或冷却后的离子水分散成雾状，用鼓风装置使空气通过水雾后增湿送入试验箱工作室的加湿方法。

07.03　应变测量仪器

07.03.01　一 般 名 词

07.197　频率响应范围　frequency response range

动态应变仪在正弦变化的输入下，其输出能满足规定性能指标要求的响应频率范围。

07.198　电桥平衡范围　bridge balancing range

应变仪电桥中，由于应变片及引线电阻与分布电容的偏差不对称引起电桥的不平衡，为使应变仪保持平衡的最大可能调节范围。

07.199　应变仪相移　phase error of strain meter

当应变片感受一个周期性应变，经过应变仪后，应变与输出信号之间的相位差。

07.200　应变仪时间常数　time constant of strain meter

当应变仪允许以一个单阶线性系统来足够近似模拟时的这个单阶系统的时间常数。

07.201　输出阻抗特性　output impedance characteristic

应变仪的负载和最大输出的关系。

07.202　负载　load

应变仪输出端的外接(匹配)载荷。

07.03.02 应变仪名称

07.203 应变测量仪器 strain measuring instrument
用电阻应变片测量机械应变量的仪器。

07.204 静态应变仪 static strainometer
测量静态应变的仪器。

07.205 动态应变仪 dynamic strainometer
测量动态应变的仪器。

07.206 超动态应变仪 ultrahigh dynamic strainometer
测量高频应变和快速瞬态应变过程的仪器。

07.207 静动态应变仪 static-dynamic strainometer
兼有静态应变仪和动态应变仪功能的仪器。

07.208 数字应变仪 digital strainometer
应变量用数字显示或用脉冲信号输出的仪器。

07.209 遥测应变仪 telemetry strainometer
利用无线电波传递试件应变信息的仪器。

07.210 模拟应变装置 strain simulator
按规定条件和理论方程式把标准应变量换算成模拟的相同应变量的装置。

07.211 动态特性模拟仪 dynamic characteristic simulator
配合电桥产生动态模拟应变的装置。

07.03.03 测试方法

07.212 测量电桥 measuring bridge
至少有一个应变片(装置)的电桥。

07.213 读数电桥 reading bridge
为了对测量电桥输出信号进行测量而设置的一种产生模拟应变的平衡电桥,是应变仪中的校准装置。

07.214 对称输出 balance output
应变片电路输出端与地(机壳)对称的输出方式。

07.215 非对称输出 unbalance output
应变片电路输出端的低电位线与地(机壳)相接的输出方式。

07.216 电阻平衡 resistance balance
对应变电桥初始电阻进行平衡的过程。

07.217 电容平衡 capacitance balance
对交流应变电桥初始电容进行平衡的过程。

07.218 零读法 null reading method
应变测量电桥经初始平衡后,应变读数值由校准装置读出的方法。

07.219 工作应变片 working strain gauge
在产生应变的部位安装的应变片。

07.220 单臂测量法 single arm measurement method
在应变电桥的一臂上安装应变片的测量方法。

07.221 半桥测量法 half bridge measurement method
在电桥电路相邻两个桥臂上安装应变片构成的测量方法。

07.222 全桥测量法 full bridge measurement method
在电桥电路的四个桥臂上安装应变片的测量方法。

07.223　三线式接线法　three-wire connection

为避免应变片引线由温度变化引起电阻值的变化而采取的一种由三根引线组成测量电路的接线方法。

07.224　等效应变　equivalent strain

在应变片组成的电桥电路中加上一定的电压,将给出的一定的输出电压换算而成的应变值。

07.225　标定应变　calibration strain

为标定应变仪测量值,在输入端用应变来表示所加的电信号。

07.226　单桥法　single bridge method

电桥电路只采用由应变片组成的电桥测量方法。

07.227　双桥法　double bridge method

应变测量仪中除了应变电桥方式以外,还有由圆盘转换器电桥和校正电桥或平衡电桥等两种串联组合的电桥电路方法。

07.228　应变片电桥　strain gauge bridge

由应变片组成的电桥电路。

07.229　圆盘转换器电桥　dial switch bridge

在零位法测量仪中采用能用来读取应变量示值的圆盘转换器产生平衡电压的电桥路。

07.230　标定电桥　calibration bridge

能产生应变当量的标定用电桥电路。

07.231　平衡电桥　balancing bridge

为使应变片电桥测量电路达到平衡的附加电桥电路。

07.04　噪声测量仪器

07.04.01　一 般 名 词

07.232　传声器灵敏度　sensitivity of microphone

在给定频率处,传声器输出电压与作用在传声器上的声压之比。

07.233　自由场修正曲线　free field correction curve

用以修正测试传声器声压频率响应等传声器的散射效应曲线。

07.234　传声器频率响应　frequency response of microphone

在给定条件下,传声器灵敏度频率的变化。

07.235　传声器指向性图案　directional pattern of microphone

用极坐标表示的传声器灵敏度与方向关系的图案。

07.236　传声器固有噪声　inherent noise of microphone

传声器无声负载作用时的输出噪声电压。

07.237　传声器最高声压级　maximum sound pressure level of microphone

传声器失真度达到某一规定值时的声压级。

07.238　传声器动态范围　dynamic range of microphone

传声器的最高声压级与等效噪声声压级之差。

07.239　极化电压　polarized voltage

加在电容传声器振膜和极板之间的直流电压。

07.240　极头极化电容　cartridge polarized capacitance

传声器极头在额定极化电压时的等效电容。

07.241 传声器输出阻抗 output impedance of microphone

传声器输出端测得的内阻抗的模。

07.242 快特性 fast characteristic

声级计所具有的时间常数为 125ms 的时间计权特性。

07.243 慢特性 slow characteristic

声级计所具有的时间常数为 1 000ms 时间计权特性。

07.244 脉冲响应特性 impulse response characteristic

检波电路的时间常数为 35ms 时所具有的声级计的动态特性。

07.245 传声器温度系数 temperature coefficient of microphone

传声器在给定频率下,随环境温度变化引起的灵敏度变化。

07.04.02 仪 器 名 称

07.246 测试传声器 test microphone

声学测试用传声器。

07.247 标准传声器 standard microphone

在规定的工作条件下其灵敏度和频率响应已被精确校准,并能保持其稳定性的传声器。

07.248 声级计 sound level meter

在声频范围内,测量声级的仪器。

07.249 脉冲声级计 impulse sound level meter

在声频范围内,测量脉冲声的声级计。

07.250 积分声级计 integrating sound level meter

按等效声级积分公式设计,可直接测量等效声级的仪器。

07.251 噪声剂量计 noise dose meter

直接测量噪声剂量,并可间接计算测得等效声级的仪器。

07.252 噪声暴露计 noise exposure meter

直接测量噪声暴露量,并可间接计算测得等效声级的仪器。

07.253 外差分析仪 heterodyne analyzer

由恒带宽外差从动滤波器,测量放大器和高频振荡器组成,用于对噪声、振动及电信号进行测量、窄带分析和功率谱密度测量的仪器。

07.254 频率分析仪 frequency analyzer

由可调带通滤波器和测量放大器组成,其中心频率连续可调,可进行声或振动谱分析的仪器。

07.255 声频频谱仪 audio-frequency spectrometer

由倍频程,1/3 倍频程或其他频程的滤波器和测量放大器组成,可作声和振动频谱测量和分析的仪器。

07.256 噪声级分析仪 noise level analyzer

将输入信号连续抽样,对噪声及其他信号进行统计电平分析,并可指示瞬时声级在各信道中的累积和概率分布值的仪器。

07.257 声强分析仪 sound intensity analyzer

设有两个相位特性匹配输入通道,可作声强分析及噪声源声功率计算的分析仪。

07.258 测量放大器 measuring amplifier

对微弱信号能放大一定的倍数,内置计权网络的低噪声高增益的放大器。

07.259 声级记录仪 sound level recorder

能在记录纸上自动记录电(声)信号及电平(声级)的仪器。

07.260　磁带记录仪　tape recorder

使用专用磁带记录噪声等信号,可在各频带内作电平测量、分析、储存等多用途的高性能磁带记录仪。

07.261　活塞发声器　pistonphone

已知振动频率和幅值的往复式活塞,在密闭腔内产生一符合规定要求的声压级对声学测量系统进行声级校准的便携式仪器。

07.262　声级校准器　sound level calibrator

由稳定振荡器、亥姆霍兹(Helmholtz)共振腔电声换能器和耦合腔组成,在耦合腔内产生符合规定要求的声压级。对声学测量系统进行声级校准的便携式仪器。

07.263　传声器校准仪　microphone calibration apparatus

以耦合腔互易校准方法对传声器进行绝对校准与比较法测量的仪器。

07.264　噪声[信号]发生器　noise [signal] generator

能发出与自然声音能量密度分布相似信号包括有白噪声,粉红噪声或其他噪声电信号的发生器。

07.265　静电激励器　electrostatic actuator

以静电力模拟声波作用力的原理,将已知静电力通过辅助电极加到电容传声器膜片(金属的或涂以金属的)上,对电容传声器进行频率响应的装置。

07.266　标准噪声源　standard noise source

具有宽带频率谱稳定功率输出,用于比较法测量机器设备辐射噪声功率的声源。

07.04.03　零部件及附件

07.267　检波器　wave-detector

检出波动信号中某种有用信息的装置。

07.268　方均根检波器　root mean square detector, rms detector

从波动信号中检出均方根值的装置。

07.269　峰值检波器　peak detector

在波动信号中检出最大幅值的装置。

07.270　计权网络　weighting network

声级测量仪器中模拟人耳听觉响应特性的网络。

07.271　耦合腔　coupler

具有规定形状和体积的腔体,用以校准电容传声器或测量耳机的器件。

07.272　传声器保护罩　protection grid of microphone

用以保护传声器声波接受部分免遭外界影响或损坏的部件。

07.273　防风罩　windshield

在测量气流噪声或户外噪声时,为防止传声器因气体湍流干扰以及静压力改变而影响其频响特性,在传声器上所罩的风罩。

07.274　防雨罩　rain cover

噪声户外长期监测时,为防雨并可进行远距离静电激励器校准,在传声器上装置的罩子。

07.275　防风锥　nose cone

在方向一定的特殊条件下,测试高速气流噪声时,为降低湍流,在传声器前方附加的流线型罩子。

07.276　无规入射校正器　random incidence corrector

为改善测试电容传声器全向性特性而代替保护栅附加的器件。

07.04.04 测 试 方 法

07.277 同时比较法 simultaneous comparison method

在消声室中,将被测传声器和已知自由场灵敏度的测试传声器,同时放置在声场中两个对称的邻近点上,测试步骤与替代法相似的传声器声压灵敏度比较校准的方法。

07.278 电声互易原理 electroacoustic reciprocity principle

利用接收器电压(或电流)灵敏度与发射器发送电流(或电压)之比与换能器结构无关的原理,制成可逆的电声换能器的方法。

07.279 自由声场互易校准 free field reciprocity calibration

根据电声互易原理,利用平面自由行波对传声器声场灵敏度进行绝对校准。

07.280 耦合腔互易校准 coupled chamber method of reciprocity calibration

根据电声互易原理,利用耦合腔对传声器声压灵敏度进行绝对校准。

07.281 指向性响应图案测试 measurement of directional response pattern

在消声室中将电声器件置于转盘上,通过记录仪与转盘联动,测量以辐射或入射声音方向为函数关系的图案时所进行的测试。

07.282 半消声室 semi-anechoic room

地板为反射面的消声室,以模拟半自由场空间的房间。

07.283 消声室 anechoic room

边界能有效地吸收所有入射声音,使其在一定范围内基本是自由场的房间。

07.284 混响室 reverberation room

能使声波尽可能扩散且混响时间足够长的房间。

07.04.05 原 理 与 设 计

07.285 可听声 audible sound

引起听觉的声波。

07.286 声源 sound source

能在周围弹性介质中激发起声波的振动物体。

07.287 声场 sound field

媒质中有声波存在的区域。

07.288 自由场 free [sound] field

均匀各向同性的媒质中,边界影响可以不计的声场。

07.289 扩散[声]场 diffuse sound field

能量密度均匀,在各个传播方向无规则分布的声场。

07.290 无规入射 random incidence

大量入射波其大小和方向均作无规则分布时的入射。

07.291 等响线 equal-loudness contour

典型听者认为响度相同的纯音的声压级与频率关系的曲线。

07.292 可听阈 threshold of audibility

每个频率的纯音信号的最低可听限度。

07.293 痛阈 threshold of pain

当声音听到使人耳开始产生痛感的声压级。

07.294 响度 loudness

听觉判断声音强弱的属性。

07.295 响度级 loudness level

根据听力正常的听音判断为等响的 1 000Hz 纯音（来自正前方的平面行波）的声音级。

07.296　静压　static pressure
无声波存在时，媒质中的压力。

07.297　声压　sound pressure
有声波存在时，媒质中的压力与静压的差值。

07.298　参考声压　reference sound pressure
以分贝表示声压时，需要取统一的声压作为参考值，一般取人耳刚能听到的声音的声压。

07.299　有效声压　effective sound pressure
瞬时声压对时间取的均方根值，一般仪器测得的通常是有效声压。因而习惯上称的声压常指有效声压。

07.300　瞬时声压　instantaneous sound pressure
某一瞬间的声压。

07.301　峰值声压　peak sound pressure
在某一时间间隔中最大的瞬时声压。

07.302　声强[度]　sound intensity
在某一点上，一个与指定方向垂直的单位面积上在单位时间内通过的平均声能。单位为瓦每平方米，W/m。

07.303　参考声强　reference sound intensity
用分贝表示声强时，以统一的声强值作为参考值。

07.304　声强级　sound intensity level
在某一指定方向上的给定声强与参考声强之比的以 10 为底的对数乘以 10，以分贝计。

07.305　声[源]功率　sound power of a source
声源在单位时间内发射出的总能量。

07.306　参考声功率　reference sound power
用分贝单位表示声功率时，以此统一的声功率作为参考值。

07.307　声功率级　sound power level
给定声功率与参考声功率之比以 10 为底的对数乘以 10，以分贝计。

07.308　频带声功率级　band sound power level
有限频带内的声功率级。

07.309　声级　sound level
用一定的仪表特性和 A、B、C、D 计权特性测得的计权声压级，除另作说明外，通常指快档的 A 声级。

07.310　声压级　sound pressure level
给定声压与参考声压之比的以 10 为底的对数乘以 20，以分贝计。

07.311　频带声压级　band sound pressure level
有限频带内的声压级。

07.312　等效[连续 A]声级　equivalent continuous A-weighted sound pressure level
在规定的时间内某一连续稳态声的 A[计权]声压具有与时间变化的噪声相同的均方 A[计权]声压级，则这一连续稳态声的声级就是此时间变化噪声的等效声级。

07.313　环境噪声　ambient noise
在某一环境下的噪声，常是由多个不同位置的声源产生的。

07.314　噪声暴露量　noise exposure flux
计权噪声声压值平方对暴露时间的积分。以评价噪声与暴露时间对人听力损伤的影响。

07.315　噪声剂量　noise dose
工作人员暴露于噪声时间内的接受总 A 计权能量的一种量度，并用允许的每天噪声剂量的比例来表示；其不仅与噪声级也与工作人员暴露于噪声时间的长短有关，以评价工业噪声对暴露于噪声中工作人员听力损伤的危险性程度。

07.05 振动测量仪器

07.05.01 振动测量仪名称

07.316 积分振动仪 integrating vibrometer
具有积分运算功能,可测量振动烈度、振动量等的振动计。

07.317 光学振动仪 optical vibrometer
将机械振动量转换成光学信号,经光学系统放大后,进行测量记录的振动仪器。

07.318 杠杆式测振仪 lever-type vibrograph
用杠杆原理直接将振动量放大后记录振幅波形的机械测振仪。

07.319 机械测振仪 mechanical vibrometer
由机械结构传递、放大和记录振动的测量仪器。

07.320 示振仪 vibrograph
能直接记录振动波形的机械测振仪。

07.321 振动烈度[测量]仪 vibration severity measuring instrument
测量振动烈度能直接指示或记录振动速度均方根值的仪器。

07.322 加速计校准仪 calibrator of accelerometer
校准加速度计灵敏度的仪器。

07.323 激振器 vibration exciter
用以产生激励力,并能将这种激励力施加到其他结构和设备上的装置。

07.05.02 测 试 方 法

07.324 电测法 electrical [measurement] method
将被测振动量转换成对应的电量变化,然后用振动测量仪器测量振动量的方法。

07.325 机械测振法 mechanical method of vibration measurement
利用杠杆原理将振动量放大后直接记录测量振动量的方法。

07.326 光测法 optical [measurement] method
利用光杠杆原理、光波干涉原理、激光多普勒效应等测量振动量的方法。

07.327 连续扫描法 continuous sweep method
将被测传感器与相应振动测量仪器组成一闭环自动扫描系统,以恒定加速度正弦激励,在频率测量范围内连续扫描,自动记录被测传感器频率响应曲线的方法。

07.328 逐点比较法 point-to-point comparison method
采用正弦激励,在频率测量范围内所选频率点,逐点测量被测传感器频率响应并与标准传感器响应相比较的方法。

07.329 冲击法 shock method
将被测传感器安装在质量约为被测传感器10倍的高弹性模量材料制成的装置上,对该装置施加一瞬时冲击,持续时间约为被测传感器固有周期的3倍,用记忆示波器记录被测传感器输出波形,然后根据时标确定被测传感器谐振频率的方法。

07.330 李沙育图形测频 frequency measurement by Lissajou's figure
将被测振动信号和振荡器的信号分别接至阴极射线示波器的 x 轴和 y 轴上,调节振荡器频率. 当出现李沙育图形时,根据图形和振荡器的频率确定被测振动的信号频率的方法。

07.331 均衡 equalization

调整电子放大器和控制系统的增益,使在所要求的频谱内,各输出的振幅与输入的信号幅值之比为常数。

07.06 实验室离心机

07.06.01 一般名词

07.332 最高转速 maximum speed

设计所允许的离心机或转头的最高工作转速。

07.333 工作转速 working speed

规定的离心机转速。

07.334 最大载荷 maximum load

设计的转头能安全使用所允许的最大载荷。

07.335 最大离心力 maximum centrifugal force

转头以最高转速运转时,最大离心半径处的离心力。

07.336 最小离心力 minimum centrifugal force

转头在其最高转速下运转时,最小离心半径处的离心力。

07.337 最大离心半径 maximum centrifugal radius

转头中心轴线离试样最远点的距离。

07.338 最小离心半径 minimum centrifugal radius

转头中心轴线至试样最近点的距离。

07.339 平均离心半径 average centrifugal radius

最大离心半径与最小离心半径之和的一半。

07.340 倾角 tilt angle

转头离心管孔的轴线与转头中心轴线之间的夹角,应小于或等于90°。

07.341 临界转速范围 critical speed range

转头与离心机所组成的系统由共振引起的不宜工作的转速范围。

07.342 转头公称容量 nominal rotor capacity

转头满载时所允许容纳试样的量。

07.343 最大转头容量 maximum rotor capacity

转头的公称容量为最大的转头容量。

07.344 实际容量 actual capacity

离心管运转时的实际容量。

07.345 转速稳定准确度 speed stability accuracy

在稳定运转状态下,在规定时间内的实测转速值的最大波动值。

07.346 转速指示误差 speedometer indication error

在离心机工作转速范围内,离心机所指示的转速值与实际转速值之差。

07.347 离心时间 centrifugation time

从达到工作转速起,至离心机开始停机的时间。

07.348 运转时间 running time

转头开始转动至完全静止的时间,即升速时间、离心时间、惯性滑行时间(或降速时间)的总和。

07.349 沉降时间 sedimentation time

试样中待分离的颗粒,在转头按给定的特性

曲线运转的条件下，全部沉降所需要的时间。

07.350 升降速特性曲线 characteristic curve of increasing and decreasing speed

在升降速过程中，转头满载并以最高转速运转时，转速与时间的关系曲线。

07.351 最大旋转能量 maximum rotational energy

对于角转头、水平转头（包括低速水平转头），以最大角速度旋转时，满载荷转头所产生的能量。

07.352 最大角速度 maximum angular velocity

当电机功率限定时，指电机接到电压为额定值的106%的电源时，满载荷转头所产生的角速度。

07.353 最大沉降路程 maximum sedimentation path

沉降过程中颗粒的最大行程路线。

07.354 整机噪声 total noise of centrifuge

离心机在规定的使用条件下，使用所配备的各种转头，满载运行时允许产生的最大噪声。

07.355 过速保护 overspeed protection

在实际转速略高于转头或离心机的最高允许转速时，离心机自动切断电源的功能。

07.356 碳刷磨损报警 brush-wear warning

离心机驱动电机的碳刷磨损至需要更换时发出信号的功能。

07.357 离心腔真空度 vacuum degree of centrifugal chamber

离心腔内处于真空状态下的气体稀薄程度。

07.06.02 离心机名称

07.358 实验室离心机 laboratory centrifuge

利用旋转转头产生的离心力，使悬浮液或乳浊液中不同密度、不同颗粒大小的物质分离开来，或在分离的同时进行分析的仪器。

07.359 台式离心机 table top centrifuge

一种结构紧凑，且可置于实验室台（桌）上操作的离心机。

07.360 高速离心机 high speed centrifuge

最高转速在10 000r/min及以上至低于30 000r/min之间的离心机。

07.361 高速冷冻离心机 high speed refrigerated centrifuge

带制冷系统的高速离心机。这种离心机的离心腔温度通常可降至零摄氏度以下。

07.362 低速离心机 low speed centrifuge

最高转速低于10 000r/min的离心机。

07.363 低速冷冻离心机 low speed refrigerated centrifuge

带制冷系统的低速离心机。这种离心机的离心腔温度通常可降至零摄氏度以下。

07.364 低速大容量离心机 low speed large capacity centrifuge

最大转头容量一般在30 000ml以上的低速离心机。

07.365 超速离心机 over speed centrifuge

最高转速不低于30 000r/min的离心机。

07.366 制备超速离心机 preparative ultracentrifuge

对试样能进行分离、浓缩和提纯的超速离心机。

07.367 分析超速离心机 analytical ultracentrifuge

用监测系统对试样沉降行为能进行测量和分

析的超速离心机。

07.368 磁悬式离心机 magnetic suspension centrifuge

利用电磁力而不用任何机械式止推轴承将转头开起，使之高速旋转的离心机。

07.06.03 零部件及附件

07.369 转头 centrifuge rotor

离心机用以容纳试样且能装置其他部件的旋转组件。

07.370 角转头 fixed angle rotor

试样容器的轴线相对于转头中心轴线相交成某一固定角度的转头。

07.371 垂直转头 vertical tube rotor

试样容器的轴线始终与转头中心轴线保持平行的转头。

07.372 水平转头 swing bucket rotor

运转过程中，试样容器的中心轴线与转头中心轴线的夹角可以改变的转头。

07.373 载管转头 rotor of carrying tube

设有可容纳试样的离心管或离心瓶的转头，如角转头、水平转头、垂直转头。

07.374 区带转头 zonal rotor

设有不带离心管的密封室，由轴向安装的轴核把该室分成若干个扇形室，试样在室中以环状区带沉降的转头。

07.375 连续[流]转头 continuous flow rotor

可以在工作转速下连续加样，用于连续离心的转头，如流动区带转头。

07.376 分批性区带转头 batch zonal rotor

每次只能分离一定容量试样的区带转头。

07.377 淘析转头 elutriator rotor

使试样逆离心力方向流动，利用离心力与流动速度使试样进行分离的转头。

07.378 土壤脱水转头 soil dehydrating rotor

分离土壤中水分的转头。

07.379 分析转头 analytical rotor

带有透光分析池的转头，用于超速离心机的分析测量。

07.380 封闭式转头 sealed rotor

带密封盖的转头，能防止转头中试样的泄漏或蒸发。

07.381 满载转头 fully loaded rotor

转头携带的每个试样容器，都按额定容量盛满限定溶液密度试样时的旋转组件。

07.382 转头座 rotor base

连接驱动轴和转头的联接件。

07.383 离心管 centrifugal tube

管状试样容器，可带密封盖或压盖。

07.384 快封器 quick-seal tube

装入试样后用封管机快速封口的离心管。

07.385 离心瓶 centrifugal bottle

较大的瓶状试样容器。

07.386 离心腔 centrifugal chamber

离心机上转头在其中旋转的封闭空间。

07.387 离心腔体 centrifugal chamber casing

由保护套、顶盖、入口及底板组成。离心腔体内，主要容纳转头及测温敏感元件，以保证操作使用的安全。

07.388 离心腔盖 centrifugal cover

它是离心腔体的一个部件，用以封闭离心腔的入口。

07.389 保护套 protecting jacket

离心腔体的一部分。它由一个或多个同轴圆

筒组成。位于旋转转头的外围，以承受转头发生破坏时产生的最大冲击能量。

07.390 过速保护装置 over-speed protection device

离心机运行时，能把工作转速限制在该机或转头最高允许转速内的保护装置。

07.391 水平调节装置 level adjuster

调正离心机处于水平位置的装置。

07.06.04 测试方法

07.392 光弹法 photoelasticity method

用某种透明材料制成转头模型，模拟被测物受力状态，将其放置在偏光场中，通过观察模型受力后产生的光弹效应来分析应力的方法。

07.393 电测法 electrical method

用电测装置测量转头在运转时应力分布的方法。

07.394 应力光图 optical stress pattern

光弹法中用以分析应力的条纹图。

07.395 转头模型 rotor model

在光弹法中，用以分析转头运转时内部应力分布和大小的转头模拟物，这种模型由某种透明材料组成。

07.396 动平衡法 dynamic balance method

使转头处于运转状态，找其不平衡位置及相应的不平衡量并校正的方法。

07.397 立式动平衡法 vertical dynamic balance method

转头在立式平衡试验机上进行动平衡试验的方法。

07.398 卧式动平衡法 horizontal dynamic balance method

转头在卧式平衡试验机上进行动平衡试验的方法。

07.399 转头过速试验 rotor over-speed test

以高于转头最高转速的速度，使满载转头运转一次，以检验转头一次使用安全性的试验。

07.400 转头破坏试验 rotor bursting test

测定转头运转破坏时转速大小的破坏性试验。

07.401 相对离心场 relative centrifugal field

在给定转速和离心半径时，转头的离心加速度与重力加速度的比。

07.402 相对离心力 relative centrifugal force

通常，颗粒在离心过程中的离心力是相对颗粒本身所受的重力而言，因此把这种离心力叫做相对离心力。

07.403 临界相对离心力 critical relative centrifugal force

在规定单位时间内，刚能够克服在离心试样中任意混合物的各密度组分互相靠近的力。

07.404 制备离心 preparative centrifugation

对试样分离、纯化、浓缩的离心过程。

07.405 分析离心法 analytical centrifugation

用光学系统连续地监测试样在离心场中行为过程的方法，这种方法主要用于研究纯的或实质上是纯的颗粒，由此来推断物质的纯度、沉降系数、分子量和形状及其他物理特性等。

07.406 差速离心法 differential centrifugation

根据颗粒大小和密度的不同存在的沉降速度差别，分级增加离心力，从试样中依次分离出不同组分的方法。

07.407 速率区带离心法 rate-zone centrifugation

根据颗粒在介质中的沉降速度不同来分离试样的方法。

07.408　等密度区带离心法　isopycnic zone centrifugation

根据颗粒密度来分离试样的方法。

07.409　连续离心法　continuous-flow centrifugation

试样连续流入转头经分离后，上层清液连续流出的离心方法。

07.410　淘析离心法　centrifugal elutriation

待分离的试样连续流入倒锥形的离心池底部，再由顶部流出，试样颗粒受离心力和反离心力的液流推力共同作用，从而把不同颗粒离心分离的方法。

07.411　转头心裂　rotor disintegration

转头在运转时出现的飞裂破坏现象。

07.412　陀螺效应　gyro-effect

转头倾侧对离心机系统本身固有频率的影响。

07.07　铸造仪器名称

07.07.01　造型材料测试仪器

07.413　造型材料测定仪　measuring apparatus of costing mold material

测定型(芯)砂、涂料等铸造材料性能的仪器。

07.414　透气性测定仪　permeability meter

测定型(芯)砂能让气体通过并逸出能力的仪器。

07.415　紧实度测定仪　compactness tester

采用静力触探技术测定型(芯)砂紧实后压缩程度的仪器。

07.416　树脂砂熔点测定仪　melting point tester of resin sand

用数字表头直接显示所测定的各种树脂砂试样熔点的仪器。

07.417　树脂砂热变形测定仪　heat distortion tester of resin sand

测定树脂砂试样加热时塑性变形的仪器。

07.418　树脂砂高温性能测定仪　high temperature property tester of resin sand

测定树脂砂在高温状态下的综合性能的仪器。

07.419　树脂砂硬化速度测定仪　hardening velocity tester of resin sand

测定并记录树脂砂混合料、树脂黏结剂以及其他所有自硬砂的硬化特性曲线的仪器。

07.420　树脂砂韧性测定仪　toughness tester of resin sand

测定树脂砂抵抗冲击载荷破坏性能的仪器。

07.421　树脂砂强度测定仪　strength tester of resin sand

测定树脂砂强度的仪器。

07.422　涂层强度测定仪　coating strength tester

测定各种涂料涂层单位面积上的压力值的仪器。

07.423　涂料高温多功能测定仪　multi-function tester of high temperature coating material

测定涂料在高温状态下的黏附强度、裂纹以及表面耐磨性能的仪器。

07.424　涂层厚度测定仪　coating thickness tester

测定砂型或砂芯不同部位的涂料涂层厚度的仪器。

07.425　涂料黏附强度测定仪　coating adhesion strength tester

测定涂料与型(芯)砂之间的不同温度下的黏附强度的仪器。

07.426 型砂试验仪 mold sand testing apparatus

测定型砂及特种铸造性能的仪器。

07.427 摆锤式湿拉强度试验仪 pendulum type wet tensile strength tester

以机械摆锤加载,用来测定金属样筒中湿型砂试样抗拉强度的仪器。

07.428 热湿拉强度试验仪 hot wet tensile strength tester

迅速加热湿型砂试样后,测定水冷凝聚反抗拉强度的仪器。

07.429 破碎指数试验仪 shatter index tester

测定型砂的破碎指数,从而确定其韧性的仪器。

07.430 烧结点试验仪 sintered point tester

测定原砂、型(芯)砂试样颗粒表面和砂粒之间的混杂物,在高温下开始熔融、烧结时温度的仪器。

07.431 型砂高温性能试验仪 high temperature property tester of mold sand

测定型砂试样在高温下的抗压强度、热应力、热变形等多功能的仪器。

07.432 记录式发气性试验仪 recording type gas evolution tester

测定并记录型(芯)砂在加热情况下,析出气体的数量、时间、速度之间关系的仪器。

07.433 原砂比表面积试验仪 specific surface tester of sand

测定原砂比表面积的仪器。比表面积就是1g砂粒的总表面积。

07.434 紧实率试验仪 compactability tester

测定定量型砂试料在一定压力下,被紧实前后体积变化百分数的仪器。

07.435 转筛式成型性试验仪 running sieve formability tester

利用定量的型砂试样在回转筛中回转,测定其成型性指数的仪器。

07.436 溃散性试验仪 collapsibility tester

测定浇注后型(芯)砂自行溃散而脱离铸件难易程度的仪器。

07.437 热变形试验仪 heat distortion tester

测定并记录型砂试样在高温作用下的膨胀开裂以及热塑性变形的仪器。

07.438 曝热试验仪 quick heat tester

测定并记录型砂试样受热辐射时,其表面产生缺陷的仪器。

07.439 黏土吸蓝量试验仪 methylene blue clay tester

测定型砂中膨润土吸蓝量,从而确定其中有效膨润土含量的仪器。

07.440 型壳高温变形试验仪 invest shell thermal deformation tester

测定并自动记录在载荷作用下,不同温度状态下,熔模铸造型壳试样热变形数值的仪器。

07.441 型壳高温透气性试验仪 invest shell thermal permeability tester

在高温状态下,测定熔模铸造型壳试样透气性的仪器。

07.442 型壳高温膨胀试验仪 invest shell thermal dilatometer

在高温条件下,自动连续测定并记录型壳试样膨胀值的仪器。

07.443 弯曲性能试验仪 bending property tester

测定熔模铸造用的模料、型壳等造型材料抗弯强度的仪器。

07.444 压铸工艺参数试验仪 die casting technique parameter tester

测定压铸机工作时压射压力与压射速度等动态参数的仪器。

07.445 型砂机械性能试验机 testing machine of mold sand machine property

测定型砂的机械性能的实验室专用的小型试验机。

07.446 万能强度试验机 universal strength testing machine

对型砂试样进行多种机械性能测定的试验机。

07.447 型砂热压应力试验机 hot pressure stress testing machine of mold sand

测定型砂试样由于高温热作用而膨胀时，所产生的压应力数值的仪器。

07.07.02 零部件及附件

07.448 砂盘 sandpan

盛试料（原砂、型砂和芯砂）所用的容器。

07.449 洗砂杯 wash cup

洗砂机上，用于洗涤试料（原砂、型砂和芯砂）的容器。

07.450 试样筒漏斗 specimen tube funnel

制备型砂试样时，所采用的漏斗式辅助装置。

07.451 刮板 straight edge

制作型砂试样时，用于刮去高出试样筒上面的余砂的板状零件。

07.452 湿砂型硬度压头 wet sand mold hardness penetrator

直径为5mm、25.4mm的钢球压头和圆锥角为80°，顶端圆角半径为1.2mm的钢制压头。

07.453 干砂型硬度压头 dry sand mold hardness penetrator

钢制的尖角形或薄片形的硬度压头。

07.454 砂芯硬压头 core hardness penetrator

钢制的爪形硬度压头。

07.455 试样筒 test specimen tube

制备型砂试样时，所采用的各种不同规格的圆柱形的样筒。

07.456 标准试样筒 standard specimen tube

制备 φ50mm×50mm 圆柱体试样时的试样筒。

07.457 湿拉强度试样筒 wet tensile strength specimen tube

制备 φ50mm×50mm 圆柱体试样时，于高度1/2处沿径向开起的测定型砂湿拉强度的专用工具。

07.458 热湿拉强度试样筒 specimen tube of hot-green tensile strength

制备 φ50mm×50mm 圆柱体试样时，于高度1/5处沿径向开起的，测定型砂热湿拉强度的专用工具。

07.459 热压应力试样筒 specimen tube of hot pressure stress

制作测定型砂热压应力时，所用的弧形试样的专用工具。

07.460 抗夹砂试样筒 scab specimen tube

制作直接成型于试样筒内 φ85mm×30mm 圆柱体型砂高温抗夹砂性能试样的专用工具。

07.461 透气性试样筒 permeability specimen tube

测定型（芯）砂干透气性时，专用的内部装有密封结构的样筒。

07.462 横向抗弯强度芯盒 transverse flexural strength core box

制作型（芯）砂抗弯强度试样的模具。

07.463 抗拉强度芯盒 tensile strength core box

制作测定型砂抗拉强度性能用的“8”字试样的模具。

07.07.03 冲天炉及铸造合金测试仪

07.464 铸造合金线收缩测试仪 linear contraction tester of casting alloy
测定并记录合金从凝固开始到常温冷却过程中，沿其轴向线性改变量的仪器。

07.465 铸造合金热裂倾向测试仪 tester for cracked tendency of casting alloy
测定并记录合金试样在冷却过程中，由于线收缩引起热裂时，试样中所产生的机械应力的仪器。

07.466 铸造合金动态应力测试仪 dynamic stress tester of casting alloy
测定并记录铸造合金在凝固过程中，应力、温度、线性收缩三参数之间动态变化的仪器。

07.467 铸铁共晶膨胀力测试仪 eutectic expansion fore tester of cast iron
测定铸铁在固态收缩阶段，由于共晶转变和共析转变等原因而产生的膨胀力的测试仪器。

07.468 铸造合金真空流动性测试仪 vacuum flowability tester of casting alloy
根据液态金属的重量、温度的不同而吸入铸型内长度异同的原理，测定有色及黑色液态金属流动性的仪器。

07.469 冲天炉风量风压测试仪 blast quantity and blast pressure tester of cupola
自动检测、显示并记录冲天炉在熔炼过程中的风量、风压以及加料批数的仪器。

07.470 冲天炉综合性能测试仪 tester for combined property of cupola
自动连续检测、打印并记录冲天炉熔炼过程中的风量、风压、熔化速度、铁水温度以及料位高度等多功能的仪器。

07.471 冲天炉底焦高度测试仪 tester for bed coke height of cupola
利用同位素探测或其他原理自动跟踪并记录冲天炉熔炼过程中底焦高度的仪器。

07.472 球化分选仪 balling-up rate meter
快速检测球墨铸铁球化程度的仪器。

07.473 流动性试验器 flowability tester
检验液态金属流动能力时，所使用的各种标准模具。

07.474 铸造合金流动性试验器 flowmeter of casting alloy
检验液态金属流动能力，以确定液态金属能否充满铸型，获得形状完整、轮廓清晰的铸件所用的检验模具。

07.475 铸型强度计 mold strength tester
测定铸型表面湿压强度的仪表。

07.476 冲击穿透试验计 impact penetration tester
测定自硬砂砂型或砂芯表层硬化程度的仪器。

07.477 风量计 blast amount meter
测定冲天炉熔炼过程中，送入炉内风量的仪器。

07.478 冲天炉风量定值仪 blast amount tester of cupola
自动连续检测、显示和记录冲天炉的风量、风压等主要工艺参数，并对风量进行定值自动控制的仪器。

07.479 炉料批量计数仪 charge batch counter
自动显示冲天炉批料重量以及加料批数的仪器。

07.480 铸造用试验筛 cast testing sieve
由各种规格的筛子加上筛盖和筛底组成的测定造型材料粒度所用的试验筛。

07.08 动力测试仪

07.481 接触测量法 contact measuring method
与旋转轴接触，直接测量转速的方法。

07.482 非接触测量法 noncontact measuring method
不与旋转轴接触测量转速的方法。

07.483 吸收测量法 absorption measuring method
用测功器吸收发动机转矩，测量转矩的方法。

07.484 直接取样法 direct sampling method
用真空瓶将排气直接吸入，用水或水银置换的取样方法。

07.485 取样袋法 sampling pocket method
在规定车速行驶的情况下，将排气收集到取样袋内再分析，测定取样期间平均值的方法。

07.486 总合取样法 total sampling method
将发动机工况运转中的排气全部用取样袋收集起来，测定其平均浓度和容积，求出各种成分排出重量的方法。

07.09 真空获得仪器与装置

07.09.01 一般名词

07.487 漏孔 leak
在真空技术中，在压力或浓度差作用下，使气体从壁的一侧通到另一侧的孔洞、孔隙渗透的元件。

07.488 通道漏孔 channel leak
可以把它理想地当作长毛细管，由一个或多个不连续通道组成的一种漏孔。

07.489 薄膜漏孔 membrane leak
气体通过渗透穿过薄膜的一种漏孔。

07.490 分子漏孔 molecular leak
漏孔的质量流率正比于流动气体分子质量平方根的倒数的一种漏孔。

07.491 黏滞漏孔 viscous leak
漏孔的质量流率正比于流动气体黏度的倒数的一种漏孔。

07.492 校准漏孔 calibrated leak
在规定条件下，对于一种规定气体提供已知质量流率的一种漏孔。

07.493 标准漏孔 reference leak
在规定条件下，漏率是已知的一种校准用的漏孔。

07.494 虚漏 virtual leak
在真空系统内，由于放出的气体或蒸汽所引起的压力增加。

07.495 漏率 leak rate
在规定条件下，一种特定气体通过漏孔的流量。

07.496 标准空气漏率 standard air leak rate
在规定的标准状态下，露点低于 −25℃ 的空气通过一个漏孔的流量。

07.497 探索气体 search gas

用来对真空系统进行检漏的气体。

07.498 分压力 partial pressure

混合气体中某一组分的压力。

07.499 全压力 total pressure

混合气体中所有组分压力的总和。

07.500 真空 vacuum

在指定空间内,低于一个大气压力的气体状态。

07.501 真空度 degree of vacuum

表示真空状态下气体的稀薄程度,通常用压力值来表示。

07.502 规头 gauge head

某些种类真空计的一个部件,它含有压力敏感元件并直接与真空系统连接。

07.503 裸规 nude gauge

一种没有外壳的规头,其敏感元件直接插入真空系统。

07.09.02 真空仪器与装置

07.504 绝对真空计 absolute vacuum gauge

通过测定物理量本身来确定压力的一种真空计。

07.505 相对真空计 relative vacuum gauge

通过测量与压力有关的物理量并与绝对真空计比较来确定压力的一种真空计。

07.506 全压真空计 total pressure vacuum gauge

测量混合气体全压力的一种真空计。

07.507 弹性元件真空计 elastic element vacuum gauge

通过测量弹性元件位移(直接法)或保持它原来位置需要的力(回零法)来测定真空度的一种真空计。

07.508 薄膜真空规 diaphragm vacuum gauge

根据弹性元件在气体分子的静压力下的变形来测量压强的绝对真空规。

07.509 波尔东真空计 Bourdon vacuum gauge

一个椭圆形截面的弧形空心管,一端密封,另一端与被测系统相连。当管内压力发生变化时,弧形半径改变而带动指针偏转,根据其偏转大小测定真空的一种真空计。

07.510 压缩式真空计 compression vacuum gauge

已知气体体积,在待测量的压力下,按已知比例压缩,产生较高测量压力的一种真空计。

07.511 黏滞性真空计 viscosity vacuum gauge

通过测量作用在两个元件表面上的黏滞力来测定压力的一种真空计。

07.512 振膜真空规 vibration membrane vacuum gauge

基于气体分子对振膜的阻尼效应与气体压强有关而制成的一种黏滞真空规。

07.513 热传导真空计 thermal conductivity vacuum gauge

通过测量保持在不同温度的两固定元件表面间热能的传递来测量压力的一种真空计。

07.514 皮拉尼真空计 Pirani vacuum gauge

利用电阻丝的阻值随温度变化的原理来测量压强的仪器。

07.515 热偶真空计 thermocouple vacuum gauge

利用加热电阻丝中心的热电偶的电动势变化来表示压强与温度关系的真空计。

07.516 热敏真空计 thermistor vacuum gauge
利用半导体热敏电阻做传感器的电阻真空针。

07.517 双金属片真空计 bimetallic strip vacuum gauge
利用双金属片随温度变化而改变扭转程度这一性质来显示压力变化的真空计。

07.518 热分子真空计 thermo-molecular vacuum gauge
通过测量气体分子打击保持在不同温度的两固定表面的净动量传输率来测定压力的一种真空计。

07.519 克努森真空计 Knudsen vacuum gauge
基本元件由两块平行板组成,两板隔开一段距离,其中一块受热,未加热的那块板支撑在敏感悬挂装置上,根据其偏转的大小测量作用在这块板上的力,而实现测量的真空计。

07.520 电离真空计 ionization vacuum gauge
通过测量气体在控制条件下电离所产生的离子流来测定压力的一种真空计。

07.521 彭宁真空计 Penning vacuum gauge
带有磁铁和特定电极结构的一种冷阴极电离真空计。

07.522 三极管式真空计 triode vacuum gauge
具有一般三极电子管结构的一种热阴极电离真空计,灯丝装在以栅极作为阳极的轴线上,板极作为离子收集极与阳极圆心。

07.523 分压真空计 partial pressure vacuum gauge
测量混合气体组分压力的质谱仪式的真空计。

07.524 标准真空计 reference vacuum gauge
校准真空计时,用来作量值传递或量值参照的真空计。

07.525 检漏仪 leak detector
用来检测真空系统或元件漏孔的位置或漏率的仪器。

07.526 高频火花检漏仪 high frequency spark leak detector
在玻璃系统中,用高频放电线圈产生的电火花,能集中于漏孔处的现象来确定漏孔位置的检漏仪(通常用它对玻璃系统进行检漏)。

07.527 卤素检漏仪 halide leak detector
利用卤族元素探索气体存在时,使赤热铂电极发射正离子量增加的原理来制作的检漏仪。

07.528 氦质谱检漏仪 helium mass spectrometric leak detector
利用磁偏转原理制成的、对示漏气体氦反应灵敏的、用于检漏的质谱仪。

08. 传 感 器

08.01 一般名词

08.001 传感器 sensor, measuring element
能感受规定的被测量并按照一定的规律转换成可用输出信号的器件或装置。

08.002 物理量传感器 physical quantity transducer
能感受规定的物理量并转换成可用输出信号的传感器。

08.003 化学量传感器 chemical quantity transducer
能感受规定的化学量并转换成可用输出信号的传感器。

08.004 生物量传感器 biological quantity transducer
能感受规定的生物量并转换成可用输出信号的传感器。

08.005 光电式传感器 photoelectric transducer
将被测量变化转换成光生电动势变化的传感器。

08.006 光纤传感器 optical fiber transducer
利用光纤技术和光学原理,将感受的被测量转换成可用输出信号的传感器。

08.007 光纤化学传感器 optical fiber chemical sensor
利用光纤技术及光学原理,将感受的化学量转换成可用输出信号的传感器。

08.008 热电式传感器 thermoelectric sensor
将被测量变化转换成热生电动势变化的传感器。

08.009 伺服式传感器 servo transducer
利用伺服原理,将被测量变化转换成可用输出电信号的传感器。

08.010 谐振式传感器 resonator sensor
利用谐振原理,将被测量变化转换成谐振频率变化的传感器。

08.011 应变[计]式传感器 strain gauge transducer
将被测量变化转换成由于应变产生电阻变化的传感器。

08.012 压电式传感器 piezoelectric transducer
将被测量变化转换成由于材料受机械力产生的静电电荷或电压变化的传感器。

08.013 压阻式传感器 piezoresistive transducer
将被测量变化转换成由于材料受机械力产生的电阻变化的传感器。

08.014 磁阻式传感器 reluctive transducer
利用磁路中磁阻的变化,将被测量变化转换成交流电压变化的传感器。

08.015 霍尔[式]传感器 Hall transducer
利用霍尔效应,将被测量变化转换成可用输出信号的传感器。

08.016 激光传感器 laser sensor
利用激光检测原理,将感受的被测量转换成可输出信号的传感器。

08.017 [核]辐射传感器 [nuclear] radiation transducer
利用[核]辐射检测技术,将感受的被测量转换成可用输出信号的传感器。

08.018 超声[波]传感器 ultrasonic sensor
利用超声波检测技术,将感受的被测量转换成可用输出信号的传感器。

08.019 声表面波传感器 surface acoustic wave transducer
利用声表面波器件为转换元件,将感受的被测量转换成可用输出信号的传感器。

08.020 无源传感器 passive transducer
依靠外加能源工作的传感器。

08.021 有源传感器 active transducer
不依靠外加能源工作的传感器。

08.022 数字传感器 digital transducer
输出信号为数字量(或数字编码)的传感器。

08.023 模拟传感器 analog transducer
输出信号为模拟量的传感器。

08.024　结构型传感器　mechanical structure type transducer

利用机械构件(如金属膜片等)的变形或位移检测被测量的传感器。

08.025　物性型传感器　physical property type transducer

利用材料的固定物理特性及其各种物理、化学效应检测被测量的传感器。

08.026　复合型传感器　combined type transducer

由结构型传感器和物性型传感器组合而成的兼有两者特性的传感器。

08.027　集成传感器　integrated transducer

利用微电子工艺,将敏感元件连同信号处理电子线路制作在一块半导体芯片上的传感器。

08.028　多功能传感器　multi-function transducer

能感受两个或两个以上被测量并转换成可用输出信号的传感器。

08.029　智能传感器　intelligent sensor

对外界信息具有一定的检测、自诊断、数据处理以及自适应能力的传感器。

08.030　生物传感器　biosensor

利用生物活性物质分子识别的功能,将感受的被测量转换成可用输出信号的传感器。

08.02　物理量传感器

08.031　电容式传感器　capacitive transducer

将被测量变化转换成电容量变化的传感器。

08.032　力学式传感器　mechanical quantity transducer

能感受力学量并转换成可用输出信号的传感器。

08.033　压力传感器　pressure transducer

能感受压力并转换成可用输出信号的传感器。

08.034　差压传感器　differential pressure transducer

能感受两个测量点压力差并能转换成可用输出信号的传感器。

08.035　绝压传感器　absolute pressure transducer

能感受绝对压力并转换成可用输出信号的传感器。

08.036　真空传感器　vacuum transducer

能感受真空度并能转换成可用输出信号的传感器。

08.037　表压传感器　gauge pressure transducer

能感受相对于环境压力的压力并转换成可用输出信号的传感器。

08.038　力传感器　force transducer

能感受外力并转换成可用输出信号的传感器。

08.039　重量传感器　weighing transducer

能感受物体重量并转换成可用输出信号的传感器。

08.040　力矩传感器　torque transducer

能感受力矩并转换成可用输出信号的传感器。

08.041　速度传感器　velocity transducer

能感受被测速度并转换成可用输出信号的传感器。

08.042　角速度传感器　angular velocity transducer

将感受到的角速度转换成可用输出信号的传感器。

08.043 线速度传感器 linear velocity transducer

将感受的线速度转换成可用输出信号的传感器。

08.044 加速度传感器 acceleration transducer

能感受加速度并转换成可用输出信号的传感器。

08.045 角加速度传感器 angular acceleration transducer

能感受角加速度并转换成可用输出信号的传感器。

08.046 线加速度传感器 linear acceleration transducer

能感受线加速度并能转换成可用输出信号的传感器。

08.047 冲击加速度传感器 jerk acceleration transducer

能感受冲击加速度并转换成可用输出信号的传感器。

08.048 振动传感器 vibration transducer

能感受机械运动振动的参量(振动速度、频率,加速度等)并转换成可用输出信号的传感器。

08.049 冲击传感器 shock transducer

能感受冲击量并转换成可用输出信号的传感器。

08.050 流量传感器 flow transducer

能感受流体流量并转换成可用输出信号的传感器。

08.051 位置传感器 position transducer

能感受被测物的位置并转换成可用输出信号的传感器。

08.052 物位传感器 level transducer

能感受物位(液位,料位)并转换成可用输出信号的传感器。

08.053 姿态传感器 attitude transducer

能感受物体姿态(轴线对重力坐标系的空间位置)并转换成可用输出信号的传感器。

08.054 尺度传感器 dimension transducer

能感受物体的几何尺寸并转换成可用输出信号的传感器。

08.055 厚度传感器 thickness transducer

能感受被测物体厚度并转换成可用输出信号的传感器。

08.056 角度传感器 angle transducer

能感受被测角度并转换成可用输出信号的传感器。

08.057 表面粗糙度传感器 surface roughness transducer

能感受物体表面粗糙度并转换成可用输出信号的传感器。

08.058 液体密度传感器 liquid density transducer

能感受液体密度并转换成可用输出信号的传感器。

08.059 黏度传感器 viscosity transducer

能感受流体黏度并转换成可用输出信号的传感器。

08.060 浊度传感器 turbidity transducer

能感受流体浊度并转换成可用输出信号的传感器。

08.061 硬度传感器 hardness transducer

能感受材料硬度并转换成可用输出信号的传感器。

08.062 热学量传感器 thermal quantity transducer

能感受热学量并转换成可用输出信号的传感器。

08.063 温度传感器 temperature transducer

能感受温度并转换成可用输出信号的传感器。

08.064 热流传感器 heat flux transducer

能感受热流并转换成可用输出信号的传感器。

08.065 辐射感温器 radiation thermoscope

利用热电堆将接收到的辐射亮度转换成电信号的温度传感器。

08.066 光[学量]传感器 optical [quantity] transducer

能感受光[学量]并转换成可用输出信号的传感器。

08.067 可见光传感器 visible light transducer

能感受可见光并转换成可用输出信号的传感器。

08.068 红外光传感器 infrared light transducer

能感受红外光并转换成可用输出信号的传感器。

08.069 紫外光传感器 ultraviolet light transducer

能感受紫外光并转换成可用输出信号的传感器。

08.070 照度传感器 illuminance transducer

能感受表面照度并转换成可用输出信号的传感器。

08.071 电位器式传感器 potentiometric transducer

利用加激励的电阻体上可动触点位置的变化,将被测量变化转换成电压比变化的传感器。

08.072 电阻式传感器 resistive transducer

将被测量变化转换成电阻变化的传感器。

08.073 电磁式传感器 electromagnetic transducer

将被测量在导体中感生的磁通量变化,转换成输出信号变化的传感器。

08.074 电感式传感器 inductive transducer

将被测量变化转换成电感量变化的传感器。

08.075 电离式传感器 ionizing transducer

将被测量变化转换成电离电流变化的传感器。

08.076 光导式传感器 photoconductive transducer

利用入射到半导体材料上照射量的变化,将被测量变化转换成该材料电阻或电导率变化的传感器。

08.077 亮度传感器 brilliance transducer

能感受光亮度并转换成可用输出信号的传感器。

08.078 色度传感器 chromaticity transducer

能感受被分辨物体的色度,并转换成可用输出信号的传感器。

08.079 图像传感器 image transducer

能感受光学图像信息并转换成可用输出信号的传感器。

08.080 磁[学量]传感器 magnetic quantity transducer

能感受磁学量并转换成可用输出信号的传感器。

08.081 磁场强度传感器 magnetic field strength transducer

能感受磁场强度并转换成可用输出信号的传感器。

08.082 磁通传感器 magnetic flux transducer

能感受磁通量并转换成可用输出信号的传感器。

08.083 电学量传感器 electric quantity transducer

能感受电学量并转换成可用输出信号的传感器。

08.084 电流传感器 electric current transducer

能感受被测电流并转换成可用输出信号的传感器。

08.085 电压传感器 voltage transducer

能感受被测电压并转换成可用输出信号的传感器。

08.086 电场强度传感器 electric field strength transducer

能感受电场强度并转换成可用输出信号的传感器。

08.087 声[学量]传感器 acoustic [quantity] transducer

能感受声学量并转换成可用输出信号的传感器。

08.088 声压传感器 sound pressure transducer

能感受声压并转换成可用输出信号的传感器。

08.089 噪声传感器 noise transducer

能感受噪声并转换成可用输出信号的传感器。

08.090 射线传感器 radiation transducer

能感受放射线并转换成可用输出信号的传感器。

08.091 X 射线传感器 X-ray transducer

能感受 X 射线并转换成可用输出信号的传感器。

08.092 β 射线传感器 β-ray transducer

能感受 β 射线并转换成可用输出信号的传感器。

08.093 γ 射线传感器 gamma-ray transducer

能感受 γ 射线并转换成可用输出信号的传感器。

08.094 射线剂量传感器 radiation dose transducer

能感受核辐射总量并转换成可用输出信号的传感器。

08.03 气体及湿度传感器

08.095 气体传感器 gas transducer

能感受气体(组分、分压)并转换成可用输出信号的传感器。

08.096 电导式气体传感器 conductive gas transducer

利用半导体材料的电导率变化,将感受的气体量转换成可用输出信号的传感器。

08.097 金属氧化物气体传感器 metal-oxide gas transducer

利用金属氧化物气敏元件作为敏感元件的气体传感器。

08.098 有机半导体气体传感器 organic semiconductor gas transducer

利用有机半导体气敏元件作为敏感元件的气体传感器。

08.099 固体电解质气体传感器 solid-state electrolyte gas transducer

利用固体电解质气敏元件作为敏感元件的气体传感器。

08.100 催化式气体传感器 catalytic gas

transducer

利用可燃气体与催化材料接触表面燃烧所产生的电阻变化，将感受的可燃气体浓度转换成可用输出信号的传感器。

08.101　场效应管[式]气体传感器　field effect gas transducer

利用场效应管栅极敏感膜的气敏特性，将感受到气体量转换成可用输出信号的传感器。

08.102　热导式气体传感器　thermal conductivity gas transducer

利用气体不同其热传导率亦不同的原理，将感受的气体量转换成可用输出信号的传感器。

08.103　磁式氧传感器　magnetic oxygen transducer

利用氧分子的顺磁特性，测量氧成分的传感器。

08.104　离子传感器　ion transducer

利用离子选择电极，将感受的离子量转换成可用输出信号的离子传感器。

08.105　pH 传感器　pH transducer

能感受氢离子活度，并转换成可用输出信号的传感器。

08.106　湿度传感器　humidity transducer

能感受气体中水蒸气含量，并转换成可用输出信号的传感器。

08.107　电导式湿度传感器　conductive humidity transducer

利用吸湿性电解液的电导率变化，将感受的湿度转换成可用输出信号的传感器。

08.108　金属氧化物湿度传感器　metal-oxide humidity transducer

利用半导体金属氧化物湿敏元件作为敏感元件的传感器。

08.109　有机半导体湿度传感器　organic semiconductor humidity transducer

利用有机半导体湿敏元件作为敏感元件的传感器。

08.110　固体电解质湿度传感器　solid-state electrolyte humidity transducer

利用固体电解质湿敏元件作为敏感元件的传感器。

08.111　热导式湿度传感器　thermal conductivity humidity transducer

利用二元混合气体（一种为被测水蒸气，另外一种为基准干燥气体）的热导率的变化，将感受的水蒸气含量转换成可用输出信号的传感器。

08.112　电解式湿度传感器　electrolysis humidity transducer

根据单位时间内水电解的质量正比于电解电流的关系（法拉第定律），通过测量正比于水蒸气与空气的容积比以及水蒸气与气体质量的容积比的电解电流，测定水蒸气含量的传感器。

08.113　场效应管[式]湿度传感器　field effect transistor type humidity transducer

以场效应管栅极敏感膜的湿敏特性，将感受的湿度转换成可用输出信号的传感器。

08.114　折射式湿度传感器　refractive humidity transducer

利用光折射率随水蒸气浓度的变化，将感受的湿度转换成可用输出信号的传感器。

08.115　晶体振子式湿度传感器　quartz crystal vibrator type humidity transducer

利用石英晶体振子为转换元件，将感受的湿度转换成可用输出信号的传感器。

08.116　露点传感器　dew point transducer

能将感受的露点湿度转换成可用输出信号的传感器。

08.117 水分传感器 moisture transducer

能将感受的水量转换成可用输出信号的传感器。

08.04 生化量传感器

08.118 酶[式]葡萄糖传感器 glucose enzyme transducer

用固定化葡萄糖氧化酶膜作识别器件，将感受的葡萄糖量转换成可用输出信号的传感器。

08.119 酶[式]尿素传感器 urea enzyme transducer

用固定化尿素酶膜作识别器件，将感受的尿素量转换成可用输出信号的传感器。

08.120 酶[式]胆固醇传感器 cholesterol enzyme transducer

用固定化胆固醇酶膜作识别器件，将感受的胆固醇量转换成可用输出信号的传感器。

08.121 免疫血型传感器 blood-group immune transducer

用固定化的 A、B、O 型血型物质制成的抗原膜作识别器件，将感受的血型信号转换成可用输出信号的传感器。

08.122 微生物 BOD 传感器 biochemical oxygen demand microbial transducer

用固定化大肠杆菌膜作识别器件，将感受的生物化学需氧量转换成可用输出信号的传感器。

08.123 微生物谷氨酸传感器 glutamate microbial transducer, glutamic acid microbial transducer

用固定化大肠杆菌膜作识别器件，将感受的谷氨酸量转换成可用输出信号的传感器。

08.124 血气传感器 blood gas transducer

能感受血液中气体的分压和酸碱平衡量并转换成可用输出信号的传感器。

08.125 血液 pH 传感器 blood pH transducer

能感受血液中氢离子活度并转换成可用输出信号的传感器。

08.126 血氧传感器 blood oxygen transducer

能感受血液中氧分压并转换成可用输出信号的传感器。

08.127 血液二氧化碳传感器 blood carbon dioxide transducer

能感受血液中二氧化碳分压并转换成可用输出信号的传感器。

08.128 血液电解质传感器 blood electrolyte transducer

能感受血液中电解质活度并转换成可用输出信号的传感器。

08.129 血钾传感器 blood potassium ion transducer

能感受血液中钾离子活度并转换成可用输出信号的传感器。

08.130 血钠传感器 blood sodium ion transducer

能感受血液中钠离子活度并转换成可用输出信号的传感器。

08.131 血氯传感器 blood chlorine ion transducer

能感受血液中氯离子活度并转换成可用输出信号的传感器。

08.132 血钙传感器 blood calcium ion transducer

能感受血液中钙离子活度并转换成可用输出信号的传感器。

08.133 血压传感器 blood-pressure transducer

能感受血压并转换成可用输出信号的传感器。

08.134 超声多普勒血压传感器 ultrasonic Doppler blood pressure transducer

利用超声多普勒效应，能感受舒张和收缩压并转换成可用输出信号的传感器。

08.135 食道压力传感器 esophageal-pressure transducer

能感受食道压力并转换成可用输出信号的传感器。

08.136 膀胱内压传感器 urinary bladder inner pressure transducer

能感受膀胱内压并转换成可用输出信号的传感器。

08.137 胃肠内压传感器 gastrointestinal inner pressure transducer

能感受胃肠内压力并转换成可用输出信号的传感器。

08.138 颅内压传感器 intracranial pressure transducer

能感受颅内压力并转换成可用输出信号的传感器。

08.139 脉搏传感器 pulse transducer

能感受外周血管搏动并转换成可用输出信号的传感器。

08.140 心音传感器 heart sound transducer

能感受心音并转换成可用输出信号的传感器。

08.141 体温传感器 body temperature transducer

能感受体温并转换成可用输出信号的传感器。

08.142 血流传感器 blood flow transducer

能感受血流量及血流速度并转换成可用输出信号的传感器。

08.143 呼吸流量传感器 respiratory flow transducer

能感受呼吸流量并转换成可用输出信号的传感器。

08.144 呼吸频率传感器 respiratory frequency transducer

能感受呼吸频率并转换成可用输出信号的传感器。

08.145 血容量传感器 blood-volume transducer

能感受血容量并转换成可用输出信号的传感器。

08.146 心电图传感器 electrocardiography transducer, ECG transducer

又称"ECG 传感器"。能感受心脏不同区域细胞的动作电位波形并转换成可用输出信号的传感器。

08.147 脑电图传感器 electroencephalographic transducer, EEG transducer

又称"EEG 传感器"。能感受大脑皮质电位波形并转换成可用输出信号的传感器。

08.148 肌电图传感器 electromyography transducer, EMG transducer

又称"EMG 传感器"。能感受肌肉运动单位(由肌肉纤维细胞)动作电位波形，并转换成可用输出信号的传感器。

08.149 视网膜电图传感器 electroretinographic transducer, ERG transducer

又称"ERG 传感器"。能感受视网膜(受内光刺激时)瞬时电位变化，并转换成可用输出信号的传感器。

08.150 眼电图传感器 electrooculographic transducer, EOG transducer

又称“EOG传感器”。能感受角膜与视网膜之间稳定电位变化，并转换成可用输出信号的传感器。

08.151 细胞电位传感器 cell potential transducer

能感受细胞内或细胞外生物电位变化，并转换成可用输出信号的传感器。

08.05 技术参数

08.152 应变误差 strain error

由于传感器安装表面发生应变而引起的误差。

08.153 姿态误差 attitude error

因传感器的轴线偏离重力作用方向而引起的误差。

08.154 动态特性 dynamic characteristic

与响应于被测量随时间变化有关的传感器特性。

08.155 长期稳定性 long time stability

传感器在规定时间内仍保持不超过允许误差范围的能力。

08.156 功耗 power consumption

信号处于稳态条件下，传感器在工作范围内所消耗最大瓦特数。

08.157 循环寿命 cycle life

按规定使传感器满量程或规定的部分量程偏移而不改变其性能的最多循环次数。

08.158 工作寿命 operating life

传感器施加规定的连续和断续额定值而不改变其性能的最长时间。

08.159 储存寿命 storage life

传感器暴露于规定的储存条件下而不改变其性能的最长时间。

08.160 工作温度范围 operating temperature range

由极值给出的使传感器正常工作的环境温度范围。

08.161 周围条件 ambient condition

指传感器外壳周围介质的条件(例如压力、温度等)。

09. 仪器仪表元件

09.01 机械元件

09.01.01 支承件

09.001 机械元件 mechanical component

具有特定功能的零件或组件。

09.002 钟表齿轮 watch gear

轮齿的上齿面低于摆线型面的圆柱面，下齿面为径向平面的齿轮。

09.003 压力表机芯 core of pressure gauge

压力表专用的传动放大机构。它由轴齿轮、扇形齿轮、连杆、游丝以及包括上、下尖板和支柱构成的机架等组成。

09.004 仪表支承 instrument support

用来约束仪表中转动件的运动,使其绕规定的轴线旋转或偏转的元件,通常由转动部分和承导部分(即轴尖或轴颈和轴承)组成。

09.005 宝石轴承 jewel bearing
用金刚石、宝石等非金属硬质材料制成的滑动轴承。

09.006 通孔宝石轴承 hole jewel bearing
工作面为圆形通孔的宝石轴承。

09.007 槽形宝石轴承 recessed jewel bearing
工作面为内凹的圆锥槽或槽的宝石轴承。

09.008 锥形槽宝石轴承 conical jewel bearing
工作面底部为小内球面的内圆锥面的宝石轴承。

09.009 球面槽宝石轴承 spherical jewel bearing
工作面是内凹球面,或在内凹球面中心还有一半径较小的小内凹球面(即双球面)的宝石轴承。

09.010 端面宝石轴承 end stone jewel bearing
其工作面为平面或球面的宝石轴承。常与通孔宝石轴承组合使用。

09.011 仪表滚动轴承 instrument rolling bearing
仪表中使用的滚动轴承。内外圈、滚动体、内圈和保持架或仅有内、外圈之一和滚动体组成的轴承。

09.012 小型球轴承 small rolling ball bearing
外径大于28mm,小于55mm的球轴承。

09.013 微型球轴承 micro rolling ball bearing
外径小于26mm的球轴承。

09.01.02 示数元件

09.014 记录元件 recording device
可以记录被测量的元件。

09.015 打印元件 printing device
以一定的时间间隔,将被测量值打印到记录纸上的元件,属记录元件的一部分。

09.016 计数器 counter
通过传动机构驱动计数元件,指示被测量累计值的器件。

09.017 机械计数器 mechanical counter
以机械动作驱动计数元件进行计数的器件。

09.018 电磁计数器 electromagnetic counter
利用电脉冲通过电磁元件驱动计数元件进行计数的器件。

09.019 机械计时器 mechanical timer
通过机械机构驱动计时元件,指示被测量累计时段或时刻的器件。

09.020 指针 needle
能沿标尺刻度方向相对运动,指示被测量结果值的标记零件。

09.01.03 敏感元件

09.021 敏感元[器]件 sensing element
传感器中能直接感受(或响应)被测量的有源或无源元件。

09.022 力敏元件 force sensing element
其特征参数随所受外力或应力变化而明显改变的敏感元件。

09.023 [电阻]应变计 resistance strain gauge
能将被测试件的应变量转换成电阻变化量的

敏感元件。

09.024 **热敏元件** thermo-sensitive element
对温度敏感的特种电阻元件。通常用铝、钨、铼钨等金属细丝制成，也有的用半导体制成。

09.025 **热电偶** thermocouple
一端结合在一起的一对不同材料的导体，并应用其热电效应实现温度测量的敏感元件。

09.026 **金属热电偶** metallic thermocouple
热电极为金属或合金的热电偶。

09.027 **铠装热电偶** sheathed thermocouple
将热电偶丝和绝缘材料一起紧压在金属保护管中制成的热电偶。

09.028 **热电阻** thermal resistor
电阻值随温度变化的温度检测元件。

09.029 **热敏电阻** thermistor
由具有很高电阻温度系数的固体半导体材料构成的热敏类型的温度检测元件。

09.030 **热敏电阻器** thermistor
电阻值随其电阻体温度的变化而显著变化的热敏元件。

09.031 **光敏元件** photosensitive element
特征参数随外界光辐射的变化而明显改变的敏感元件。

09.032 **光敏电阻器** photoresistor
电阻值随入射光强弱变化而明显变化的光敏元件。

09.033 **光敏电位器** photo-potentiometer
调整入射光在光敏层上的位置，达到改变输出目的的电位器。

09.034 **光敏电池** photo cell
特征参数取决于外部或内部光电效应的光敏器件。

09.035 **磁敏元件** magneto sensitive element
特性参数随外界磁性量变化而明显变化的敏感元件。

09.036 **磁敏电阻器** magneto resistor
电阻值随磁感应强度而变化的磁敏元件。

09.037 **磁敏电位器** magneto potentiometer
利用磁阻效应制成的无触点式电位器。

09.038 **磁敏二极管** magneto diode
具有二极管结构，其输出随外界磁性量变化而变化的磁敏元件。

09.039 **磁敏晶体管** magneto transistor
具有晶体管结构，其输出电压随外界磁性变化而改变的磁敏元件。

09.040 **光电磁敏元件** photoelectro-magnetic element, PME
利用半导体的光电磁敏效应制成的检测红外线和热辐射的敏感元件。

09.041 **气敏元件** gas sensitive element
用半导体材料制成的对可燃气体敏感的元件。

09.042 **气敏电阻器** gas sensitive resistor
电阻值随外界气体种类和浓度变化而明显变化的气敏元件。

09.043 **湿敏元件** humidity sensing element
特性参数随环境湿度变化而明显变化的敏感元件。

09.044 **湿敏电阻器** humidity sensitive resistor
电阻值随环境湿度变化而明显变化的湿敏元件。

09.045 **湿敏电容器** humidity sensitive capacitor
电容量随环境湿度变化而明显变化的湿敏元件。

09.046 **离子敏元器件** ion sensing element

and device

特性参数随气体或液体中离子种类和浓度变化而明显变化的敏感元器件。

09.047 离子选择电极 ion selection electrode
电位与给定溶液中离子活度的对数呈线性关系的电化学式敏感元件。

09.048 射线敏感元件 radiation sensitive element
特性参数随外界放射线种类和剂量变化而明显变化的敏感元器件。

09.02 机电元件

09.02.01 连 接 器

09.049 机电元件 electromechanical component
利用机械的或电的方式使电路接通、分断、换接和控制等的元器件。

09.050 连接器 connector
使导体(线)与适当的配对元件连接,实现电路接通和断开的机电元件。

09.051 低频连接器 low frequency connector
工作频率低于3MHz的连接器。

09.052 高频连接器 high frequency connector
工作频率不低于3MHz的连接器。

09.053 圆形连接器 circular connector
基本结构为圆柱形并且具有近似圆形配合面的连接器。

09.054 矩形连接器 rectangular connector
基本结构为矩形并具有近似矩形配合面的连接器。

09.055 印制板连接器 printed board connector
配接于印制电路极引出端的条形连接器。通常分为单件和双件两类。

09.056 集成电路插座 integrated circuit socket
用于安装集成电路封装件的插座。常见的形式是双列直插式插座。

09.057 带状电缆连接器 flat-cable connector
配接带状(扁平)电缆的连接器。

09.058 光缆连接器 optical cable connector
装置在光缆末端使两根光缆实现光信号传输的连接器。

09.059 通用连接器 general connector
仪器仪表及电子设备中一般用途的连接器。

09.060 大功率连接器 high-power connector
传输数千瓦以上功率的连接器。

09.061 高电压连接器 high voltage connector
传输数千伏以上高压的连接器。

09.062 光纤连接器 optical fiber connector
装置在光纤末端使两根光纤实现光信号传输的连接器。

09.063 脉冲连接器 pulse connector
用于传输脉冲信号的连接器。

09.064 相调连接器 phase-adjustable connector
在电路中用以调节负载相位的连接器。

09.065 精密同轴连接器 precision coaxial connector
反射系数极小,电参数稳定的高频同轴连接器。

09.066 混装式连接器 connector with mixed contact

含有不同尺寸、不同形式、不同容量、不同频率和不同用途(信号、电源)的接触件的连接器。

09.067 气密连接器 hermetic connector
具有气密封性能的连接器。

09.068 抗辐射连接器 anti-radiation connector
可在辐射条件下正常工作的连接器。通常由聚酰亚胺、陶瓷等抗辐射材料制成。

09.069 高温连接器 high temperature connector
用特殊耐高温绝缘材料制成的,可在高温条件下正常工作的连接器。

09.070 低温连接器 cryogenic connector
可在 200K 以下正常工作的连接器。

09.071 机柜连接器 rack-and-panel connector
指使单元与其安装架之间互连的两个配对固定的连接器。

09.072 面板式连接器 panel connector
安装在面板或隔板上并靠法兰或紧固件固定的连接器。

09.073 穿墙式连接器 bulkhead connector
插座固定在面板(即墙)上并穿过面板的连接器。

09.074 直式连接器 straight connector
进线方向和插拔方向相一致的连接器。

09.075 弯式连接器 angle connector
进线方向和插拔方向成一定角度的连接器。

09.076 T 形连接器 T-type connector
一个同轴结构的端处分成三个方向,外形成"T"形的高频的连接器。

09.077 旋转式连接器 coaxial rotating joint
其插头和插座可绕公共轴转动,并能保证电路连接的连接器。

09.078 分离连接器 snatch-disconnect connector
在电缆上加一规定的力可使连接器分离的可在一定情况下自己脱落的连接器。

09.079 自动脱落连接器 umbilical connector
用于电缆与飞行器之间连接的连接器。

09.080 扁平软线连接器 flat flexible wire connector
配接于扁平软线或蚀刻电路与印制板之间的连接器。

09.081 零插拔力连接器 zero-insertion force connector
在插合和分离时,已消除接触件插入力和拔出力的连接器。

09.082 导电橡胶连接器 elastomer connector
由具有导电性能的橡胶材料制成的特殊连接器。

09.083 转接连接器 adaptor connector
两个或两个以上的连接器之间电的互连,当它们不能进行直接机械连接时而需要过渡的一种固定连接器或自由端连接器。

09.084 端线板 terminal block
在绝缘壳体或绝缘体上有许多接线端,以便于多芯导线之间互连的组装件。

09.085 直角连接器 right-angle connector
连接器的电缆引出端的轴线与插合面的轴线成直角的连接器。

09.086 对接连接器 butting connector
连接器中非插入式的对接接触件之间依靠轴向压力达到和维持连接的连接器。

09.087 旋接连接器 twist-on connector
借助于轴向力进行插合并依靠锁定装置的旋转进行锁定的连接器。

09.088 自由端连接器 free end connector

装接在导线或电缆自由端的连接器。

09.089 固定连接器 fixed connector
固定在安装板面上的连接器。

09.090 浮动安装连接器 float mounting connector
便于与配对连接器对准连接而具有活动安装件的固定连接器。

09.091 板装连接器 board mounted connector
固定安装在印制电路板中的连接器。

09.092 快速分离连接器 quick disconnect connector
具有使连接器以较快速度失去结合状态的分离装置的连接器。

09.093 推拉连接器 push-pull connector
具有推拉锁紧结构的连接器。

09.094 打开连接器 pull-off connector
具有打开连接器结构的连接器。

09.095 自锁紧连接器 self-locking connector
具有自锁紧结构的连接器。

09.096 拉线分离连接器 lanyard disconnect connector
通过锁紧装置上的拉线加规定的力使连接器快速分离的连接器。

09.097 无极性连接器 hermaphroditic connector
能与本身完全相同的连接器进行插合的连接器。

09.098 防斜插连接器 scoop-proof connector
具有防止斜插结构且不影响阳或阴接触件与其相配的连接器。

09.099 错列接触件连接器 staggered-contact connector
接线端、接触件或接触件与接线端之间成错开排列的连接器。

09.100 耐环境连接器 environment resistant connector
具有防潮、耐温和防污染措施的连接器。

09.101 潜水连接器 submersible connector
在规定的水中能防水浸入的连接器。

09.102 耐火连接器 fire-proof connector
在规定的时间内能耐受规定温度的火焰的连接器。

09.103 屏蔽连接器 shielded connector
具有防止电磁干扰辐射进入或防止泄漏能力的连接器。

09.104 接地连接器 earthed connector
在结构上与地成低电阻连接的连接器。

09.105 板间连接器 mother-daughter board connector
用于印制电路板之间互连的板装连接器。

09.106 兼容连接器 compatible connector
具有安装、配合互换性而且具有完全相同性能的连接器。

09.107 开关连接器 switching connector
在印制电路板中起换接和短接作用的连接器。

09.108 插座 socket
与插入式元器件(如插头、电子管、继电器等)相配接的连接器。

09.109 插头 plug
与插座相配接的连接器。

09.110 插塞 telephone plug
在一个共用杆上有两个或两个以上接触件组成的自由连接器。

09.111 插口 jack
与插塞相配接的连接器。

09.02.02 接　触　件

09.112 接触件 contact
元件中与对应的导电零件相配合以提供电气通路的导电零件。

09.113 开槽接触件 bifurcated contact
带有纵向槽的片状接触件，它的两个臂以同一方向施加接触力。

09.114 刀形接触件 blade contact
其配合部位为倒角，具有矩形截面的接触件。

09.115 同心接触件 concentric contact
供几个独立电路使用的可装在一个机械组件中的一组同轴接触件。

09.116 压接接触件 crimp contact
具有一个用于压接的导线筒的接触件。

09.117 浸焊接触件 dip-solder contact
具有一个浸焊端的接触件。

09.118 阴接触件 female contact
可接受阳接触件插入而在内表面形成电连接的接触件。

09.119 阳接触件 male contact
与阴接触件相配接，在外表面形成电连接的接触件。

09.120 滤波接触件 filter contact
带有滤波器，能滤掉某些频率的接触件。

09.121 主接触件 main contact
用于连接外部负载电路的特定接触件。

09.122 弹性接触件 resilient contact
具有弹性并对与其配合的零件施以接触压力的接触件。

09.123 瞬接接触件 snap-on contact
利用接触面的一个变形部分使其定位，并保持在确切的轴向位置上的一种推动式接触件。

09.124 锡焊接触件 solder contact
用来与导体锡焊连接的接触件。

09.125 音叉接触件 tuning fork contact
形状类似音叉的弹性接触件，它的两个触片向相反方向施加接触压力。

09.126 绕接接触件 wrap contact
用于绕接连接的接触件。

09.127 后松接触件 rear-release contact
从连接器后面松开的可拆卸接触件。

09.128 无极性接触件 hermaphroditic contact
能与本身相同的接触件配合的接触件。

09.129 推入式接触件 push-on contact
借助于轴向力达到连接而靠摩擦力限制分离的接触件。

09.130 桩柱接触件 stake contact
单独竖立安装在印制板上的接触件。

09.131 热电偶接触件 thermocouple contact
用热电偶材料制成并适于热电偶应用场合的接触件。

09.02.03 开　　关

09.132 波动开关 seesaw switch
按钮作波浪式或摇摆式动作的钮子开关。

09.133 按钮开关 push-button switch
利用按钮推动传动机构，使动触点与静触点

按通或断开并实现电路换接的开关。

09.134 键式开关 key switch

由几档单键开关组成的形同琴键的开关组。常见的有直键开关和键盘开关。

09.135 直键开关 unidirection push-button switch

按钮动作方向与传动方向一致的键式开关。

09.136 键盘开关 keyboard switch

由带有各种字符的按键开关单元组合而成的键开关。

09.137 双列直插式开关 dual-in-line package switch

直接装在印制板上,通过拨动机构实现电路换接的开关。

09.138 微动开关 sensitive switch

具有快速动作,微小间隙和在规定力作用下能通过规定行程之机构的开关。

09.139 滑动开关 slide switch

通过推动装有动触点的钮柄滑动,使动触片从一组静触片接到另一组静触片上实现电路换接的开关。

09.140 接近开关 proximity switch

一种用于工业自动化控制系统中以实现检测、控制并与输出环节全盘无触点化的新型开关元件。当开关接近某一物体时,即发出控制信号。

09.141 多单元开关 multi-cell switch

两个或两个以上基本单元构成的组装件,每个基本单元可以有单独的机械结构。

09.142 热延时开关 thermal time delay switch

由触点控制负载电路,按预定的时间间隔延迟触点动作的开关。

09.143 恒温开关 thermostatic switch

用温度的变化控制转换的一种开关。当开关中敏感元件的环境温度或开关安装板表面温度达到预定值时,触点自动地接通或分断负载电路。

09.144 光开关 optical switch

在光纤或波导光路中对光信号起通断作用的开关。

09.145 光电效应式开关 photoelectric effect type optical switch

利用光电效应制成的光开关。

09.146 旋码开关 rotary coded switch

固定在印制电路板上的带码制的旋转式开关。

09.147 键盘 keyboard

按有序排列组成的并带有功能电路的一组键体开关。

09.148 触点 contact point

开关中用于实现电路接通或分断的接触点。

09.149 驱动件 actuator

开关中承受外力的结构件。驱动件致使开关处于动作或不动作状态。

09.150 触片 wafer

一种旋转开关的部件。它由固定的圆片(定片)组成,能按预定的组合互连线端,在单根轴上可安装若干个触片并同时动作。

09.151 止端 end stop

开关中限制行程的装置。

09.03 仪表电机

09.152 仪表电机 instrument motor
仪器仪表及自动化装置配套用的特种微型电机。

09.153 伺服电动机 servomotor
转子或动子的机械运动受输入电信号控制作快速反应的电动机。

09.154 直流伺服电动机 direct current servomotor
用直流电信号控制的伺服电动机。

09.155 交流伺服电动机 alternating current servomotor
用交流电信号控制的伺服电动机。

09.156 两相伺服电动机 two-phase servomotor
定子有两相绕组的交流伺服电动机。

09.157 直线电动机 linear motor
作直线运动的电动机。

09.158 步进电动机 stepping motor
将电脉冲信号转换成相应的角位移或线位移的控制电动机。

09.159 小功率同步电动机 small-power synchronous motor
转子转速与电源频率保持恒定比例关系的交流小功率电动机。

09.160 永磁同步电动机 permanent magnet synchronous motor
采用永磁磁极转子的同步电动机。

09.161 磁滞同步电动机 hysteresis synchronous motor
由磁滞材料转子与定子旋转磁场作用产生的磁滞转矩运行的同步电动机。

09.162 力矩电动机 torque motor
无需齿轮减速就能直接驱动负载,可以连续工作在低速或堵转状态,以输出转矩为主要特征的伺服电动机。

09.163 低惯量电机 low-inertia motor
转子转动惯量较一般电机小的控制电机。

09.164 输出绕组 output winding
输出电信号的绕组。

09.165 控制绕组 control winding
接收电信号,控制电机运行的绕组。

09.166 励磁绕组 exciting winding
接入电源,产生励磁磁势的绕组。

09.167 电枢控制 armature control
改变电枢电压以控制直流伺服电动机运行的控制方式。

09.168 磁场控制 field control
改变激磁电压以控制直流伺服电动机运行的控制方式。

09.169 幅值控制 amplitude control
改变控制电压的幅值以控制伺服电动机运行的控制方式。

09.170 相位控制 phase control
改变控制电压的相位以控制伺服电动机运行的控制方式。

09.04 仪器光源

09.171 仪器光源 light source for instrument
仪器仪表用的光源。

09.172 光谱灯 spectral lamp
能辐射出某种元素特征谱线的放电灯。

09.173 氢灯 hydrogen lamp
充有高纯氢气,能辐射出氢特征谱线的冷阴极辉光放电灯。

09.174 氦灯 helium lamp
充有高纯氦气,能辐射出氦特征谱线的冷阴极辉光放电灯。

09.175 氪灯 krypton lamp
充有高纯氪气,能辐射出氪特征谱线的冷阴极辉光放电灯。

09.176 低压钠灯 low pressure sodium lamp
充有钠元素和惰性气体,能辐射出钠特征谱线的弧光放电灯。

09.177 钾灯 kalium lamp
充有钾元素和惰性气体,能辐射出钾特征谱线的弧光放电灯。

09.178 镉灯 cadmium lamp
充有镉元素和惰性气体,能辐射出镉特征谱线的弧光放电灯。

09.179 汞灯 amalgam vapour lamp
以汞作基本元素,并充有适量其他金属(如Cd、Zn)或其他化合物的弧光放电灯。

09.180 氘灯 deuterium lamp
充有高纯氘气,能辐射出160~400nm连续光谱的热阴极弧光放电灯。

09.181 低压汞灯 low pressure mercury lamp
充有汞和惰性气体,工作时灯内汞蒸气处于低压状态的气体放电灯。

09.182 中压汞灯 middle pressure mercury lamp
充有汞和惰性气体,工作时灯内汞蒸气处于中压状态的气体放电灯。

09.183 高压汞灯 high pressure mercury lamp
充有汞和惰性气体,工作时灯内汞蒸气处于高压状态的气体放电灯。

09.184 超高压汞灯 super-high pressure mercury lamp
充有汞和惰性气体,工作时灯内汞蒸气处于超高压状态的气体放电灯。

09.185 球形汞灯 spherical mercury lamp
充有汞和惰性气体的球形超高压汞灯。

09.186 毛细管汞灯 capillary mercury lamp
充有汞和惰性气体的毛细管形超高压汞灯。

09.187 白炽灯 incandescent lamp
电流流过发光体使之炽热发光的热辐射光源。

09.188 钨带灯 tungsten strip lamp
用钨带作发光体的白炽灯。

09.189 光通量标准灯 lumen standard lamp
用于保存和传递光通量标准的灯。

09.190 溴钨灯 tungsten bromine lamp
充有溴化物循环剂的一种卤钨灯。

09.191 氖指示灯 neon indicator
充有氖气,利用阴极辉光作信号指示的冷阴极放电灯。

09.192 球形氙灯 spherical xenon lamp

充有氙气，工作时灯内处于超高压的球形弧光放电灯。

09.193 脉冲氙灯 xenon flash lamp

充有氙气，以脉冲放电方式输出脉冲光的气体放电灯。

09.194 频闪灯 strobe lamp

充有特定气体，按一定频率发光的气体放电灯。

09.195 远紫外汞氙灯 far ultra-violet mercury xenon lamp

充有汞和氙气，能辐射出较强远紫外（190～250nm）光谱的弧光放电灯。

09.05 显示器件

09.196 显示器件 display device

把非可见信息转变成可见信息用以显示测量结果的电子器件。

09.197 电子束显示器件 electron beam display device

利用强度可控的电子束在荧光屏上聚焦、扫描而产生图像或符号的一种显示器。

09.198 存储管 storage tube

在规定时刻引入信息，而在以后阅读或再现的一种阴极射线管。

09.199 显示管 display tube

用于再现高分辨率图像的一种阴极射线管。

09.200 投影管 projection tube

配以光学系统来产生投影图像的一种阴极射线管。

09.201 扁平式阴极射线管 flat type cathode-ray tube, flat type CRT

管长远小于屏面尺寸的阴极射线管。

09.202 电子束发光管 electron beam luminotron

用发射电子束使荧光屏产生单色光的一种阴极射线管。

09.203 平面彩色发光管 plane color luminotron

利用平面栅极对阴极发射电子进行静电控制的原理，使玻璃平面上作为阳极的三基色荧光屏获得调制色彩的一种扁平形空间电荷控制三极管。

09.204 发光二极管 light emitting diode, LED

在半导体 p-n 结或与其类似结构上通以正向电流时，能发射可见或非可见辐射的半导体发光器件。

09.205 半导体［发光］数码管 semiconductor ［luminescent］ character display tube

能显示数码和（或）符号的发光二极管组合体。

09.206 发光二极管矩阵 dot matrix LED

由许多发光二极管组成的可以灵活显示数字、符号和图形的点阵。

09.207 液晶显示屏 liquid crystal display panel, LCD panel

利用液晶的电光效应调制外界光线进行显示的器件。

09.208 ［真空］荧光显示器件 vacuum fluorescent display device

利用某些荧光粉在低速电子激发下发光的原理制成的发光显示器件。

09.209 荧光数码管 fluorescent character display tube

利用荧光显示原理，（以分段式）显示数字和（或）符号的显示器件。

09.210 电致发光显示屏 electroluminescent display panel

利用电致发光材料制成的固体平板显示屏。

09.211 等离子体显示屏 plasma display panel

利用气体放电发光，或利用放电紫外辐射激发荧光粉发光的显示器件。

09.212 白炽[灯]显示器件 incandescent lamp display device

利用加热钨丝的白炽光辐射进行显示的器件。

09.213 灯丝显示器件 filament display device

用细钨丝构成"日"字形或"未"字形的显示器件。

09.214 电泳显示器件 electrophoretic display device，EDD

将色素微粒混入适当液体制成悬浮液，置于两平行板电极（其中至少有一个为透明电极）之间，在电场作用下用微粒的泳动来实现显示，这种显示器件可显示数码和字符等。

09.215 转球显示器件 rotating ball display device

利用涂有不同颜色的磁性球和静电球产生旋转而显示的器件。

09.06 弹 性 元 件

09.06.01 弹 簧

09.216 弹性元件 elastic element

利用材料本身的弹性性能及其结构特性来完成一定功能的元件。

09.217 平弹簧 flat spring

以直线为母线的不封闭曲面或平面形成的片、杆类弹性的元件。

09.218 异形螺旋弹簧 special helical spring

外形呈双曲螺线或悬链螺线等特种形状的螺旋弹簧。

09.219 游丝 hair spring

按等距螺线形成的扁平截面平弹簧。

09.220 张丝 tension spring

两端固定表面为平面的扁平截面平弹簧。

09.221 吊丝 suspension spring

一端固定截面为扁平或圆形的弹性元件。

09.222 发条 winding mechanism

按阿基米德螺线或等间距螺线形成的平弹簧。

09.06.02 膜 片

09.223 膜片 diaphragm

具有某种型面的薄膜或薄板。

09.224 平膜片 flat diaphragm

表面平坦无波纹的膜片。

09.225 波纹膜片 convolution diaphragm

型面为同心环形波纹的膜片。

09.226 星形膜片 star diaphragm

表面具有放射形波纹的膜片。

09.227 金属膜片 metal diaphragm

用金属材料制造的膜片。

09.228　石英膜片　quartz diaphragm
用熔凝石英材料制造的膜片。

09.229　橡胶膜片　elastomer diaphragm
用橡胶或橡胶与有机夹层材料制造的膜片。

09.230　涤纶膜片　polyester fiber diaphragm
用涤纶材料制造的膜片。

09.231　隔离膜片　isolation diaphragm
起隔离介质作用的膜片。

09.232　跳跃膜片　hopping diaphragm
加载或卸载到一定程度时能发生位移突变的膜片。

09.233　轴封膜片　shaft-seal diaphragm
具有隔离、密封和支承作用的膜片。

09.234　膜盒　diaphragm capsule
将两个膜片的外缘直接焊接或膜片外缘与机体焊接而构成的盒。

09.235　真空膜盒　vacuum diaphragm capsule
内腔呈真空状态或微量空气状态的膜盒。

09.236　压力膜盒　pressure diaphragm capsule
用于表压力测量的膜盒。

09.237　差压膜盒　differential diaphragm capsule
用于差压测量的膜盒。

09.06.03　波　纹　管

09.238　波纹管　bellows
具有多个横向波纹的圆柱形薄壁折皱壳体。

09.239　液压波纹管　hydraulic-formed bellows
采用液压成形方法制成的波纹管。

09.240　焊接波纹管　welded bellows
将具有某种型面的金属膜片内外缘分别焊接起来而制成的波纹管。

09.241　沉积波纹管　electro-formed bellows
利用电化学方法或化学方法将金属沉积在特制模型上，最后将模型去掉而得到的波纹管。

09.242　单层波纹管　single-ply bellows
由单层金属材料制成的波纹管。

09.243　多层波纹管　multi-ply bellows
由多层金属材料制成的波纹管。

09.244　长波纹管　lengthy bellows
有效长度与外径之比大于 1.5 的波纹管。

09.245　深波纹管　deep bellows
外径与内径之比大于 1.6 的无缝波纹管。

09.246　螺旋波纹管　helical bellows
波纹按圆柱螺旋形分布的波纹管。

09.247　波纹管外径　outside diameter of bellows
波纹管最外边缘的直径。

09.248　波纹管内径　inside diameter of bellows
波纹管最内边缘的直径。

09.249　波纹圆弧半径　arc radius of convolution
波纹圆弧部分中性层半径。

09.250　波深　depth of convolution
波纹中性层的外径与内径差值之半。

09.251　波距　pitch of convolution
两相邻波纹顶点之间径向距离。

09.252　波数　number of convolution
波纹数目。

09.06.04 弹　簧　管

09.253　弹簧管　bourdon tube
管体呈圆弧形、螺旋形或麻花形且截面为特定形状的中空管。

09.254　C 型弹簧管　C-type elastic tube
中心角介于 180° ~270°之间的圆弧形弹簧管。

09.255　螺旋弹簧管　helical elastic tube
管体圆弧在空间呈圆柱螺旋形或锥体螺旋形的弹簧管。

09.256　盘簧管　convolute elastic tube
外形呈平面螺旋形的弹簧管。

09.257　麻花弹簧管　twisted elastic tube
管体呈麻花状且截面为扁平形的中空管。

09.258　石英弹簧管　quartz elastic tube
用熔凝石英材料制成的弹簧管。

10.　仪器仪表材料

10.01　一 般 名 词

10.001　[仪器]仪表材料　instrument material
用于制造仪器仪表的对电、磁、光、热、力、化学等参量具有信息的获得、转换、传输、显示、存储等作用的功能材料和特种结构材料。

10.002　精密合金　precise alloy
精密合金是含有多种元素的合金，它要求严格的化学成分范围，特殊的熔炼工艺和热处理工艺，具有一定的物理性能和物理机械性能。

10.02　测 温 材 料

10.003　热电偶丝　thermocouple wire
构成热电偶两热电极的金属丝或合金丝。

10.004　镍铬－镍硅热电偶丝　nickel-chromium/nickel-silicon thermocouple wire
又称"K 型热电偶丝"。名义成分质量比为 Ni－10% Cr 的二元合金丝与 Ni－3% Si 的合金丝组成的热电偶丝。

10.005　镍铬－铜镍热电偶丝　nickel-chromium/copper-nickel thermocouple wire
又称"E 型热电偶丝"。名义成分质量比为 Ni－10% Cr 的合金丝与 Cu－(40 ~60)% Ni 的合金丝组成的热电偶丝。

10.006　铁－铜镍热电偶丝　iron/copper-nickel thermocouple wire
又称"J 型热电偶丝"。名义成分质量为 Cu－(40 ~60)% Ni 的二元合金丝与纯铁丝组成的热电偶丝。

10.007　铜－铜镍热电偶丝　copper/copper-nickel thermocouple wire
又称"T 型热电偶丝"。一个热电极为纯铜，另一个热电极为 Cu－(40 ~60)% Ni 的合金丝组成的热电偶丝。

10.008　镍铬硅－镍硅热电偶丝　nickel-chromium-silicon/nickel-silicon thermocouple wire

又称“N 型热电偶丝”。名义成分质量比为 Ni－4.2% Cr－1.4% Si 合金丝与 Ni－4.4% Si 合金丝组成的热电偶丝。

10.009 铜－金铁热电偶丝 copper/gold-iron low temperature thermocouple wire

由纯铜丝与 Au－0.07% Fe 的二元合金丝组成的低温用热电偶丝。

10.010 镍铬－金铁热电偶丝 nickel-chromium/gold-iron low temperature thermocouple wire

由名义成分 Ni－10% Cr 的合金丝与 Au－0.07% Fe 的二元合金丝组成的低温热电偶丝。

10.011 补偿导线 compensating wire

在包括常温在内的适当温度范围内的热电特性与所配合使用的热电偶的热电特性相同的一对绝缘导线。

10.012 金属套管材料 metal sheath material

用以保护热电偶丝使其不与被测物和周围气氛等直接接触的金属管。

10.013 绝缘物 insulating material

用来防止热电极之间和热电极与保护管之间短路的材料。

10.014 保护管 protective tube

用来保护热电极组件免受环境有害影响的管状物。

10.015 铂热电阻 platinum resistance thermometer

以铂作感温材料的感温元件，并由内引线和保护管组成的一种温度检测器，通常还带有与外部测量、控制装置及机械装置连接的部件。

10.016 热电动势 thermal electromotive force

在零电流条件下，热电偶产生的静电动势。

10.017 热电动势率 thermoelectric power

在给定温度时，热电动势随温度的变化率。

10.018 热响应时间 thermal response time

在温度出现阶跃变化时，热电偶或热电阻的输出变化至相当于该阶跃变化的某个规定百分数所需的时间，通常以 τ 表示。

10.019 极限温度 limiting temperature

热电偶或热电阻的最高适用温度和最低适用温度。也分别称为上限温度和下限温度。

10.03 电 阻 材 料

10.020 电阻合金 electric resistance alloy

以电阻特性为主要技术特征的合金，主要包括精密电阻合金，应变电阻合金，电热合金，热敏电阻合金，磁敏电阻合金，压敏电阻合金等。

10.021 精密电阻合金 precision electrical resistance alloy

电阻温度系数和对铜热电动势较小，电阻率稳定性优良的，用于制造精密电阻器件的合金。

10.022 应变电阻合金 strain electrical resistance alloy

电阻应变灵敏系数大，电阻温度系数小的电阻合金。

10.023 热敏电阻合金 thermistor resistance alloy

电阻温度系数大且线性和稳定性优良的电阻合金。

10.024 磁敏电阻合金 magnetoresistor alloy

合金电阻值随外加磁场变化，可以进行磁电

变换的合金。

10.025 压敏电阻合金 pressure sensing resistor alloy

电阻值随所加电压大小急剧变化的合金。

10.026 镍铬电阻合金 chromel resistance alloy

合金牌号为6J20或NiCr20的一种高电阻合金。

10.027 镍铬铁电阻合金 nickel-chromium-iron resistance alloy

合金牌号为15或NiCr15的一种高电阻合金。

10.028 镍铬铝铁电阻合金 karma resistance alloy

合金牌号为6J22或NiCr20AlFe的一种精密电阻合金。

10.029 镍铬铝铜电阻合金 evanohm resistance alloy

合金牌号为6J23或NiCr20AlCu的一种精密电阻合金。

10.030 锰铜电阻合金 manganin resistance alloy

合金牌号为6J12或CuMn12Ni的一种精密电阻合金。

10.031 康铜电阻合金 konstantan resistance alloy

合金牌号为6J40或CuNi40的电阻合金。

10.032 新康铜电阻合金 Novokanstant resistance alloy

合金牌号为6J11或CuMn11AlFe的电阻合金。其性能与康铜相近,不含镍,可替代康铜的一种电阻合金。

10.033 电热合金 electrical thermal alloy

用于制造电发热体的电阻合金。具有电阻率大、耐热疲劳,抗氧化和高温形状稳定性好等特点。

10.034 单位长度电阻 resistance per unit length

导体在基准温度时单位长度的电阻。

10.035 每米电阻值 resistance per meter

导体在基准温度时一米长度的电阻值。

10.036 体积电阻率 volume resistivity

单位长度、单位截面积的导体的电阻。

10.037 质量电阻率 mass resistivity

单位长度与单位质量的导体的电阻。

10.038 电阻值均匀性 homogeneity of electrical resistance

同一种合金丝任意两段单位长度的电阻差与单位长度电阻平均值之比。

10.039 平均电阻温度系数 mean temperature coefficient of resistance

两个规定温度间电阻值的相对变化与产生此变化的温度差之比,即为该温度区间的平均电阻温度系数。

10.040 片电阻 sheet resistance

在薄片电阻中,平行于电流方向的电压梯度对电流密度与片厚度乘积之比率。

10.04 磁性材料

10.041 硬磁铁氧体 hard magnetic ferrite

矫顽力很高的铁氧体。常用的有钡铁氧体和锶铁氧体。

10.042 磁记录介质 magnetic recording medium

矫顽力在25~125A/m的饱和磁化强度高、

矩形比高、磁滞回线陡直和磁性温度系数小的用以记录和存储信息的载体。

10.043　**软磁材料**　soft magnetic material
矫顽力相当小，磁导率相当高的磁性材料。

10.044　**耐蚀软磁合金**　anticorrosion soft magnetic alloy
主要成分为 FeNi36、FeCr16 或 FeCr17NiTi 的软磁合金。常用牌号是 IJ36。

10.045　**高磁导率合金**　high permeability alloy
磁导率比铁高的合金，常用的有铁硅铝合金和镍铁铌合金。

10.046　**恒磁导率合金**　constant permeability alloy
在一定宽度的磁场、一定温度和频率范围内磁导率基本不变的软磁合金。

10.047　**高导磁铁镍合金**　hipernik
含 Ni 40% ~50%，余量为铁的合金，它具有高的磁导率。

10.048　**电工硅钢**　electrical steel
含碳很低、含硅 1% ~5% 的铁基合金，具有非常小的磁滞损耗。

10.049　**磁头材料**　magnetic recording-head material
具有矫顽力低、磁导率高、饱和磁化强度高、损耗小、硬度高和剩余磁化强度小的用以将输入信息记录、存储在记录载体中，或将存储在记录载体中的信息输出的软磁材料。

10.050　**永磁材料**　permanent magnetic material
矫顽力相当大、磁能积相当高的磁性材料。

10.051　**永磁合金**　permanent magnetic alloy
适合于制造永磁体用的硬磁性合金。

10.052　**永磁铁**　permanent magnet
不需要电流来保持其磁场的磁铁。

10.053　**半永磁材料**　semi-hard magnetic material
矫顽力介于永磁和软磁之间的磁性材料。

10.054　**超晶格磁性材料**　super-lattice magnetic material
由两种以上不同性质的原子的两套以上晶格互相交织在一起而形成的软磁或永磁材料。

10.055　**粉末烧结磁性材料**　powder sintered magnetic material
将所需各元素的粉末，均匀混合压型后通过烧结工艺而制成的磁性材料。

10.056　**粉末黏接磁体**　powder bonded magnet
将永磁材料的微粉(粒)与树脂或橡胶等有机物均匀混合后固化成型所制成的永磁体。

10.057　**磁致伸缩材料**　magnetostrictive material
具有显著磁致伸缩效应的、可将电能转换为机械能或将机械能转换为电能的金属、合金以及铁氧体等磁性材料。

10.058　**磁滞材料**　hysteresis material
依靠磁滞能[量]推动的用以制做磁滞电机转子的半永磁材料。

10.059　**非晶态磁性合金**　amorphous magnetic alloy
原子的排列不是晶体的长程有序，而是短程有序的磁性合金。

10.060　**磁性薄膜**　magnetic thin-film
用蒸发沉积或其他技术(如溅射)制备，厚度在 10 ~ 10^4 Å 的磁性物质的薄层。

10.061　**剩余磁通密度**　remanent flux density
磁性材料中当外加磁场强度(包括自退磁场强度)为零时的磁通密度。

10.062 **饱和磁通密度** saturation flux density
磁性材料磁化到饱和时的磁通密度。

10.063 **磁各向异性** magnetic anisotropy
物体中相对于一个给定参考系的各不同方向上,物体具有不同磁性的现象。

10.064 **居里温度** Curie temperature
指铁磁性或亚铁磁性与顺磁性之间的转变温度,当低于此温度时材料呈铁磁性或亚铁磁性,而高于此温度时呈顺磁性。

10.065 **磁致伸缩** magnetostriction
指磁性材料或磁性物体由于磁化状态的改变引起的弹性形变现象。

10.066 **磁化强度** magnetization
是一个与所取材料体积相关的矢量,其值等于材料体积内的总磁矩与相应体积之比。

10.067 **磁化曲线** magnetization curve
表示某种铁磁物质的磁感应强度随磁场强度变化的曲线。

10.068 **磁滞** magnetic hysteresis
磁通密度(磁化强度)随磁场强度变化时,当磁场强度回复磁通密度不回复的现象。

10.069 **剩磁** remanence
铁磁质经磁化后,在外磁场消失的情况下仍保存的磁感应强度。

10.070 **矫顽力** coercivity
磁体保持永磁的能力。用材料磁饱和的磁感应强度降到零时所需的反向磁场强度来度量。

10.071 **磁畴** domain
磁性材料内自发磁化区域,在该区域内自发磁化强度在大小与方向上基本是均匀的。

10.072 **磁能积** magnetic energy product
在永磁体的退磁曲线的任意点上磁通密度(B)与对应的磁场强度(H)的乘积。它是表征永磁材料单位体积对外产生的磁场中总储存能量的一个参数。

10.073 **回复线** recoil line
永磁体在回复状态时,实际上往复的局部磁滞回线或其一部分。

10.074 **最大磁导率** maximum permeability
对应基本磁化曲线上各点磁导率的最大值。

10.075 **起始磁导率** initial permeability
磁中性化的磁性材料,当磁场强度趋近于零时磁导率的极限值。

10.05 半导体材料

10.076 **半导体** semiconductor
材料的电阻率界于金属与绝缘材料之间的材料。这种材料在某个温度范围内随温度升高而增加电荷载流子的浓度,电阻率下降。

10.077 **化合物半导体** compound semiconductor
具有半导体特性的化合物,它由两种或两种以上的元素组成。

10.078 **非本征半导体** extrinsic semiconductor
电荷载流子浓度取决于杂质或其他缺陷的半导体。

10.079 **N型半导体** N-type semiconductor
导电的电子密度超过流动的空穴密度的非本征半导体。

10.080 **P型半导体** P-type semiconductor
流动的空穴密度超过导电的电子密度的非本征半导体。

10.081 磁阻效应 magnetoresistive effect

由于磁场而引起的半导体或导体电阻的变化。

10.082 电荷载流子 charge carrier

在半导体中移动(自由)导电的电子或移动的空穴。

10.083 迁移率 mobility

在单位电场强度作用下,载流子获得的漂移速度,称为载流子的迁移率。

10.06 弹性材料

10.084 高弹性合金 high elastic alloy

具有高的弹性模量和弹性极限、低弹性后效的合金。

10.085 锡青铜 tin-bronze

作为弹性合金指含 Sn≤6.5% 的铜锡合金,通常尚含 P、Zn 等合金元素,如还含 P 则称为磷锡青铜,具有高弹性极限、弹性模量、良好的耐磨与耐蚀性能,适用于制造各种弹性元件。

10.086 锌白铜 zinc-copper-nickel alloy

含 Zn20% ~27%、Ni12% ~18% 的铜锌镍三元合金,具有高的化学稳定性和良好的冷热加工性能,可用于制造各种弹性元件。

10.087 铍青铜 beryllium bronze

含 Be≤2.5% 的铜铍二元合金,除具有高的强度、弹性、硬度、耐磨性和耐疲劳性外,还有优良的导电性、导热性、耐蚀性、无磁、冲击时不产生火花,并有优良的工艺性能。广泛用于制造膜片、膜盒、弹簧管、弹簧等各种弹性元件。

10.088 恒弹性合金 constant elasticity alloy

在一定温度范围内,弹性模量几乎不随温度变化的合金,用于制造弹性元件、标准频率发生元件等。

10.089 耐腐蚀弹性合金 corrosion resistant elastic alloy

在一种或多种腐蚀性介质中具有高的化学稳定性的弹性合金,用于制造耐腐蚀弹性元件。

10.090 弹簧钢 spring steel

含碳量为 0.60% ~0.95% 的碳钢,是经冷变形强化的一种较好的弹簧钢丝,用于制作各种弹簧。

10.091 琴钢丝 piano wire

含碳量为 0.60% ~0.95% 的一类冷变形高级弹簧钢丝,用于制造各种重要弹簧。

10.092 马氏体沉淀硬化不锈钢 martensitic precipitation-hardening steel

又称"马氏体 PH 钢"。通过在马氏体基体内析出大量与基体保持共格关系的第二相,以提高强度的第一类不锈钢。

10.093 马氏体时效钢 maraging steel

依靠马氏体强化和经时效在马氏体内析出金属间化合物的第二相强化而获得超高强度的钢。

10.07 封接及膨胀材料

10.094 低膨胀合金 low expansion alloy

在常温或极低温度范围内,具有很低热膨胀

10.095 定膨胀合金 constant expansion alloy

在某一温度范围内具有一定热膨胀系数的

10.096　封接合金　sealing alloy

在电子器件制造中,用以保证金属与玻璃或陶瓷封接良好的合金。

10.097　玻封合金　glass sealing alloy

气膨胀系数与被封玻璃的膨胀系数极为接近的合金。

10.098　因瓦效应　invarable effect

材料在一定温度范围内所产生的膨胀系数值低于正常规律膨胀系数值的现象。

10.099　线热膨胀力　linear thermal expansive force

物体在温度变化时,因其沿长度方向变化受到约束时对约束物体施加的力。

10.100　线热膨胀率　linear thermal expansion ratio

物体因温度变化而产生的单位长度的变化。

英　汉　索　引

A

Abbe comparator　阿贝比长仪　04.266
Abbe refractometer　阿贝折射仪　04.321
Abbe test plate　阿贝试验板　04.199
Abbe theory of image formation　阿贝成像原理　04.147
aberration　像差　04.047
absolute calibration　绝对法校准　02.263
absolute error　绝对误差　01.026
absolute pressure gauge　绝对压力表　02.077
absolute pressure transducer　绝压传感器　08.035
absolute vacuum gauge　绝对真空计　07.504
absorbed electron image　吸收电子像　04.354
absorption measuring method　吸收测量法　07.483
absorption spectrum instrument　吸收光谱仪器　04.308
absorption X-ray spectrum　吸收 X 射线谱法　05.351
absorptivity　吸收率　04.088
AC balance indicator　交流平衡指示器　03.167
AC bridge　交流电桥　03.151
acceleration transducer　加速度传感器　08.044
accessible emission limit　可接受的发射极限　04.614
accessible radiation　可接受的辐射　04.613
access panel　观察板　04.636
accuracy　准确度　01.055
AC current calibrator　交流电流校准器　03.174
acetylene pressure gauge　乙炔压力表　02.088
acoustic emission　声发射　06.242
acoustic emission amplitude　声发射振幅　06.257
acoustic emission analysis system　声发射分析系统　06.261
acoustic emission count　声发射计数　06.255
acoustic emission count rate　声发射计数率　06.256
acoustic emission detector　声发射检测仪　06.260
acoustic emission energy　声发射能量　06.259
acoustic emission event　声发射事件　06.245
acoustic emission preamplifier　声发射前置放大器　06.265
acoustic emission pulser　声发射脉冲发生器　06.270
acoustic emission signal　声发射信号　06.246
acoustic emission signal processor　声发射信号处理器　06.266
acoustic emission source　声发射源　06.243
acoustic emission spectrum　声发射频谱　06.258
acoustic emission technique　声发射技术　06.244
acoustic emission transducer　声发射换能器　06.262
acoustic hologram　声全息图　06.236
acoustic holography by electron-beam scanning　电子束扫描声全息　06.239
acoustic holography by laser scanning　激光束扫描声全息[术]　06.240
acoustic holography by mechanical scanning　机械扫描声全息[术]　06.238
acoustic imaging by Bragg diffraction　布拉格衍射声成像　06.241
acoustic impedance　声阻抗　06.197
acoustic impedance method　声阻[抗]法　06.212
acoustic [quantity] transducer　声[学量]传感器　08.087
acoustic thermometer　声学温度计　02.057
acoustooptic effect　声光效应　04.500
acoustooptic modulator　声光调制器　04.523
acoustooptic Q-switch　声光 Q 开关　04.508
AC potentiometer　交流电位差计　03.142
active fiber　激活光纤　04.576
active medium　激活媒质，*激活介质　04.429
active transducer　有源传感器　08.021
actual capacity　实际容量　07.344
actual mass value of a weight　砝码实际质量值　07.009

actual material calibration 实物校准 02.259
actuator 执行机构 02.280, 驱动件 09.149
actuator load 执行机构载荷 02.270
actuator shaft torque 执行机构输出转矩，*输出轴转矩 02.272
actuator stem force 执行机构输出力，*执行机构推力 02.271
actuator travel characteristic 执行机构行程特性 02.269
AC voltage calibrator 交流电压校准器 03.173
adaptive control [自]适应控制 02.321
adaptor connector 转接连接器 09.083
adiabatic calorimeter 绝热式热量计 05.155
A-display A型显示 06.202
adsorption chromatography 吸附色谱法 05.311
aerial camera 航空摄影机 04.392
aerodynamics balance 空气动力学天平 07.049
afocal optical system 远焦光学系统 04.019
aging test chamber 老化试验箱 07.136
agricultural analyzer 农用分析仪 05.430
air filter 空气过滤器 07.153
air-look device 锁气装置 04.378
air pressure balance 空气压力天平 07.048
air pressure deviation 气压偏差 07.110
air-tight instrument 气密式仪器仪表 01.074
Alexandrite laser 金绿宝石激光器 04.446
alignment telescope 准直望远镜 04.283
alternating current polarograph 交流极谱仪 05.044
alternating current servomotor 交流伺服电动机 09.155
amalgam vapour lamp 汞灯 09.179
ambient condition 周围条件 08.161
ambient noise 环境噪声 07.313
ambiguity error 模糊误差 03.130
ammeter 电流表 03.017
ammonia pressure gauge 氨压力表 02.086
amorphous magnetic alloy 非晶态磁性合金 10.059
ampere-hour meter 安时计 03.034
amplitude control 幅值控制 09.169
amplitude detector module 振幅检测组件 06.267
analog division value 模拟分度值 07.004
analog error 模拟误差 07.007
analog transducer 模拟传感器 08.023
analogue measuring instrument 模拟式测量仪器仪表 01.058
analogue signal 模拟信号 01.013
analogue-to-digital conversion, ADC 模/数转换 03.111
analytical balance 分析天平 07.033
analytical centrifugation 分析离心法 07.405
analytical instrument 分析仪器 05.006
analytical rotor 分析转头 07.379
analytical ultracentrifuge 分析超速离心机 07.367
analyzer for physical property 物性分析仪器 05.013
analyzer tube 分析管 05.238
anamorphotic optical system 变形光学系统 04.015
anastigmator 消像散器 04.377
anechoic room 消声室 07.283
angle connector 弯式连接器 09.075
angle probe 斜探头 06.226
angle resolved electron spectroscopy 角分辨电子谱法 05.340
angle transducer 角度传感器 08.056
angular acceleration transducer 角加速度传感器 08.045
angular displacement electric actuator 角行程电动执行机构 02.292
angular displacement grating 角位移光栅 04.063
angular displacement pneumatic actuator 角行程气动执行机构 02.288
angular encoder 角编码器 04.064
angular frequency 角频率 06.075
angular velocity transducer 角速度传感器 08.042
anticorrosion soft magnetic alloy 耐蚀软磁合金 10.044
anti-radiation connector 抗辐射连接器 09.068
aperture 窗孔 04.610
aperture stop 孔径光阑 04.630
aperture time 空隙时间 05.250
apparent visual angle 表观视角 04.618
appearance potential spectrometer 出现电势谱仪 05.361
appearance potential spectroscopy 出现电势谱法 05.341
arc radius of convolution 波纹圆弧半径 09.249

argon ion laser　氩离子激光器　04.467
armature control　电枢控制　09.167
arm error　不等臂误差　07.001
array　阵　06.248
artificial bioclimatic test chamber　生物人工气候试验箱　07.141
artificial light source　人工光源　07.170
aspherical mirror　非球面镜　04.051
assembled machine balancing　整机平衡　06.304
astatical measuring instrument　无定向测量仪表　03.063
astronomical theodolite　天文经纬仪　04.228
atomic absorption spectrometry　原子吸收光谱法　05.068
atomic-absorption spectrophotometer　原子吸收分光光度计　04.313
atomic fluorescence spectrometry　原子荧光光谱法　05.069
atomic [gas] laser　原子[气体]激光器　04.452
attachment optical system　附加光学系统　04.017
attitude error　姿态误差　08.153
attitude transducer　姿态传感器　08.053
audible sound　可听声　07.285
audio-frequency spectrometer　声频频谱仪　07.255
audio monitor　监听器　06.269
Auger electron image　俄歇电子像　04.351
Auger electron spectrometer　俄歇电子能谱仪　05.356
Auger electron spectroscopy　俄歇电子能谱法　05.337
auto-balance　自动天平　07.022
autocollimation method　自准直法　04.084
autocollimator　自准直仪　04.280
automatic balancing line　平衡自动线　06.322
automatic balancing machine　自动平衡机　06.316
automatic control　自动控制　02.306
automatic control system　自动控制系统　02.352
automatic eddy current flaw detector　自动式涡流探伤仪　06.191
automatic exposure device　自动曝光装置　04.195
automatic testing machine　自动试验机　06.010
automatic titrator　自动滴定仪　05.040
average centrifugal radius　平均离心半径　07.339
average output power of pulse　脉冲平均输出功率　04.567
axial clearance　轴向间隙　06.065
axle of rotation　摆轴　06.053

B

back flushing　反吹　05.281
background current　基流　05.278
backscatter electron image　背散射电子像　04.353
balance　天平　07.021
balance output　对称输出　07.214
balancing bridge　平衡电桥　07.231
balancing machine　平衡机　06.305
balling-up rate meter　球化分选仪　07.472
ballistic galvanometer　冲击检流计　03.076
band broadening　谱带扩张　05.280
band sound power level　频带声功率级　07.308
band sound pressure level　频带声压级　07.311
bar primary bushing type current transformer　棒形套管式电流互感器　03.186
bar primary current transformer　棒式电流互感器　03.185
barrier filter　抑止滤光片　04.170
base length　基线长[度]　04.097
batch zonal rotor　分批性区带转头　07.376
B-display　B 型显示　06.203
beam　横梁　07.050
beam balance　杠杆式天平　07.024
beam splitter　分束镜　04.057
bearing　刀承　07.052
Becke line　贝克线　04.148
Beckman thermometer　贝克曼温度计　02.065
bell　钟罩　02.154
bell manometer　钟罩压力计　02.104
bellows　波纹管　09.238
bellows pressure gauge　波纹管压力表　02.083
bending property tester　弯曲性能试验仪　07.443
beryllium bronze　铍青铜　10.087

bifurcated contact 开槽接触件 09.113
bimetallic strip vacuum gauge 双金属片真空计 07.517
bimetallic thermometer 双金属温度计 02.043
binary elastic scattering peak 双弹性散射峰 05.329
binocular microscope 双目显微镜 04.201
biochemical oxygen demand microbial transducer 微生物BOD传感器 08.122
biological microscope 生物显微镜 04.202
biological quantity transducer 生物量传感器 08.004
biomedical analyzer 生物医学分析仪 05.429
biosensor 生物传感器 08.030
bireflectance 双反射率 04.101
birefringence 双折射率 04.102
birefringence meter 双折射检查仪 04.323
blackbody 黑体 02.020
blackbody chamber 黑体腔 02.026
blackbody furnace 黑体炉 02.025
black light filter 黑光滤光片 06.119
black light lamp 黑光灯 06.118
blade contact 刀形接触件 09.114
blank test 空白试验 05.088
blast amount meter 风量计 07.477
blast amount tester of cupola 冲天炉风量定值仪 07.478
blast quantity and blast pressure tester of cupola 冲天炉风量风压测试仪 07.469
blazed grating 闪耀光栅 04.183
block 黏[胶]模 04.122
blood calcium ion transducer 血钙传感器 08.132
blood carbon dioxide transducer 血液二氧化碳传感器 08.127
blood chlorine ion transducer 血氯传感器 08.131
blood electrolyte transducer 血液电解质传感器 08.128
blood flow transducer 血流传感器 08.142
blood gas transducer 血气传感器 08.124
blood-group immune transducer 免疫血型传感器 08.121
blood oxygen transducer 血氧传感器 08.126
blood pH transducer 血液pH传感器 08.125
blood potassium ion transducer 血钾传感器 08.129
blood-pressure transducer 血压传感器 08.133
blood sodium ion transducer 血钠传感器 08.130
blood-volume transducer 血容量传感器 08.145
blower device 鼓风装置 07.157
board mounted connector 板装连接器 09.091
body temperature transducer 体温传感器 08.141
bolometer 热辐射计 02.063
bore interferometer 孔径干涉仪 04.290
bore measuring instrument 孔径测量仪器 04.289
bourdon tube 弹簧管 09.253
Bourdon tube pressure gauge 弹簧管压力表 02.080
Bourdon vacuum gauge 波尔东真空计 07.509
bracket 托翼 07.065
Bragg condition 布拉格条件 04.503
Bragg diffraction 布拉格衍射 04.502
breather 换气装置 07.155
bridge balancing range 电桥平衡范围 07.198
bridge for measuring temperature 测温电桥 03.150
bright field image 明场像 04.362
brilliance transducer 亮度传感器 08.077
Brillouin scattering 布里渊散射 04.530
Brinell hardness tester 布氏硬度计 06.022
brush-wear warning 碳刷磨损报警 07.356
bubble meter 气泡检查仪 04.324
buffer 缓冲器 06.054
Built-in galvanometer 内装式检流计 03.165
built-up-weight error 组合砝码误差 07.012
bulkhead connector 穿墙式连接器 09.073
bump test 颠簸试验 06.072
bump testing machine 碰撞试验台 06.087
buoyancy levelmeter 浮力液位计 02.170
burning method 燃烧法 05.120
bushing type current transformer 套管式电流互感器 03.181
bus type current transformer 母线式电流互感器 03.182
butting connector 对接连接器 09.086

C

cable type current transformer　电缆式电流互感器　03.183
cadmium lamp　镉灯　09.178
calibrated leak　校准漏孔　07.492
calibrating quantity　校准量　01.043
calibration bridge　标定电桥　07.230
calibration curve　校准曲线　01.051
calibration strain　标定应变　07.225
calibrator of accelerometer　加速计校准仪　07.322
calorimeter　热量计　05.151
camera chamber　照相室　04.376
capacitance balance　电容平衡　07.217
capacitance box　电容箱　03.163
capacitance hygrometer　电容湿度计　05.415
capacitance meter　电容表　03.028
capacitive displacement measuring instrument　电容位移测量仪　02.209
capacitive rolling force measuring instrument　电容式轧制力测量仪　02.235
capacitive transducer　电容式传感器　08.031
capacitor voltage divider　电容式分压器　03.209
capacitor voltage transformer　电容器式电压互感器　03.208
capacity factor　容量因子　05.265
capillary mercury lamp　毛细管汞灯　09.186
capillary viscometer　毛细管黏度计　05.396
capsule pressure gauge　膜盒压力表　02.081
captive chain calibration　链码校准　02.258
carat balance　克拉天平　07.043
carbon dioxide laser　二氧化碳激光器　04.458
carbon monoxide laser　一氧化碳激光器　04.459
cartridge polarized capacitance　极头极化电容　07.240
cascade control　串级控制　02.315
cascade voltage transformer　级联式电压互感器　03.205
cast testing sieve　铸造用试验筛　07.480
cata-dioptric system　折反射系统　04.013
catalysis element　催化元件　05.160
catalytic chromatography　催化色谱法　05.314
catalytic gas transducer　催化式气体传感器　08.100
cathetometer　垂高计　04.291
cathode luminescence image　阴极发光像　04.349
cathode ray null indicator　阴极射线指零仪　03.166
catoptric system　反射系统　04.011
cavity dumping　腔倒空　04.510
C-display　C 型显示　06.204
cell　电池　05.050
cell constant　电池常数　05.017
cell potential transducer　细胞电位传感器　08.151
centering error　定中误差　04.093
centering error of lens　透镜中心偏差　04.094
central conductor method　中心导体法　06.153
centrifugal balancing machine　离心力式平衡机　06.307
centrifugal bottle　离心瓶　07.385
centrifugal chamber　离心腔　07.386
centrifugal chamber casing　离心腔体　07.387
centrifugal cover　离心腔盖　07.388
centrifugal elutriation　淘析离心法　07.410
centrifugal tachometer　离心式转速表　02.220
centrifugal tube　离心管　07.383
centrifugation time　离心时间　07.347
centrifuge rotor　转头　07.369
channel leak　通道漏孔　07.488
characteristic curve of flowmeter　流量计特性曲线　02.120
characteristic curve of increasing and decreasing speed　升降速特性曲线　07.350
characteristic X-ray image　特征 X 射线像　04.350
charge batch counter　炉料批量计数仪　07.479
charge carrier　电荷载流子　10.082
chemical ionization source　化学电离源　05.218
chemical laser　化学激光器　04.482
chemical quantity transducer　化学量传感器　08.003
cholesterol enzyme transducer　酶[式]胆固醇传感器　08.120
chromaticity　色度　04.146

chromaticity transducer 色度传感器 08.078
chromatogram 色谱图 05.282
chromatograph 色谱仪 05.318
chromatographic column 色谱柱 05.324
[chromatographic] peak [色谱]峰 05.283
[chromatographic] peak base [色谱]峰底 05.284
[chromatographic] peak height [色谱]峰高 05.285
[chromatographic] peak width [色谱]峰宽 05.286
chromatography 色谱学 05.288, 色谱法 05.289
chromel resistance alloy 镍铬电阻合金 10.026
circle tester 度盘检查仪 04.338
circular connector 圆形连接器 09.053
circular dial scale 圆盘刻度 07.062
circular vibration generator 回转振动发生器 06.095
class 3A laser product 三A类激光产品 04.627
class 3B laser product 三B类激光产品 04.628
class 1 laser product 一类激光产品 04.625
class 2 laser product 二类激光产品 04.626
class 4 laser product 四类激光产品 04.629
closed-loop control 闭环控制, *反馈控制 02.311
coating adhesion strength tester 涂料黏附强度测定仪 07.425
coating strength tester 涂层强度测定仪 07.422
coating thickness tester 涂层厚度测定仪 07.424
coaxality 同轴度 06.062
coaxial rotating joint 旋转式连接器 09.077
code converter 代码转换器 03.114
coercivity 矫顽力 10.070
coherence 相干性 04.144
coherent detection 相干探测 04.536
coil method 线圈法 06.154
CO_2 laser 二氧化碳激光器 04.458
cold-cathode source 冷阴极离子源 05.221
cold mirror 冷镜 04.056
collapsibility tester 溃散性试验仪 07.436
collateral radiation 伴随辐射 04.609
collector 集光器 04.163
collimator 平行光管 04.342
collision activation mass spectrometer 碰撞激活质谱计 05.208
color center laser 色心激光器 04.443
color filter 滤色片 04.060
color image combination device 彩色图像合成仪 04.415
colorimeter 比色计 05.076
colorimetry 色度学 04.004
color temperature 色温 04.079
column efficiency 柱效能 05.273
column switching 柱切换 05.268
combined test 综合试验 07.193
combined test chamber 综合试验箱 07.138
combined testing machine 复合试验机 06.017
combined transformer 组合式互感器 03.179
combined type transducer 复合型传感器 08.026
commutation error 转码误差 03.122
commutation point 转码点 03.118
compactability tester 紧实率试验仪 07.434
compactness tester 紧实度测定仪 07.415
comparator 比较器 03.175
comparison calibration 比较法校准 02.264
comparison goniometer 比较测角仪 04.275
comparison microscope 比较显微镜 04.211
comparison standard 比较标准器 01.085
comparison value 比较值 01.041
compass 罗盘仪 04.256
compass theodolite 罗盘经纬仪 04.230
compatible connector 兼容连接器 09.106
compensated micromanometer 补偿微压计 02.105
compensating wire 补偿导线 10.011
compensation device 补偿装置 07.069
compensation weight 补偿砝码 07.076
compensator level 自动安平水准仪 04.239
complexation chromatography 络合色谱法 05.313
composite test 组合试验 07.194
compound semiconductor 化合物半导体 10.077
compound-wound current transformer 混合绕组电流互感器 03.193
compression testing machine 压力试验机 06.014
compression vacuum gauge 压缩式真空计 07.510
computer system 计算机系统 02.358
concave grating 凹面光栅 04.180
concave mirror 凹面镜 04.052

concentration cell　浓差电池　05.054
concentric contact　同心接触件　09.115
condenser lens　聚光镜　04.069
conductance　电导　05.015
conductive gas transducer　电导式气体传感器　08.096
conductive humidity transducer　电导式湿度传感器　08.107
conductivity　电导率　05.016
conductivity cell　电导池　05.057
conductometric analyzer　电导[式]分析器　05.032
cone-plate viscometer　锥板黏度计　05.401
conformity　一致性　01.044
conformity error　一致性误差　01.038
conical jewel bearing　锥形槽宝石轴承　09.008
connector　连接器　09.050
connector with mixed contact　混装式连接器　09.066
constant current power supply　恒流电源　03.171
constant elasticity alloy　恒弹性合金　10.088
constant expansion alloy　定膨胀合金　10.095
constant-head flowmeter　恒定压头流量计　02.122
constant level head tank　恒液位槽　02.150
constant permeability alloy　恒磁导率合金　10.046
constant voltage power supply　恒压电源　03.170
contact　接触件　09.112
contact head　夹头　06.167
contact inspection method　接触法　06.219
contact interferometer　接触式干涉仪　04.262
contact measuring method　接触测量法　07.481
contact pad　接触垫　06.168
contact point　触点　09.148
contact thermometry　接触测温法　02.030
continuous control　连续控制　02.318
continuous-flow centrifugation　连续离心法　07.409
continuous flow rotor　连续[流]转头　07.375
continuous krypton lamp　连续氪灯　04.546
continuous lamp　连续光谱灯　05.085
continuous method　连续法　06.163
continuous shock test　碰撞试验　06.077
continuous sweep method　连续扫描法　07.327
continuous wave　连续波　04.553
continuous wave laser　连续[波]激光器　04.433
control　控制　02.305
control algorithm　控制算法　02.328
control hierarchy　控制层次　02.327
control instrument　控制仪表　02.004
controlled system　被控系统　02.348
controlling system　主控系统　02.351
control winding　控制绕组　09.165
control with fixed set-point　定值控制　02.312
conventional true value [of a quantity]　[量的]约定真值　01.008
conversion coefficient　转换系数　03.131
conversion rate　转换速率　03.119
conveyor belt scale calibration　皮带秤校准　02.256
conveyor belt scale dynamic testing apparatus　皮带秤动态试验装置　02.260
convolute elastic tube　盘簧管　09.256
convolution diaphragm　波纹膜片　09.225
cooling-stage　冷却台　04.188
coordinate measuring instrument　坐标量测仪器　04.405
copper/copper-nickel thermocouple wire　铜-铜镍热电偶丝，*T型热电偶丝　10.007
copper/gold-iron low temperature thermocouple wire　铜-金铁热电偶丝　10.009
copper vapor laser　铜蒸气激光器　04.456
copying camera　复照仪　04.407
core hardness penetrator　砂芯硬压头　07.454
core of pressure gauge　压力表机芯　09.003
correcting element　调节机构　02.279
correction　修正值　01.039
correlation length measuring instrument　相关式测长仪　02.205
corrosion failure　腐蚀破裂　02.071
corrosion-proof instrument　防腐式仪器仪表　01.075
corrosion resistant elastic alloy　耐腐蚀弹性合金　10.089
corrosion test chamber　腐蚀试验箱　07.131
corrosion testing machine　腐蚀试验机　06.009
corrosive atmosphere test　腐蚀性大气试验　07.183
coulomb meter　库仑表　03.033
coulometer　库仑表　03.033
coulometric analyzer　电量[式]分析器，*库仑[式]分析器　05.033

counter 计数器 09.016
coupled chamber method of reciprocity calibration 耦合腔互易校准 07.280
coupler 耦合腔 07.271
creep rupture strength testing machine 持久强度试验机 06.029
creep testing machine 蠕变试验机 06.028
crimp contact 压接接触件 09.116
critical flow 临界流 02.115
critical relative centrifugal force 临界相对离心力 07.403
critical speed range 临界转速范围 07.341
cryogenic connector 低温连接器 09.070
cryostat 低温槽 07.145
crystal orientater 晶体光轴定向仪 04.325
C-type elastic tube C型弹簧管 09.254
cupping testing machine 杯突试验机 06.035
cup-type current-meter 转杯式流速计 02.162
Curie temperature 居里温度 10.064
current flow method 通电法 06.151
[current] link resistance [电流]跨线电阻 03.153
current matching transformer 电流匹配互感器 03.195
current-meter 流速计 02.161
current transformer 电流互感器 03.180
curvilinear coordinate recorder 曲线坐标记录仪 03.098
cycle life 循环寿命 08.157
cyclic damp heat test 交变湿热试验 07.186
cycloidal mass spectrometer 摆线质谱计 05.194
cylindrical array 柱面阵 06.254

D

damping device 阻尼装置 07.087
dark field image 暗场像 04.363
DC bridge for measuring high resistance 直流高阻电桥 03.149
DC comparator type bridge 直流比较仪式电桥 03.148
DC comparison type potentiometer 直流比较式电位差计 03.141
DC potentiometer 直流电位差计 03.138
DC voltage calibrator 直流电压校准器 03.172
dead time 时滞 01.050，死时间 05.270
dead volume 死体积 05.271
dead zone error 死区误差 03.123
decay curve 衰变曲线 06.277
deep bellows 深波纹管 09.245
defining fixed point 定义固定点 02.022
degreasing unit 除油装置 06.121
degree of polarization 偏振度 04.103
degree of vacuum 真空度 07.501
dehumidifier 除湿器 07.159
delay 时滞 01.050
demagnetization 退磁 06.157
demagnetizer 退磁器 06.173
densification bridging 加密 04.388
γ-densitometer γ射线密度计 05.409
densitometer 密度计 05.407
depth of convolution 波深 09.250
depth of field 景深 04.030
depth of penetration 穿透深度 06.187
destructive test 破坏性试验 06.002
detecting instrument 检测仪器仪表 01.061
detector 检测器 01.060
detergent remover 清洗剂 06.137
deuterium lamp 氘灯 09.180
developer 显示剂 06.138
deviation from linearity 偏离线性度 03.129
dew point hygrometer 露点湿度计 05.418
dew point transducer 露点传感器 08.116
dial 度盘 07.063
dial switch bridge 圆盘转换器电桥 07.229
diamond array 菱形阵 06.253
diaphragm 膜片 09.223
diaphragm actuator 薄膜执行机构 02.285
diaphragm capsule 膜盒 09.234
diaphragm gas flowmeter 膜式气体流量计 02.137
diaphragm pressure gauge 膜片压力表 02.082
diaphragm-seal pressure gauge 隔膜压力表 02.096
diaphragm vacuum gauge 薄膜真空规 07.508

dichroic coating　分色膜　04.117
dichroic mirror　分色镜　04.058，二向色镜　04.161
die casting technique parameter tester　压铸工艺参数试验仪　07.444
difference galvanometer　差值检流计　03.078
differential centrifugation　差速离心法　07.406
differential chromatography　差示色谱法　05.301
differential diaphragm capsule　差压膜盒　09.237
differential error of the slope　斜率的微分误差　03.128
differential interference microscope　微分干涉显微镜　04.213
differential measuring instrument　微差[测量]仪表　03.012
differential method of measurement　微差测量法　01.022
differential pressure gauge　差压压力表　02.078
differential pressure levelmeter　差压液位计　02.172
differential pressure transducer　差压传感器　08.034
differential scanning calorimeter　差示扫描量热仪　05.137
differential scanning calorimetry　差示扫描量热法　05.104
differential thermal analysis curve　差热曲线　05.090
differential thermal analyzer　差热[分析]仪　05.135
differential thermometric titration　差热滴定[法]　05.109
differential transducer　差动换能器　06.264
differential weighing　差动称量法　07.089
diffraction grating　衍射光栅　04.176
diffraction lens　衍射透镜　04.371
diffused silicon semiconductor force meter　扩散硅式测力计　02.236
diffuse reflection　漫反射　04.026
diffuse sound field　扩散[声]场　07.289
diffuse transmission　漫透射　04.027
digital displacement measuring instrument　数字式位移测量仪　02.211
digital electric actuator　数字式电动执行机构　02.294
digital frequency meter　数字频率表　03.136
digital image scanning plotting system　数字图像扫描记录系统　04.416
digital measuring instrument　数字式测量仪器仪表　01.059
digital multimeter　数字多用表，*数字万用表　03.137
digital phase meter　数字相位表　03.135
digital power meter　数字功率表　03.134
digital pressure gauge　数字压力表　02.076
digital signal　数字信号　01.014
digital signal analyzer　数字信号分析仪　02.253
digital strainometer　数字应变仪　07.208
digital transducer　数字传感器　08.022
digital voltmeter　数字电压表　03.133
digitizer error　数字化误差　03.120
dimension transducer　尺度传感器　08.054
dioptric system　折射系统　04.012
dioptrometer　视度计　04.340
dip-solder contact　浸焊接触件　09.117
direct acting instrument　直接作用仪表　03.055
direct acting recorder　直接动作记录仪　03.095
direct actuator　正作用执行机构　02.289
direct-comparison method of measurement　直接比较测量法　01.020
direct-comparison weighing　直接比较称量法　07.095
direct current servomotor　直流伺服电动机　09.154
direct digital control　直接数字控制　02.325
directional pattern of microphone　传声器指向性图案　07.235
directly controlled system　直接被控系统　02.349
direct measurement of temperature　温度直接测量法　07.173
direct method of measurement　直接测量法　01.017
direct sampling method　直接取样法　07.484
direct weighing　直接称量法　07.096
disappearing-filament optical pyrometer　隐丝式光学高温计　02.060
discharge lamp　放电灯　05.082
disc recorder　圆盘形记录仪，*圆图记录仪　03.102
dispersion power　色散本领　05.061
displacer　置换器　02.153
display device　显示器件　09.196

display tube　显示管　09.199
dissolved oxygen analyzer　溶解氧分析器　05.035
distance meter　测距仪　04.241
distorted peak　畸峰　05.269
distortion　畸变　04.048
distributed control system　分散型控制系统　02.356
distributed feedback laser　分布反馈激光器　04.489
disturbance value　干扰值　07.018
domain　磁畴　10.071
dot matrix LED　发光二极管矩阵　09.206
dotted line recorder　断续线记录仪　03.106
double-beam mass spectrometer　双束质谱计　05.203
double bridge method　双桥法　07.227
double-cone viscometer　双锥黏度计　05.400
double crystal probe　双晶探头　06.229
double-dry calorimeter　双干式热量计　05.153
double focusing analyzer　双聚焦分析器　05.228
double focusing mass spectrometer　双聚焦质谱计　05.188
double hetero junction laser　双异质结激光器　04.479
double-image tacheometer　双像快速测距仪　04.251
double monochromator　双单色仪　04.298
double pan balance　双盘天平　07.025
double probe method　双探头法　06.218
drawing apparatus　描绘装置　04.191
drawing prism　描绘棱镜　04.192
dribble test equipment　滴水试验装置　07.149
drum recorder　鼓形记录仪　03.101
dry and wet corrosion test chamber　浸渍腐蚀试验箱　07.134
dry developer　干式显示剂　06.139
drying oven　干燥箱　07.115
drying oven on forced convection　电热鼓风干燥箱　07.117
dry method　干粉法　06.164
dry objective　干物镜　04.160
dry sand mold hardness penetrator　干砂型硬度压头　07.453
DSC　差示扫描量热仪　05.137
dual-focus X-ray tube　双焦点[X]射线管　06.287
dual-in-line package switch　双列直插式开关　09.137
dual purpose penetrant　双用途渗透液　06.131
dual purpose voltage transformer　双重用途电压互感器　03.204
dual-range balance　双称量范围天平　07.034
duplex pressure gauge　双压双针压力表　02.092
dust analyzer　尘量分析仪　05.427
dust-proof instrument　防尘式仪器仪表　01.070
dwell time　停顿时间　05.249
dye laser　染料激光器　04.470
dye penetrant　着色渗透液　06.130
dye-penetrant inspection　着色渗透探伤　06.115
dynameter　倍率计　04.339
dynamic balance method　动平衡法　07.396
dynamic balancing machine　动平衡机　06.309
dynamic calibrator　动态校准器　05.432
dynamic characteristic　动态特性　08.154
dynamic characteristic simulator　动态特性模拟仪　07.211
dynamic [mass spectrometer] instrument　动态[质谱]仪器　05.185
dynamic measurement　动态测量　01.004
dynamic range of microphone　传声器动态范围　07.238
dynamic strainometer　动态应变仪　07.205
dynamic stress tester of casting alloy　铸造合金动态应力测试仪　07.466
dynamic thermomechanometry　动态热机械法　05.106
dynamic viscosity　动力黏度　05.388
dynamometric system　测力系统　06.047

E

earthed connector　接地连接器　09.104
earthed voltage transformer　接地型电压互感器　03.201
earth leakage detector　接地漏电检示器　03.070

earth resistance meter 接地电阻表，*兆欧表 03.026
ECG transducer 心电图传感器，*ECG 传感器 08.146
echelon grating 阶梯光栅 04.182
EDD 电泳显示器件 09.214
eddy current 涡流 06.182
eddy current conductivity meter 涡流电导率仪 06.192
eddy current flaw detector 涡流探伤仪 06.189
eddy current testing 涡流检测 06.183
eddy current testing instrument 涡流检测仪 06.188
eddy current thickness meter 电涡流厚度计 02.197
eddy diffusion 涡流扩散 05.262
edge effect 边缘效应 06.186
EDM instrument 电磁波测距仪 04.242
EEG transducer 脑电图传感器，*EEG 传感器 08.147
effective excitation force 有效激振力 06.101
effective sound pressure 有效声压 07.299
effective span 有效量程 03.146
efflux viscometer 流出式黏度计 05.404
EI-CI source 电子轰击－化学电离源 05.219
Einstein coefficient 爱因斯坦系数 04.427
elastic background 弹性本底 05.325
elastic element 弹性元件 09.216
elastic element vacuum gauge 弹性元件真空计 07.507
elastic pressure gauge 弹性式压力表 02.079
elastomer connector 导电橡胶连接器 09.082
elastomer diaphragm 橡胶膜片 09.229
electric actuator 电动执行机构 02.282
electric actuator with contact control 有触点电动执行机构 02.299
electric actuator with noncontact control 无触点电动执行机构 02.298
electrical capacitance levelmeter 电容物位计 02.176
electrical conductance levelmeter 电导液位计 02.173
electrical hygrometer 电气湿度计 05.413
electrically heated drying oven 电热干燥箱 07.116
electrical [measurement] method 电测法 07.324
electrical measuring instrument 电工测量仪器仪表，*电测量仪表 03.001
electrical method 电测法 07.393
electrical steel 电工硅钢 10.048
electrical thermal alloy 电热合金 10.033
electrical zero adjuster 电零位调节器 03.044
electric contact liquid-in-glass thermometer 电接点玻璃温度计 02.042
electric current transducer 电流传感器 08.084
electric field strength transducer 电场强度传感器 08.086
electric gravity analysis 电重量分析法 05.031
electric quantity transducer 电学量传感器 08.083
electric resistance alloy 电阻合金 10.020
electroacoustic reciprocity principle 电声互易原理 07.278
electrocardiography transducer 心电图传感器，*ECG 传感器 08.146
electrochemical analyzer 电化学[式]分析仪器 05.007
electrochemical transducer 电化学式传感器 05.048
electrodeless-discharge lamp 无极放电灯 05.084
electrode potential 电极电位 05.020
electrodynamic energy meter 电动系电能表 03.086
electrodynamic instrument 电动系仪表 03.049
electrodynamic vibration generator 电动振动发生器 06.089
electrodynamic vibration generator system 电动振动台 06.080
electroencephalographic transducer 脑电图传感器，*EEG 传感器 08.147
electro-formed bellows 沉积波纹管 09.241
electro-hydraulic actuator 电液执行机构 02.284
electroluminescent display panel 电致发光显示屏 09.210
electrolysis humidity transducer 电解式湿度传感器 08.112
electrolytic cell 电解池 05.055
electrolytic hygrometer 电解湿度计 05.414
electromagnetic counter 电磁计数器 09.018
electromagnetic flowmeter 电磁流量计 02.139

electromagnetic instrument 电磁系仪表，＊动铁式仪表 03.048
electromagnetic transducer 电磁式传感器 08.073
electromagnetic vibration generator 电磁振动发生器 06.090
electromagnetic vibration generator system 电磁振动台 06.081
electromechanical component 机电元件 09.049
electrometer 静电计 03.020
electromyography transducer 肌电图传感器，＊EMG 传感器 08.148
electron beam display device 电子束显示器件 09.197
electron beam luminotron 电子束发光管 09.202
electron bombardment secondary electron image 电子轰击二次电子像 04.359
electron channeling pattern 电子通道图样 04.355
electron diffraction method 电子衍射法 05.339
electron diffractometer 电子衍射谱仪 05.358
electron energy analyzer 电子能量分析器 05.365
electron energy lose spectroscopy 电子能量损失谱法 05.338
electron gun 电子枪 04.373
electronic analogue-to-digital convertor 电子模/数转换器 03.112
electronic balance 电子天平 07.029
electronic batching scale 电子配料秤 02.242
electronic-controlled printer 电子印像机 04.397
electronic counting scale 电子计数秤 02.245
electronic energy loss spectrometer 电子能量损失谱仪 05.357
electronic hoist scale 电子吊秤 02.244
electronic hopper scale 电子料斗秤 02.239
electronic lens 电子透镜 04.367
electronic level 电子水准仪 04.236
electronic measuring instrument 电子测量[仪器]仪表 03.002
electronic optical instrument 电子光学仪器 04.347
electronic plane table equipment 电子平板仪 04.254
electronic platform scale 电子平台秤 02.241
electronic railway scale 电子轨道衡 02.243
electronic range theodolite 电子测距光学经纬仪 04.232
electronic tacheometer 电子快速测距仪 04.252
electronic theodolite 电子经纬仪 04.224
electronic truck scale 电子汽车秤 02.240
electron impact-chemical ionization source 电子轰击－化学电离源 05.219
electron impact ion source 电子轰击离子源 05.214
electron microscope 电子显微镜 04.379
electron optical magnification 电子光学放大[率] 04.365
electron paramagnetic resonance spectroscopy 电子顺磁共振波谱法 05.254
electron probe 电子探针 04.374
electron spectrometer 电子能谱仪 05.353
electron spectroscopy 电子能谱法 05.333
electron total magnification 电子总放大[率] 04.366
electrooculographic transducer 眼电图传感器，＊EOG 传感器 08.150
electro-optical distance meter 光电测距仪 04.246
electro-optical effect 电光效应 04.037
electrooptic modulator 电光调制器 04.522
electrooptic Q-switch 电光 Q 开关 04.507
electrophoresis 电泳法 05.030
electrophoresis meter 电泳仪 05.047
electrophoretic display device 电泳显示器件 09.214
electroretinographic transducer 视网膜电图传感器，＊ERG 传感器 08.149
electroscope 验电器 03.072
electrostatic actuator 静电激励器 07.265
electrostatic analyzer 静电分析器 05.231
electrostatic electron microscope 静电电子显微镜 04.386
electrostatic instrument 静电系仪表 03.045
electrostatic lens 静电透镜 04.369
electrostatic octapole lens 静电八极透镜 05.236
electrostatic quadrupole lens 静电四极透镜 05.235
electrostatic recorder 静电式记录仪 03.105
electrostatic spraying device 静电喷洒装置 06.125
ellipsoidal mirror 椭球面[反射]镜 04.053
elution 洗脱 05.279
elution chromatography 冲洗色谱法 05.299

elutriator rotor　淘析转头　07.377
emanation thermal analysis　放射热分析　05.102
emanation thermal analysis apparatus　放射热分析仪　05.132
EMG transducer　肌电图传感器，* EMG 传感器　08.148
emission duration　发射持续时间　04.620
emission electron microscope　发射电子显微镜　04.383
emission flame spectrometry　火焰发射光谱法　05.067
emission spectrum instrument　发射光谱仪器　04.299
emission X-ray spectrum　发射 X 射线谱法　05.350
emulsifier　乳化剂　06.134
emulsifier unit　乳化装置　06.123
endothermic peak　吸热峰　05.091
end stone jewel bearing　端面宝石轴承　09.010
end stop　止端　09.151
energy filter　能量过滤器　05.233
energy level　能级　04.420
energy processor module　能量处理组件　06.268
engineering level　工程水准仪　04.240
engineering theodolite　工程经纬仪　04.227
Engler viscosity　恩格勒黏度　05.392
environmental error　环境误差　01.034
environmental gas analyzer　环境气体分析仪　05.423
environmental monitor station　环境监测站　05.422
environmental test　环境试验　07.177
environment resistant connector　耐环境连接器　09.100
EOG transducer　眼电图传感器，* EOG 传感器　08.150
equal arm balance　等臂天平　07.026
equalization　均衡　07.331
equal-loudness contour　等响线　07.291
equivalent conductance　当量电导　05.018
equivalent continuous A-weighted sound pressure level　等效[连续 A]声级　07.312
equivalent strain　等效应变　07.224
erbium-doped yttrium lithium fluoride laser　掺铒氟化钇锂激光器　04.448
erbium glass laser　铒玻璃激光器　04.450
erecting system　正像系统　04.014
ERG transducer　视网膜电图传感器，* ERG 传感器　08.149
error of double image of roof prism　屋脊双像差　04.095
error of the conversion coefficient　转换系数误差　03.125
Er:YLF laser　掺铒氟化钇锂激光器　04.448
esophageal-pressure transducer　食道压力传感器　08.135
eutectic expansion fore tester of cast iron　铸铁共晶膨胀力测试仪　07.467
evanohm resistance alloy　镍铬铝铜电阻合金　10.029
event recorder　事故[状态]记录仪　03.109
evolved gas analysis　逸出气分析　05.101
evolved gas analysis apparatus　逸出气分析仪　05.131
evolved gas detection　逸出气检测　05.100
evolved gas detection apparatus　逸出气检测仪　05.130
excess energy meter　超量电能表　03.088
excimer laser　准分子激光器　04.461
excitation　激发　04.419，激励　06.074
excitation force　激振力　06.100
excitation supply　磁化电源　06.172
exciter filter　激发滤光片　04.172
exciting winding　励磁绕组　09.166
exothermic peak　放热峰　05.092
expanded scale instrument　扩展标度尺仪表　03.062
explosion-proof electric actuator　防爆型电动执行机构　02.300
explosion-proof instrument　防爆式仪器仪表　01.076
explosive failure　爆炸破裂　02.072
exposure time　照射时间　04.619
extended rating type current transformer　扩展的额定型电流互感器　03.190
extended source　扩展源　04.616
extensometer　引伸计　06.046
external modulation　外调制　04.516

external photoelectric effect 外光电效应 04.538
external reference sample [of NMR] [核磁共振]外参比试样 05.261
extinction coefficient 消光系数 04.105
extinction ratio 消光率 04.511
extrinsic semiconductor 非本征半导体 10.078

F

fail safe 失效保护 04.632
fail safety interlock 失效保护安全联锁 04.634
falling sphere viscometer 落球黏度计 05.402
Faraday effect 法拉第效应 04.041
far infrared drying oven 远红外干燥箱 07.119
far infrared radiator 远红外辐射器 07.161
far ultra-violet mercury xenon lamp 远紫外汞氙灯 09.195
fast characteristic 快特性 07.242
fatigue failure 疲劳破裂 02.073
fatigue testing machine 疲劳试验机 06.031
feedback control 闭环控制，*反馈控制 02.311
[feedback] controller [反馈]控制器 02.331
feedforward control 前馈控制 02.314
female contact 阴接触件 09.118
ferrodynamic instrument 铁磁电动式仪表 03.050
fiber balance 纤维天平 07.030
fiducial error 引用误差 01.030
field balancing equipment 现场平衡仪 06.320
field control 磁场控制 09.168
field effect gas transducer 场效应管[式]气体传感器 08.101
field effect transistor type humidity transducer 场效应管[式]湿度传感器 08.113
field ionization source 场电源 05.215
field-of-view number 视场数 04.150
field sweeping 场扫描 05.244
filament display device 灯丝显示器件 09.213
filar suspended galvanometer 悬丝式检流计 03.084
film strength measuring device 膜层强度测定仪 04.335
film thickness measuring device 膜厚测定仪 04.334
filter 滤光片 04.059，滤光装置 04.171
filter coating 滤光膜 04.118
filter contact 滤波接触件 09.120
final controlling element 执行器 02.278
fire-proof connector 耐火连接器 09.102
fixed angle rotor 角转头 07.370
fixed connector 固定连接器 09.089
flash radiography 闪光射线照相术 06.296
flat-cable connector 带状电缆连接器 09.057
flat diaphragm 平膜片 09.224
flat flexible wire connector 扁平软线连接器 09.080
flat spring 平弹簧 09.217
flat type cathode-ray tube 扁平式阴极射线管 09.201
flat type CRT 扁平式阴极射线管 09.201
float flowmeter 浮子流量计，*转子流量计 02.124
floating controller 无定位控制器 02.334
float levelmeter 浮子液位计 02.171
float mounting connector 浮动安装连接器 09.090
flowability tester 流动性试验器 07.473
flow coefficient 流量系数 02.274
flowmeter 流量计 02.121
flowmeter of casting alloy 铸造合金流动性试验器 07.474
flow transducer 流量传感器 08.050
fluctuation 波动度 07.100
fluorescence microscope 荧光显微镜 04.204
fluorescent character display tube 荧光数码管 09.209
fluorescent magnetic particle flaw detection 荧光磁粉探伤 06.148
fluorescent magnetic particle flaw detector 荧光磁粉探伤机 06.179
fluorescent magnetic powder 荧光磁粉 06.159
fluorescent penetrant 荧光渗透液 06.129
fluorescent penetrant inspection 荧光渗透探伤 06.116
fluoroscopy 荧光透视法 06.297

flush test equipment 冲水试验装置 07.151
flux meter 磁通表 03.038
focometer 焦距仪 04.343
focusing 调焦 04.154
focusing lens 调焦镜 04.070
focusing type probe 聚焦探头 06.230
follow-up control 随动控制 02.313
food analyzer 食品分析仪 05.431
forced piston prover 强制活塞式校准装置 02.158
force sensing element 力敏元件 09.022
force standard machines 力标准机 06.041
force transducer 力传感器 08.038
free-electron laser 自由电子激光器 04.480
free end connector 自由端连接器 09.088
free field correction curve 自由场修正曲线 07.233
free field reciprocity calibration 自由声场互易校准 07.279
free laser oscillation 自由激光振荡 04.555
free [sound] field 自由场 07.288
free swing of pendulum 摆锤空击 06.069
frequency analyzer 频率分析仪 07.254
frequency down-conversion 频率下转换 04.526
frequency measurement by Lissajou's figure 李沙育图形测频 07.330
frequency meter 频率表 03.030
frequency response 频率响应 02.011
frequency response of microphone 传声器频率响应 07.234
frequency response range 频率响应范围 07.197
frequency stabilized laser 稳频激光器 04.494
frequency sweeping 频率扫描 05.245
friction-abrasion testing machine 摩擦磨损试验机 06.038
friction error 轻敲位移 02.067
frontal chromatography 迎头色谱法 05.298
full bridge measurement method 全桥测量法 07.222
full-load test 满载试验 07.178
full scale error 满量程误差 06.061
fully insulated current transformer 全绝缘电流互感器 03.189
fully loaded rotor 满载转头 07.381
fundamental method of measurement 基本测量法 01.019
furnace for reproduction of fixed points 定点炉 02.023
furnace for verification use 检定炉 02.024

G

gauge interferometer 量块干涉仪 04.267
gauge pressure transducer 表压传感器 08.037
gallium arsenide p-n junction injection laser 砷化镓 p-n 结注入式激光器 04.475
galvanic cell 原电池 05.052
galvanometer 检流计 03.018
galvanometer with optical point 光点检流计 03.081
gamma-radiography γ射线照相术 06.299
gamma-ray γ射线 06.272
gamma-ray detection apparatus γ射线探伤机 06.282
gamma-ray laser γ射线激光器 04.483
gamma-ray transducer γ射线传感器 08.093
gas chromatograph 气相色谱仪 05.319
gas chromatograph-mass spectrometer 气相色谱－质谱[联用]仪 05.205
gas chromatography 气相色谱法 05.290
gas chromatography mass spectrometry 气相色谱－质谱法 05.176
gas compressibility factor 气体压缩系数 02.119
gas cylinder regulator 气瓶减压器 02.110
gas densitometer 气体密度计 05.410
gas-discharge source 气体放电源 05.220
gas distributing device 气体分配装置 02.155
gas dynamic laser 气动激光器 04.481
gas generator 气体发生器 05.433
gas laser 气体激光器 04.451
gas-liquid chromatography 气－液色谱法 05.291
gas proportional detector 气体正比检测器 05.381
gas sensitive element 气敏元件 09.041
gas sensitive resistor 气敏电阻器 09.042
gas-solid chromatography 气－固色谱法 05.292

gas thermometer 气体温度计 02.047
gas transducer 气体传感器 08.095
gastrointestinal inner pressure transducer 胃肠内压传感器 08.137
gate type variable area flowmeter 闸门式[变面积]流量计 02.126
gauge head 规头 07.502
gauge pressure 表压 02.068
gel chromatography 凝胶色谱法 05.307
general connector 通用连接器 09.059
geologic compass 地质罗盘仪 04.258
glass level gauge 玻璃液位计 02.169
glass sealing alloy 玻封合金 10.097
glucose enzyme transducer 酶[式]葡萄糖传感器 08.118
glutamate microbial transducer 微生物谷氨酸传感器 08.123
glutamic acid microbial transducer 微生物谷氨酸传感器 08.123
goniometer 测角仪 04.274
gradient error [of bath] [槽的]梯度误差 02.028
grating 光栅 04.061
grating energy measuring device 光栅能量测定仪 04.336
grating monochromator 光栅单色仪 04.296
grating spectrograph 光栅摄谱仪 04.302
grating type linear measuring system 光栅式线位移测量装置 04.286
gravitational balancing machine 重力式平衡机 06.306
gravity nut 重心铊 07.056
graybody 灰体 02.019
grid-controlled X-ray tube 栅控X射线管 06.285
ground-object spectroradiometer 地物光谱辐射仪 04.414
gyro-effect 陀螺效应 07.412
gyro-theodolite 陀螺经纬仪 04.229

H

hair spring 游丝 09.219
half bridge measurement method 半桥测量法 07.221
half-cell 半电池 05.053
half-power point 半功率点 02.185
half-value layer 半价层 06.275
halide leak detector 卤素检漏仪 07.527
Hall effect 霍尔效应 02.189
Hall transducer 霍尔[式]传感器 08.015
handy digital tachometer 手持式数字转速表 02.219
hanging weight 挂码 07.060
hard bearing balancing machine 硬支承平衡机 06.310
hardening velocity tester of resin sand 树脂砂硬化速度测定仪 07.419
hard magnetic ferrite 硬磁铁氧体 10.041
hardness penetrator 硬度压头 06.049
hardness tester 硬度计 06.018
hardness transducer 硬度传感器 08.061
heart sound transducer 心音传感器 08.140
heat aging test chamber 热老化试验箱 07.137
[heat] conduction [热]传导 02.015
[heat] convection [热]对流 02.016
heat distortion tester 热变形试验仪 07.437
heat distortion tester of resin sand 树脂砂热变形测定仪 07.417
heater 加热器 07.152
heat filter 热滤光片 04.173
heat flow meter 热流计 05.159
heat flux transducer 热流传感器 08.064
heating curve determination apparatus 升温曲线测定仪 05.134
heating rate 升温速率 05.094
heating stage 加热台 04.189
[heat] radiation [热]辐射 02.017
height equivalent to a theoretical plate 理论板高 05.275
helical bellows 螺旋波纹管 09.246
helical elastic tube 螺旋弹簧管 09.255
helical vane type water meter 螺翼式水表 02.148
helium cadmium laser 氦镉激光器 04.469

helium lamp 氦灯 09.174
helium mass spectrometric leak detector 氦质谱检漏仪 07.528
helium-neon laser 氦氖激光器 04.454
He-Ne laser 氦氖激光器 04.454
hermaphroditic connector 无极性连接器 09.097
hermaphroditic contact 无极性接触件 09.128
hermetic connector 气密连接器 09.067
heterodyne analyzer 外差分析仪 07.253
hetero junction laser 异质结激光器 04.477
high elastic alloy 高弹性合金 10.084
high electron energy diffractometer 高能电子衍射仪 05.360
high e. m. f. potentiometer 高电动势电位差计 03.139
high frequency connector 高频连接器 09.052
high frequency spark leak detector 高频火花检漏仪 07.526
high-low temperature test chamber 高低温试验箱 07.126
high performance liquid chromatograph 高效液相色谱仪 05.322
high permeability alloy 高磁导率合金 10.045
high-power connector 大功率连接器 09.060
high pressure mercury lamp 高压汞灯 09.183
high-resolution mass spectrometer 高分辨质谱计 05.187
high speed balancing machine 高速平衡机 06.318
high speed centrifuge 高速离心机 07.360
high speed refrigerated centrifuge 高速冷冻离心机 07.361
high temperature connector 高温连接器 09.069
high temperature metallurgical microscope 高温金相显微镜 04.208
high temperature property tester of mold sand 型砂高温性能试验仪 07.431
high temperature property tester of resin sand 树脂砂高温性能测定仪 07.418
high temperature test 高温试验 07.180
high temperature test chamber 高温试验箱 07.124
high temperature testing machine 高温试验机 06.007
high voltage bridge 高压电桥 03.152
high voltage connector 高电压连接器 09.061
high voltage electron microscope 高压电子显微镜 04.385
hinged gate weight controlled flowmeter 活板流量计 02.127
hipernik 高导磁铁镍合金 10.047
hole jewel bearing 通孔宝石轴承 09.006
hollow-cathode lamp 空心阴极灯 05.083
holmium-doped yttrium lithium fluoride laser 掺钬氟化钇锂激光器 04.449
hologram 全息图 04.045
holographic grating 全息光栅 04.184
holographic microscope 全息显微镜 04.214
holography 全息摄影术 04.044
homogeneity of electrical resistance 电阻值均匀性 10.038
homojunction laser 同质结激光器 04.476
hopper scale testing apparatus 料斗秤试验装置 02.261
hopping diaphragm 跳跃膜片 09.232
horizon camera 地平线摄影机 04.393
horizontal compensator 水平补偿器 07.070
horizontal divergence 水平发散度 04.108
horizontal dynamic balance method 卧式动平衡法 07.398
horizontal error 水平误差 07.015
hot pressure stress testing machine of mold sand 型砂热压应力试验机 07.447
hot wet tensile strength tester 热湿拉强度试验仪 07.428
Ho:YLF laser 掺钬氟化钇锂激光器 04.449
humidifier 加湿器 07.160
humidity controller 湿度控制器 07.167
humidity sensing element 湿敏元件 09.043
humidity sensitive capacitor 湿敏电容器 09.045
humidity sensitive resistor 湿敏电阻器 09.044
humidity transducer 湿度传感器 08.106
humidity uniformity 湿度均匀度 07.104
hydraulic actuator 液动执行机构 02.283
hydraulic-formed bellows 液压波纹管 09.239
hydraulic vibration generator 液压振动发生器 06.093
hydraulic vibration generator system 液压振动台

06.084
hydrogen lamp 氢灯 09.173
hydrogen pressure gauge 氢压力表 02.089
hydrophilic emulsifier 亲水性乳化剂 06.135
hydrostatic balance 液体比重天平 07.040
hydrostatic level 液体静力水准仪 04.237
hygrometer 湿度计 05.411
hysteresis 回差 01.052
hysteresis error 滞后误差 03.124
hysteresis material 磁滞材料 10.058
hysteresis synchronous motor 磁滞同步电动机 09.161

I

I controller 积分控制器, ＊I 控制器 02.233
illuminance [光]照度 04.083
illuminance transducer 照度传感器 08.070
illuminated field 照明场 04.138
illuminating system 照明系统 04.020
illumination 照明 04.130
image 像 04.028
image field 像场 04.135
image quality 像质 04.046
image transducer 图像传感器 08.079
imaging lens [电子]成像透镜 04.370
immersed water test 浸水试验 07.189
immersion objective 浸液物镜 04.159
immersion testing 液浸法 06.220
immersion type probe 水浸探头 06.231
immersion water test equipment 浸水试验装置 07.148
impact hammer 冲击锤体 06.052
impact pendulum 冲击摆锤 06.050
impact penetration tester 冲击穿透试验计 07.476
impact testing machine 冲击试验机 06.033
impedance head 阻抗头 02.181
impedance plane diagram 阻抗平面图 06.184
impulse distance meter 脉冲式测距仪 04.243
impulse response 脉冲响应 02.010
impulse response characteristic 脉冲响应特性 07.244
impulse sound level meter 脉冲声级计 07.249
incandescent lamp 白炽灯 09.187
incandescent lamp display device 白炽[灯]显示器件 09.212
inclined-tube manometer 倾斜压力计 02.103
inclining test 倾斜测试 07.017
incremental range [微调]增量范围 01.042
indicated value 指示值 01.040
indicating device 指示装置 01.065
indicating instrument 指示仪器仪表 01.062
indirect acting instrument 间接作用[动作]仪表 03.056
indirect acting recorder 间接动作记录仪 03.096
indirectly controlled system 间接被控系统 02.350
indirect measurement of temperature 温度间接测量法 07.172
indirect method of measurement 间接测量法 01.018
induced current image 感生电流像 04.348
induced current method 感应电流法 06.156
inductance box 电感箱 03.159
inductance meter 电感表 03.029
induction energy meter 感应系电能表 03.087
induction instrument 感应系仪表 03.051
inductive displacement measuring instrument 电感式位移测量仪 02.207
inductive micrometer 电感式测微计 02.208
inductive tensiometer 电感式张力计 02.232
inductive transducer 电感式传感器 08.074
inductive voltage divider 感应分压器 03.155
industrial process measurement and control instrument 工业自动化仪表 02.001
inelastic background 非弹性本底 05.326
influence coefficient 影响系数 03.132
influence quantity 影响量 01.011
infrared distance meter 红外测距仪 04.247
infrared drying oven 红外线干燥箱 07.121
infrared gas analyzer 红外线气体分析器 05.077
infrared laser 红外激光器 04.486
infrared light transducer 红外光传感器 08.068
infrared microscope 红外显微镜 04.216

infrared radiation thermometer 红外辐射温度计 02.053
infrared radiometer 红外辐射仪 04.413
infrared spectrometry 红外光谱法 05.071
infrared spectrophotometer 红外分光光度计 04.312
inherent flow characteristic 固有流量特性 02.273
inherent noise of microphone 传声器固有噪声 07.236
initial permeability 起始磁导率 10.075
injection laser 注入式激光器 04.474
inorganic liquid laser 无机液体激光器 04.471
input signal 输入信号 01.015
inside diameter of bellows 波纹管内径 09.248
inspection frequency 探伤频率 06.208
installed flow characteristic 安装流量特性 02.277
instantaneous sound pressure 瞬时声压 07.300
instrumental background 仪器本底 05.327
instrument and apparatus 仪器仪表，*仪器，*仪表，*仪，*表 01.001
instrument autotransformer 仪用自耦互感器 03.178
instrument material [仪器]仪表材料 10.001
instrument motor 仪表电机 09.152
instrument rolling bearing 仪表滚动轴承 09.011
instrument support 仪表支承 09.004
instrument with contact 带触点的仪表 03.065
instrument with locking device 带有锁定装置的仪表 03.064
instrument with optical index 光标式仪表 03.058
instrument with suppressed zero 抑零点仪表 03.061
insulating material 绝缘物 10.013
insulation fault detecting instrument 绝缘损坏检示仪表 03.069
insulation resistance meter 高阻表，*兆欧表 03.027
integral controller 积分控制器，*I 控制器 02.333
integral electric actuator 积分式电动执行机构 02.297
integrated circuit socket 集成电路插座 09.056
integrated transducer 集成传感器 08.027
integrating conversion 积分转换 03.117
integrating instrument 积分仪器仪表 01.064
integrating photometer 积分光度计 04.330
integrating recorder 积分式记录仪 03.099
integrating sound level meter 积分声级计 07.250
integrating sphere 积分球 04.331
integrating vibrometer 积分振动仪 07.316
intelligent sensor 智能传感器 08.029
interference contrast 干涉对比 04.140
interference filter 干涉滤光片 04.175
interference fringe 干涉条纹 04.032
interference microscope 干涉显微镜 04.279
interferometer 干涉仪 04.327
interferometry 干涉量度学 04.155
internal modulation 内调制 04.515
internal reference sample [of NMR] [核磁共振]内参比试样 05.260
internal reflection element 内反射元件 04.185
internal reflection spectrometry 内反射光谱法 05.073
international [practical] temperature scale 国际[实用]温标 02.021
international standard 国际标准器 01.083
interpolation device 内插装置 07.071
intrabeam viewing 束内观察 04.615
intracranial pressure transducer 颅内压传感器 08.138
intrinsic error 基本误差 01.031
intrinsic viscosity 固有黏度 05.391
invarable effect 因瓦效应 10.098
inverted microscope 倒置显微镜 04.209
invest shell thermal deformation tester 型壳高温变形试验仪 07.440
invest shell thermal dilatometer 型壳高温膨胀试验仪 07.442
invest shell thermal permeability tester 型壳高温透气性试验仪 07.441
ion-activity meter 离子活度计 05.038
ion bombardment secondary electron image 离子轰击二次电子像 04.358
ion chromatography 离子色谱法 05.304
ion cyclotron resonance mass spectrometer 离子回旋共振质谱计 05.193

ion-exchange chromatography 离子交换色谱法 05.308
ion-exclusion chromatography 离子排斥色谱法 05.309
ionic [gas] laser 离子[气体]激光器 04.466
ionization lose spectroscopy 离子化损失谱法 05.342
ionization vacuum gauge 电离真空计 07.520
ionizing transducer 电离式传感器 08.075
ion neutralization spectrometer 离子中和谱仪 05.362
ion neutralizing spectrum 离子中和谱法 05.343
ion repeller 离子排斥极 05.224
ion-scattering spectrometer 离子散射谱仪 05.363
ion-scattering spectroscopy 离子散射谱法 05.345
ion-scattering spectrum 离子散射谱 05.330
ion selection electrode 离子选择电极 09.047
ion sensing element and device 离子敏元器件 09.046
ion source 离子源 05.213
ion transducer 离子传感器 08.104
I[P]TS 国际[实用]温标 02.021
iron/copper-nickel thermocouple wire 铁－铜镍热电偶丝，＊J型热电偶丝 10.006
irregularity of Newton's ring 光圈局部误差 04.092
isolation diaphragm 隔离膜片 09.231
isolator 隔离器 06.097
isopycnic zone centrifugation 等密度区带离心法 07.408
isothermal calorimeter 恒温式热量计 05.156
isotope mass spectrometer 同位素质谱计 05.200
iteration chromatography 核对色谱法 05.302

J

jack 插口 09.111
jerk acceleration transducer 冲击加速度传感器 08.047
jewel bearing 宝石轴承 09.005

K

Kaiser effect 凯泽效应 06.247
kalium lamp 钾灯 09.177
kampometer 热辐射计 02.063
karma resistance alloy 镍铬铝铁电阻合金 10.028
Kelvin [double] bridge 开尔文[双比]电桥 03.093
Kerr effect 克尔效应 04.039
keyboard 键盘 09.147
keyboard switch 键盘开关 09.136
key switch 键式开关 09.134
kinematic viscosity 运动黏度 05.389
knife 刀子 07.051
knife-edge tester 刀口仪 04.328
Knudsen vacuum gauge 克努森真空计 07.519
konstantan resistance alloy 康铜电阻合金 10.031
krypton chloride excimer laser 氯化氪准分子激光器 04.465
krypton fluoride excimer laser 氟化氪准分子激光器 04.463
krypton ion laser 氪离子激光器 04.468
krypton lamp 氪灯 09.175

L

laboratory centrifuge 实验室离心机 07.358
Lamb dip 兰姆凹陷 04.430
laminated magnet 积层磁铁 05.239
lanyard disconnect connector 拉线分离连接器 09.096
lap 研磨模 04.123
laser 激光 04.417，激光器 04.432
laser absolute gravimeter 激光绝对重力计 04.597

laser accelerometer 激光加速度计 04.598
laser alarm installation 激光报警装置 04.603
laser alignment telescope 激光瞄准望远镜 04.595
laser annealing 激光退火 04.577
laser beam focusing 激光束聚焦 04.581
laser ceilometer 激光测云仪 04.588
laser collimator 激光准直仪 04.282
laser communication 激光通信 04.574
laser controlled area 激光受控区域 04.608
laser conversion efficiency 激光器转换效率 04.562
laser detection 激光探测 04.534
laser detector 激光探测器 04.587
laser diameter measuring instrument 激光测径仪 04.590
laser distance meter 激光测距仪 04.248
laser Doppler flowmeter 激光多普勒流量计 02.145
laser Doppler velocity measurement 激光多普勒测速 04.586
laser dye 激光染料 04.572
laser ellipticity measuring instrument 激光椭圆度测量仪 04.593
laser evaporation and deposition 激光蒸发与沉积 04.579
laser grooving and scribing 激光刻划 04.578
laser guidance 激光制导 04.602
laser head 激光头 04.543
laser holographic camera 激光全息照相机 04.573
laser interferometer 激光干涉仪 04.596
laser interferometry 激光干涉测量 04.585
laser isotope separation 激光同位素分离 04.600
laser length measuring machine 激光测长机 04.589
laser level 激光水准仪 04.235
laser level meter 激光水平仪 04.592
laser linear comparator 激光线性比较仪 04.591
laser material 激光工作物质 04.428
laser medicine 激光医疗 04.601
laser microscope 激光显微镜 04.215
laser microspectral analyzer 激光微区光谱仪 04.304
laser noise 激光器噪声 04.570
laser orientation instrument 激光指向仪 04.594
laser printer 激光打印机 04.606
laser printing 激光印刷 04.605
laser probe mass spectrometer 激光探针质谱计 05.199
laser pulse 激光脉冲 04.554
laser pump cavity 聚光腔[器] 04.549
laser pumping 激光泵浦 04.561
laser rangefinder 激光测距 04.582
laser sensor 激光传感器 08.016
laser solution 激光溶液 04.571
laser spectrum technology 激光光谱技术 04.599
laser tachometer 激光转速仪 02.222
laser technique 激光技术 04.498
laser theodolite 激光经纬仪 04.223
laser transmission 激光传输 04.575
laser trimming 激光微调 04.580
laser weapon 激光武器 04.604
LCD panel 液晶显示屏 09.207
leak 漏孔 07.487
leak detector 检漏仪 07.525
leak rate 漏率 07.495
LED 发光二级管 09.204
length measuring instrument 长度计量仪器 04.260
length measuring machine 测长机 04.265
lengthy bellows 长波纹管 09.244
lens-centring instrument 透镜中心仪 04.337
level 水准仪 04.234
level adjuster 水平调节装置 07.391
level indicator 水准器 07.088
leveling device 水平调整装置 07.081
leveling screw 水平螺栓 07.079
level transducer 物位传感器 08.052
lever-type vibrograph 杠杆式测振仪 07.318
library searching 谱库检索 05.165
lifter drawing bar 升降拉杆 07.066
lift-off effect 提离效应 06.185
ligand chromatography 配位体色谱法 05.310
light deflection 光偏转 04.525
light emitting diode 发光二极管 09.204
light frequency modulator 频率调制器 04.520
light intensity modulator 光强调制器 04.518
light phase modulator 相位调制器 04.519
light polarization modulator 偏振调制器 04.521

light-section method 光切法 04.086
light-section microscope 光切显微镜 04.278
light source for instrument 仪器光源 09.171
limiting angular subtense 极限视角 04.617
limiting aperture 极限孔径 04.631
limiting control 极限控制 02.317
limiting temperature 极限温度 10.019
limit nominal air pressure 极限标称气压 07.113
limit nominal humidity 极限标称湿度 07.112
limit nominal temperature 极限标称温度 07.111
linear acceleration transducer 线加速度传感器 08.046
linear array 线阵 06.249
linear comparator 线纹比较仪器 04.287
linear contraction tester of casting alloy 铸造合金线收缩测试仪 07.464
linear conversion 线性转换 03.115
linear dispersion 线色散率 05.062
linear displacement grating 直线位移光栅 04.062
linear electric actuator 直线行程电动执行机构 02.291
linearity 线性度 01.045
linearity error 线性度误差 03.126
linear motion valve 直行程阀 02.301
linear motor 直线电动机 09.157
linear thermal expansion ratio 线热膨胀率 10.100
linear thermal expansive force 线热膨胀力 10.099
linear thermodilatometry 线膨胀法 05.122
linear velocity transducer 线速度传感器 08.043
line voltage regulation 电源电压调整率 03.176
lipophilic emulsifier 亲油性乳化剂 06.136
liquid chromatograph 液相色谱仪 05.321
liquid chromatograph-mass spectrometer 液相色谱-质谱[联用]仪 05.206
liquid chromatography 液相色谱法 05.295
liquid chromatography mass spectrometry 液相色谱-质谱法 05.177
liquid column manometer 液柱压力计 02.100
liquid crystal display panel 液晶显示屏 09.207
liquid crystal thermometer 液晶温度计 02.055
liquid densitometer 液体密度计 05.408
liquid density transducer 液体密度传感器 08.058
liquid displacement technique 液体置换法 02.156
liquid-filled pressure gauge 充液压力表 02.097
liquid film developer 液膜式显示剂 06.140
liquid flow measurement calibration facility 液体流量测量校验装置 02.149
liquid-in-glass thermometer 玻璃温度计 02.040
liquid laser 液体激光器 04.472
liquid level pressure gauge 液位压力表 02.098
liquid-liquid chromatography 液-液色谱法 05.296
liquid sealed drum gas flowmeter 液封转筒式气体流量计 02.136
liquid-solid chromatography 液-固色谱法 05.297
liquid surface acoustic holography 液面声全息[术] 06.237
live voltage detector 带电电压检示器 03.071
load 负载 07.202
load regulation 负载调整率 03.177
locking device 制动装置 07.080
logic control 逻辑控制 02.326
long anode tube 长阳极管 06.288
longitudinal wave method 纵波法 06.213
long time stability 长期稳定性 08.155
loudness 响度 07.294
loudness level 响度级 07.295
low air pressure test 低气压试验 07.187
low air pressure test chamber 低气压试验箱 07.135
low electron energy diffractometer 低能电子衍射仪 05.359
low e. m. f. potentiometer 低电动势电位差计 03.140
low expansion alloy 低膨胀合金 10.094
low frequency connector 低频连接器 09.051
low-inertia motor 低惯量电机 09.163
low pressure mercury lamp 低压汞灯 09.181
low pressure sodium lamp 低压钠灯 09.176
low speed balancing machine 低速平衡机 06.317
low speed centrifuge 低速离心机 07.362
low speed large capacity centrifuge 低速大容量离心机 07.364
low speed refrigerated centrifuge 低速冷冻离心机 07.363
low-temperature test 低温试验 07.188

low temperature test chamber　低温试验箱　07.125
low temperature testing machine　低温试验机　06.008
low voltage electron microscope　低压电子显微镜　04.384
lumen standard lamp　光通量标准灯　09.189
luminance　[光]亮度　04.082
luminous flux　光通量　04.081
luminous intensity　发光强度　04.080
luminous quantity　光度量　04.078

M

macro-analysis　常量分析　05.003
MA-display　MA 型显示　06.205
magnet detector for lightning current　闪电电流磁检示器　03.074
magnet dynamic instrument　磁式动态仪器　05.191
magnetic analyzer　磁分析器　05.226
magnetic anisotropy　磁各向异性　10.063
magnetic energy product　磁能积　10.072
magnetic field strength transducer　磁场强度传感器　08.081
magnetic flux transducer　磁通传感器　08.082
magnetic hysteresis　磁滞　10.068
magnetic ink　磁悬液　06.160
magnetic lens　磁透镜　04.368
magnetic oxygen transducer　磁式氧传感器　08.103
magnetic particle flaw detection　磁粉探伤　06.147
magnetic particle flaw detector　磁粉探伤机　06.177
magnetic particle indication　磁痕　06.166
magnetic pole distance　磁极间距　06.162
magnetic powder　磁粉　06.158
magnetic quantity transducer　磁[学量]传感器　08.080
magnetic recording-head material　磁头材料　10.049
magnetic recording medium　磁记录介质　10.042
magnetic scale width meter　磁栅式宽度计　02.195
magnetic suspension centrifuge　磁悬式离心机　07.368
magnetic thin-film　磁性薄膜　10.060
magnetization　磁化强度　10.066
magnetization curve　磁化曲线　10.067
magnetizing　磁化　06.150
magnetizing coil　磁化线圈　06.170
magnetizing current　磁化电流　06.149
magnetizing time　磁化时间　06.161
magneto diode　磁敏二极管　09.038
magnetoelastic effect　压磁效应　02.187
magnetoelastic rolling force measuring instrument　磁弹性式轧制力测量仪　02.231
magnetoelastic tensiometer　磁弹性式张力计　02.230
magnetoelastic torque measuring instrument　磁弹性式转矩测量仪　02.226
magnetoelectric instrument　永磁动圈式仪表，* 磁电系仪表　03.046
magnetoelectric phase difference torque measuring instrument　磁电相位差式转矩测量仪　02.224
magnetoelectric tachometer　磁电式转速表　02.218
magnetoelectric velocity measuring instrument　磁电式速度测量仪　02.249
magnetometer　磁强计　03.039
magneto-optical effect　磁光效应　04.040
magneto-optic modulator　磁光调制器　04.524
magneto potentiometer　磁敏电位器　09.037
magnetoresistive effect　磁阻效应　10.081
magneto resistor　磁敏电阻器　09.036
magnetoresistor alloy　磁敏电阻合金　10.024
magneto sensitive element　磁敏元件　09.035
magnetostriction　磁致伸缩　10.065
magnetostrictive material　磁致伸缩材料　10.057
magnetostrictive vibration generator　磁致伸缩振动发生器　06.092
magnetostrictive vibration generator system　磁致伸缩振动台　06.083
magneto transistor　磁敏晶体管　09.039
magnifying power of microscope　显微镜放大率　04.141
main contact　主接触件　09.121
male contact　阳接触件　09.119
manganin resistance alloy　锰铜电阻合金　10.030
man-machine communication　人机通信　02.329

manual control 手动控制 02.307
[manual] eddy current flaw detector [手动式]涡流探伤仪 06.190
maraging steel 马氏体时效钢 10.093
marine instrument 船用仪器仪表 01.069
martensitic precipitation-hardening steel 马氏体沉淀硬化不锈钢，*马氏体 PH 钢 10.092
mass analysis ion kinetic energy spectrometer 质量分析离子动能谱仪 05.209
mass analyzer 质量分析器 05.225
mass centering machine 质量定心机 06.319
mass chromatography 质量色谱法 05.178
mass dispersion 质量色散 05.163
mass flowrate 质量流量 02.112
mass fragmentography 质量碎片谱法 05.179
mass indicator 质量指示器 05.229
mass resistivity 质量电阻率 10.037
mass spectrograph 质谱仪器 05.010
mass spectrometer 质谱仪器 05.010，质谱计 05.183
mass spectrometry 质谱法 05.175
mass spectrometry-mass spectrometry 质谱－质谱法 05.180
mass spectroscopy 质谱学 05.174
mass-to-charge ratio 质荷比 05.162
master viscometer 标准黏度计 05.397
material testing machine 材料试验机 06.004
matrix effect 基体效应 05.173
maximum angular velocity 最大角速度 07.352
maximum capacity 最大称量 07.002
maximum centrifugal force 最大离心力 07.335
maximum centrifugal radius 最大离心半径 07.337
maximum load 最大载荷 07.334
maximum output 最大输出 04.621
maximum permeability 最大磁导率 10.074
maximum permissible exposure 最大允许照射量 04.622
maximum rotational energy 最大旋转能量 07.351
maximum rotor capacity 最大转头容量 07.343
maximum sedimentation path 最大沉降路程 07.353
maximum sine excitation force 最大正弦激振力 06.102
maximum sound pressure level of microphone 传声器最高声压级 07.237
maximum speed 最高转速 07.332
maximum transverse force 最大横向力 06.111
mean dispersion 平均色散 04.099
mean flowrate 平均流量 02.114
mean temperature coefficient of resistance 平均电阻温度系数 10.039
[measurable] quantity [可测的]量 01.005
measurand 被测量 01.009
measured value 被测值 01.010
measurement 测量 01.002
measurement error 测量误差 01.056
measurement of directional response pattern 指向性响应图案测试 07.281
measurement signal 测量信号 01.012
measurement standard [测量]标准器 01.077
measurement with wet-and-dry-bulb thermometer 干湿球法 07.176
measuring amplifier 测量放大器 07.258
measuring apparatus of costing mold material 造型材料测定仪 07.413
measuring bridge 测量电桥 07.212
measuring current transformer 测量用电流互感器 03.196
measuring element 传感器 08.001
measuring instrument 测量仪器仪表 01.057，检测仪表 02.002
measuring microscope 测量显微镜 04.268
[measuring] potentiometer [测量]电位差计 03.041
measuring range 测量范围 01.046
measuring transducer [with electrical output] [电量输出]测量变换器 03.005
measuring voltage transformer 测量用电压互感器 03.202
mechanical balance 机械天平 07.023
mechanical component 机械元件 09.001
mechanical counter 机械计数器 09.017
mechanical hygrometer 机械湿度计 05.412
mechanical method of vibration measurement 机械测振法 07.325
mechanical property 力学性能 06.001

mechanical Q-switch 机械 Q 开关 04.506
mechanical quantity transducer 力学式传感器 08.032
mechanical resonance 机械共振 02.182
mechanical run-out 机械跳动 02.183
mechanical structure type transducer 结构型传感器 08.024
mechanical timer 机械计时器 09.019
mechanical tube length 机械筒长 04.151
mechanical vibration 机械振动 06.073
mechanical vibration generator system 机械振动台 06.079
mechanical vibrometer 机械测振仪 07.319
mechanical zero adjuster 机械零位调节器 03.043
melting point tester of resin sand 树脂砂熔点测定仪 07.416
melting point type disposable fever thermometer 熔点型消耗式温度计 02.056
membrane leak 薄膜漏孔 07.489
Mendeleev weighing 门捷列夫称量法 07.093
metal-ceramic X-ray tube 金属陶瓷 X 射线管 06.289
metal diaphragm 金属膜片 09.227
metallic material testing machine 金属材料试验机 06.005
metallic thermocouple 金属热电偶 09.026
metallic vapor [atomic] laser 金属蒸气[原子]激光器 04.455
metallurgical microscope 金相显微镜 04.207
metal-oxide gas transducer 金属氧化物气体传感器 08.097
metal-oxide humidity transducer 金属氧化物湿度传感器 08.108
metal sheath material 金属套管材料 10.012
meter with maximum demand indicator 最大需量电能表 03.089
method of conductometric analysis 电导分析法 05.024
method of coulometric analysis 电量分析法 05.025
method of electrochemical analysis 电化学分析法 05.022
method of electrovolumetric analysis 电容量分析法 05.023
method of field emission microscope 场发射显微镜法 05.344
methylene blue clay tester 黏土吸蓝量试验仪 07.439
metric camera 量测摄影机 04.391
metroscope 测长仪 04.263
micro-analysis 微量分析 05.004
micrograph 显微[照片]图 04.157
micrometer 测微尺 04.186
micrometer checker 千分表检查仪 02.254
microphone calibration apparatus 传声器校准仪 07.263
microphotometer 测微光度计 04.307
microprojector 显微投影装置 04.194
micro rolling ball bearing 微型球轴承 09.013
microscope mirror 显微镜反射镜 04.169
microscope photometer 显微镜光度计 04.220
microscope stage 显微镜载物台 04.167
microscopic system 显微镜系统 04.009
microscopy 显微术 04.131
micro thermal balance 微量热天平 07.037
microwave distance meter 微波测距仪 04.245
microwave drying oven 微波干燥箱 07.120
microwave thickness meter 微波厚度计 02.199
middle pressure mercury lamp 中压汞灯 09.182
mini-differential weighing 微差称量法 07.092
minimum centrifugal force 最小离心力 07.336
minimum centrifugal radius 最小离心半径 07.338
mining compass 矿山罗盘仪 04.257
mirror 反射[光]镜 04.049
mirror stereoscope 反光立体镜 04.399
mobile magnetic particle flaw detector 移动式磁粉探伤机 06.180
mobile X-ray detection apparatus 移动式 X 射线探伤机 06.280
mobility 迁移率 10.083
mode-locking laser 锁模激光器 04.493
mode shape 振形 02.180
Mohr's balance 莫尔天平 07.039
moire fringe 叠栅条纹，*莫尔条纹 04.065
moire fringe grating 叠栅条纹光栅 04.066
moisture transducer 水分传感器 08.117
mold sand testing apparatus 型砂试验仪 07.426

mold strength tester　铸型强度计　07.475
molecular absorption spectrometry　分子吸收光谱法　05.070
molecular [gas] laser　分子[气体]激光器　04.457
molecular leak　分子漏孔　07.490
moment of pendulum　摆锤力矩　06.060
monitoring　监视　02.308
monochromator　单色仪　04.295
monocular microscope　单目显微镜　04.200
monopole mass spectrometer　单极质谱计　05.196
mosaicker　[像片]镶嵌仪　04.408
mother-daughter board connector　板间连接器　09.105
mould growth test　长霉试验　07.184
mould growth test chamber　长霉试验箱　07.130
mount pan balance　架盘天平　07.028
moving-coil galvanometer　磁电系检流计，*动圈式检流计　03.075
moving-magnet instrument　动磁式仪表　03.047
moving-scale instrument　动标度尺式仪表　03.059
MS-MS　质谱-质谱法　05.180
MS-MS scans　质谱-质谱法扫描　05.182
multi-cell switch　多单元开关　09.141
multichannel X-ray spectrometer　多道X射线光谱仪　05.374
multi-collector mass spectrometer　多接收器质谱计　05.204
multi-core type current transformer　多铁心型电流互感器　03.192
multi-function [measuring] instrument　多功能[测量]仪表　03.010
multi-function tester of high temperature coating material　涂料高温多功能测定仪　07.423
multi-function transducer　多功能传感器　08.028
multi-idler electronic belt conveyor scale　多托辊电子皮带秤　02.238
multimeter　万用电表　03.011
multimode laser　多模激光器　04.437
multimode laser oscillation　多模激光振荡　04.557
multiphase flow　多相流　02.116
multiple channel recorder　多通道记录仪　03.108
multiple-speed floating controller　多速无定位控制器　02.336
multi-ply bellows　多层波纹管　09.243
multi-range [measuring] instrument　多量限[测量]仪表　03.007
multi-rate meter　复费率电能表　03.090
multi scale [measuring] instrument　多标度[测量]　03.008
multispectral camera　多光谱照相机　04.411
multispectral scanner　多光谱扫描仪　04.412
multistep controller　多位控制器　02.345
multi-teaching head microscope　示教显微镜　04.219
multi-turn electric actuator　多转电动执行机构　02.293

N

national standard　国家标准器　01.084
natural frequency　固有频率　06.076
navigation telescope　导航望远镜　04.394
Nd:YAG laser　[掺]钕钇铝石榴子石激光器　04.442
needle　指针　09.020
neodymium-doped yttrium aluminium garnet laser　[掺]钕钇铝石榴子石激光器　04.442
neodymium glass　钕玻璃　04.551
neodymium glass laser　钕玻璃激光器　04.441
neodymium pentaphosphate laser　五磷酸钕激光器　04.445
neon indicator　氖指示灯　09.191
neutral filter　中性滤光片　04.174
neutron radiography　中子射线照相术　06.300
Newton rings　牛顿环　04.035
Newton's law of flow　牛顿流动定律　05.385
nickel-chromium/copper-nickel thermocouple wire　镍铬-铜镍热电偶丝，*E型热电偶丝　10.005
nickel-chromium/gold-iron low temperature thermocouple wire　镍铬-金铁热电偶丝　10.010
nickel-chromium/nickel-silicon thermocouple wire　镍铬-镍硅热电偶丝，*K型热电偶丝　10.004
nickel-chromium-silicon/nickel-silicon thermocouple

wire 镍铬硅－镍硅热电偶丝，＊N 型热电偶丝 10.008
nickel-chromium-iron resistance alloy 镍铬铁电阻合金 10.027
nitrogen molecular laser 氮分子激光器 04.460
nitrogen-oxide analyzer 氮氧化物分析仪 05.425
NMR spectrometer 核磁共振仪 05.257
noble gas [atomic] laser 惰性气体[原子]激光器 04.453
noise dose 噪声剂量 07.315
noise dose meter 噪声剂量计 07.251
noise exposure flux 噪声暴露量 07.314
noise exposure meter 噪声暴露计 07.252
noise level analyzer 噪声级分析仪 07.256
noise [signal] generator 噪声[信号]发生器 07.264
noise thermometer 噪声温度计 02.059
noise transducer 噪声传感器 08.089
no-load test 空载试验 07.179
nominal ocular hazard area 标称眼睛受害区域 04.623
nominal ocular hazard distance 标称眼睛受害距离 04.624
nominal rotor capacity 转头公称容量 07.342
non-coherent detection 非相干探测 04.535
noncontact measuring method 非接触测量法 07.482
non-contact thermometry 非接触测温法 02.031
nondestructive testing 无损检验 06.003
nondiffraction X-ray spectrometer 非衍射 X 射线光谱仪 05.373
non-interacting control 无相关控制 02.316
non-linear conversion 非线性转换 03.116
nonmetallic material testing machine 非金属材料试验机 06.006
non-Newtonian fluid 非牛顿流体 05.386
normal probe 直探头 06.225
nose cone 防风锥 07.275
no test force 空试验力 06.059
Novokanstant resistance alloy 新康铜电阻合金 10.032
N-type semiconductor N 型半导体 10.079
nuclear magnetic resonance spectrometer 核磁共振仪 05.257
nuclear magnetic resonance spectroscopy 核磁共振波谱法 05.252
nuclear quadrupole resonance spectroscopy 核四极共振波谱法 05.255
nuclear radiation levelmeter 核辐射物位计 02.175
[nuclear] radiation transducer [核]辐射传感器 08.017
nude gauge 裸规 07.503
null method of measurement 零值测量法 01.023
null reading method 零读法 07.218
number of convolution 波数 09.252
number of Newton's rings 光圈数 04.090
number of scale division 标尺分度数 07.003
number of the theoretical plate 理论板数 05.274
numerical apertometer 数值孔径计 04.341
nutation disc flowmeter [章动]圆盘流量计 02.134

O

object field 物场 04.134
objective 物镜 04.067
object marker 物体标志器 04.190
object sonic beam 物体声束 06.232
octave 倍频程 02.179
ocular 目镜 04.068
ocular graticule 目镜分划板 04.166
ohmmeter 电阻表，＊欧姆表 03.025
omegatron mass spectrometer 回旋质谱计 05.192
on-line measurement and frequency spectrum method 在线测量频谱分析 02.178
on-line processing 在线处理 02.330
on-line real-time system 在线实时系统 02.354
on-off controller 通断控制器 02.344
open-initiate system 开[关]启装置 07.086
open-loop control 开环控制 02.310
open source 裸式离子源 05.222
operating life 工作寿命 08.158
operating temperature range 工作温度范围 08.160
operation microscope 手术显微镜 04.217

optical analytical instrument 光学[式]分析仪器 05.008
optical axis [of crystal] 晶轴 04.533
optical bench 万能光具座 04.344
optical blacking 光学黑色涂料 04.129
optical cable connector 光缆连接器 09.058
optical clinometer 光学倾斜仪 04.276
optical coating [光学]薄膜 04.115
optical contact 光胶 04.121
optical crystal 光学晶体 04.126
optical density 光学密度 04.091
optical disc [memory] technique 光盘[存储]技术 04.607
optical dividing head 光学分度头 04.273
optical Doppler effect 光的多普勒效应 04.042
optical fiber 光学纤维 04.075
optical fiber chemical sensor 光纤化学传感器 08.007
optical fiber connector 光纤连接器 09.062
optical fiber transducer 光纤传感器 08.006
optical fitting dimension 光学安装尺寸 04.153
optical glass 光学玻璃 04.125
optical lever 光学杠杆 04.085
optical low-pass filter 光学低通滤波器 04.073
optical matched filter 光学匹配滤波器 04.074
optical material 光学材料 04.124
optical measurement 光学测量 04.076
optical [measurement] method 光测法 07.326
optical metrological instrument 光学计量仪器 04.259
optical microscopy 光学显微术 04.132
optical modulation 光调制 04.514
optical modulator 光调制器 04.517
optical oscillograph 光线示波器 03.110
optical parametric amplification 光参量放大 04.527
optical parametric oscillation 光参量振荡 04.528
[optical] parametric oscillator [光]参量振荡器 04.495
optical plastics 光学塑料 04.127
optical projection reading device 光学投影读数装置 04.285
optical [quantity] transducer 光[学量]传感器 08.066
optical resin 光学树脂 04.128
optical rotating stage 光学转台 04.277
optical spectrum instrument 光谱仪器 04.294
optical stress pattern 应力光图 07.394
optical switch 光开关 09.144
optical system 光学系统 04.006
optical testing instrument 光学测试仪器 04.320
optical theodolite 光学经纬仪 04.222
optical thin film deposition [光学]镀膜 04.113
optical transfer function instrument 光学传递函数测定仪 04.345
optical tube length 光学筒长 04.152
optical uniformity 光学均匀性 04.100
optical vibrometer 光学振动仪 07.317
optic fiber displacement meter 光纤式位移计 02.210
optic fiber position measuring instrument 光纤式位置测量仪 02.213
optic fiber tachometer 光纤式转速表 02.217
optimal control 最优控制 02.322
optimeter 光学计 04.261
order of interference 干涉级 04.033
organic semiconductor gas transducer 有机半导体气体传感器 08.098
organic semiconductor humidity transducer 有机半导体湿度传感器 08.109
orientation data 方位元素 04.387
orifice-and-plug flowmeter 锥塞式流量计 02.125
orthoprojector 正射投影仪 04.403
oscillograph 示[录]波器 03.004
oscillographic polarograph 示波极谱仪 05.043
oscilloscope 示波器 03.003
OTF instrument 光学传递函数测定仪 04.345
output characteristic of laser 激光器输出特性 04.563
output energy of a pulse 脉冲输出能量 04.565
output energy stability 输出能量稳定度 04.569
output impedance characteristic 输出阻抗特性 07.201
output impedance of microphone 传声器输出阻抗 07.241
output power 输出功率 04.564

output power stability 输出功率稳定度 04.568
output ratio of Q-switching to free running 动静比 04.512
output signal 输出信号 01.016
output winding 输出绕组 09.164
outside diameter of bellows 波纹管外径 09.247
oval wheel flowmeter 椭圆齿轮流量计 02.130
overload lock pin 超载制动销 07.054
overload/underload indicator 超载/欠载指示器 07.074
overpressure characteristic 超压特性 02.066
over speed centrifuge 超速离心机 07.365
overspeed protection 过速保护 07.355
over-speed protection device 过速保护装置 07.390
over test force 超试验力 06.058
oxygen bomb 氧弹 05.161
oxygen bomb calorimeter 氧弹式热量计 05.152
oxygen pressure gauge 氧压力表 02.087
ozone analyzer 臭氧分析仪 05.426
ozone corrosion test chamber 臭氧腐蚀试验箱 07.133

P

pan brake [秤]盘制动器 07.078
panel connector 面板式连接器 09.072
panoramic cxposurc 全景曝光 06.302
paper chromatography 纸色谱法 05.306
parabolical mirror 抛物面[反射]镜 04.054
parallax difference 视差差异 04.389
parallax error 视差 07.019
parallelism of optical axes 光轴平行度 04.106
parfocal 齐焦 04.136
partial immersion thermometer 局浸温度计 02.046
partial pressure 分压力 07.498
partial pressure gauge 分压强计 05.202
partial pressure vacuum gauge 分压真空计 07.523
partition chromatography 分配色谱法 05.312
partition coefficient 分配系数 05.267
partition isotherm 分配等温线 05.263
passive Q-switch 被动 Q 开关 04.509
passive transducer 无源传感器 08.020
pattern inspection figure 探伤图形 06.201
P controller 比例控制器，* P 控制器 02.332
PD controller 比例微分控制器，* PD 控制器 02.338
peak detector 峰值检波器 07.269
peak energy measurement 峰能量测量 02.184
peak height [of mass spectrometry] [质谱]峰高 05.169
peak matching 峰匹配 05.167
peak output power of pulse 脉冲峰值功率 04.566
peak separation [of mass spectrometry] [质谱]峰距 05.170
peak sound pressure 峰值声压 07.301
peak voltmeter 峰值电压表 03.021
peak width at half height 半高峰宽 05.287
peak width [of mass spectrometry] [质谱]峰宽 05.168
pendulum type wet tensile strength tester 摆锤式湿拉强度试验仪 07.427
penetrant 渗透液 06.128
penetrant flaw detection 渗透探伤 06.114
penetrant flaw detection agent 渗透探伤剂 06.144
penetrant inspection 渗透探伤 06.114
penetrant inspection unit 渗透探伤装置 06.117
penetrant unit 渗透装置 06.122
penetrating method 穿透法 06.210
Penning vacuum gauge 彭宁真空计 07.521
percentage balance 百分率天平 07.045
perfect optical system 理想光学系统 04.007
permanent magnet 永磁铁 10.052
permanent magnetic alloy 永磁合金 10.051
permanent magnetic material 永磁材料 10.050
permanent-magnet moving-coil instrument 永磁动圈式仪表，* 磁电系仪表 03.046
permanent magnet synchronous motor 永磁同步电动机 09.160
permeability 渗透率 05.264
permeability meter 透气性测定仪 07.414
permeability specimen tube 透气性试样筒 07.461
permeability tube 渗透管 05.434

permeameter 磁导计 03.040
phase 相位 04.142
phase-adjustable connector 相调连接器 09.064
phase-contrast microscope 相衬显微镜 04.205
phase control 相位控制 09.170
phase controlled circuit breaker 断电相位控制器 06.174
phase difference 相位差 04.143
phase distance meter 相位式测距仪 04.244
phase error of strain meter 应变仪相移 07.199
phase meter 相位表 03.031
phase-plate 相位板 04.165
phase ratio 相比率 05.266
phase sequence indicator 相序指示器 03.067
phase-shift 相位移 04.144
phase velocity 相速度 04.025
pH meter pH 计 05.037
photoacoustic spectrometry 光声光谱法 05.075
photo cell 光敏电池 09.034
photoconductive effect 光电导效应 04.539
photoconductive transducer 光导式传感器 08.076
photocopying system 照相制版系统 04.022
photo-elastic effect 光弹效应 04.499
photoelasticimeter 光弹性仪 04.319
photoelasticity method 光弹法 07.392
photoelectric autocollimator 光电自准直仪 04.281
photoelectric colorimetry 光电比色法 05.074
photoelectric comparator 光电比较仪 04.288
photoelectric direct-reading spectrograph 光电直读光谱仪 04.305
photoelectric effect 光电效应 02.188
photoelectric effect type optical switch 光电效应式开关 09.145
photoelectric length meter 光电式长度计 04.264
photoelectric microscope 光电显微镜 04.292
photoelectric position detector 光电式位置检测器 02.214
photoelectric roll gap measuring instrument 光电式辊缝测量仪 02.212
photoelectric tachometer 光电式转速表 02.216
photoelectric thermometer 光电温度计 02.051
photoelectric transducer 光电式传感器 08.005
photoelectric width meter 光电式宽度计 02.193
photoelectro-magnetic element 光电磁敏元件 09.040
photoelectronic image 光电子像 04.361
photo-electron spectroscopy 光电子能谱法 05.334
photogrammetric instrument 摄影测量仪器 04.390
photographic optical system 摄影光学系统 04.021
photolithography 光刻法 04.120
photomagnetoelectric effect 光磁电效应 04.541
photometer 光度计 04.329
photometric contrast 光度对比 04.139
photometric field 光度场 04.137
photometry 光度学 04.002
photomicrographic device 显微摄影装置 04.193
photomicrography 显微摄影 04.156
photomultiplier 光电倍增管 05.080
photon drag effect 光子牵引效应 04.542
photo-potentiometer 光敏电位器 09.033
photoresistor 光敏电阻器 09.032
photosensitive element 光敏元件 09.031
photo-theodolite 摄影经纬仪 04.231
phototube 光电管 05.081
photovoltaic cell 光电池 05.079
photovoltaic effect 光伏效应 04.540
pH transducer pH 传感器 08.105
pH value pH 值 05.014
physical photometry 物理光度测量法 04.087
physical property type transducer 物性型传感器 08.025
physical quantity transducer 物理量传感器 08.002
physico-optical instrument 物理光学仪器 04.293
piano wire 琴钢丝 10.091
PI controller 比例积分控制器，* PI 控制器 02.337
piezoelectric balance 压电天平 07.032
piezoelectric effect 压电效应 02.190
piezoelectric transducer 压电式传感器 08.012
piezoelectric vibration generator 压电振动发生器 06.091
piezoelectric vibration generator system 压电振动台 06.082
piezoelectric vibrometer 压电式振动计 02.247
piezoresistive effect 压阻效应 02.191
piezoresistive transducer 压阻式传感器 08.013

piezoresistive vibrometer 压阻式振动计 02.248
pipe prover 标准体积管 02.151
Pirani vacuum gauge 皮拉尼真空计 07.514
piston actuator 活塞执行机构 02.287
piston gauge 活塞式压力计 02.107
pistonphone 活塞发声器 07.261
piston type variable-area flowmeter 活塞式变面积流量计 02.128
pitch of convolution 波距 09.251
Pitot static tube 皮托静压管 02.168
Pitot tube 皮托管 02.167
pivot galvanometer 轴尖式检流计 03.082
planar array 平面阵 06.250
plane color luminotron 平面彩色发光管 09.203
plane grating 平面光栅 04.177
plane table equipment 平板仪 04.253
plane table thermo-conductivity meter 平板导热仪 05.157
plant growth test chamber 植物生长试验箱 07.140
plasma chromatograph-mass spectrometer 等离子色谱-质谱[联用]仪 05.207
plasma chromatography 等离子体色谱法 05.315
plasma display panel 等离子体显示屏 09.211
plate wave technique 板波法 06.216
platinum resistance thermometer 铂热电阻 10.015
plug 插头 09.109
plunger viscometer 活塞式黏度计 05.405
PME 光电磁敏元件 09.040
pneumatic actuator 气动执行机构 02.281
pneumatic thickness meter 气动厚度计 02.203
Pockels effect 泡克耳斯效应 04.038
pointer galvanometer 指针式检流计 03.080
pointer instrument 指针式仪表 03.057
point-to-point comparison method 逐点比较法 07.328
point-to-point control system 点到点控制系统 02.355
point transfer device 刺点仪 04.404
poise nut 平衡托 07.057
polar coordinate type potentiometer 极坐标式电位差计 03.144
polarimeter 旋光仪 04.317
polarimetry 旋光法 05.072
polarity indicator 极性指示器 03.066
polarized light 偏振光 04.036
polarized voltage 极化电压 07.239
polarizer 偏振元件 04.162
polarizing coating 偏振膜 04.119
polarizing instrument 偏振仪器 04.316
polarizing microscope 偏光显微镜 04.206
polarogram 极谱图 05.021
polarograph 极谱仪 05.042
polarographic cell 极谱池 05.056
polarography 极谱法 05.028
pole piece 极靴 04.375
polyester fiber diaphragm 涤纶膜片 09.230
portable hardness tester 携带式硬度计 06.019
portable instrument 便携式仪器仪表 01.067
portable magnetic particle flaw detector 携带式磁粉探伤机 06.181
portable X-ray detection apparatus 携带式X射线探伤机 06.279
position transducer 位置传感器 08.051
post emulsifiable penetrant 后乳化性渗透液 06.133
potential connecting resistance [电位端]连接电阻 03.154
potentiometric analyzer 电位[式]分析器 05.034
potentiometric transducer 电位器式传感器 08.071
potentiometry 电位法 05.026
powder bonded magnet 粉末黏接磁体 10.056
powder sintered magnetic material 粉末烧结磁性材料 10.055
power consumption 功耗 08.156
power factor meter 功率因数表 03.032
power supply of laser 激光电源 04.544
precipitation rate of salt spray 盐雾沉降率 07.108
precise alloy 精密合金 10.002
precision coaxial connector 精密同轴连接器 09.065
precision electrical resistance alloy 精密电阻合金 10.021
precision micrometer inspection instrument 精密测微检定仪 02.255
precision pressure gauge 精密压力表 02.085
precleaning unit 预清洗装置 06.120

preparative centrifugation 制备离心 07.404
preparative chromatography 制备色谱法 05.293
preparative liquid chromatograph 制备液相色谱仪 05.323
preparative ultracentrifuge 制备超速离心机 07.366
prepayment meter 预付费电能表 03.091
pressure diaphragm capsule 压力膜盒 09.236
pressure-filled thermometer 压力式温度计 02.044
pressure gauge 压力表 02.075
pressure gauge with back connection 轴向压力表 02.093
pressure gauge with bottom connection 径向压力表 02.094
pressure gauge with electric contact 电接点压力表 02.090
pressure gauge with transmission device 电远传压力表 02.091
pressure gauge tester 压力表校验器 02.111
pressure instrument 压力仪表 02.074
pressure sensing resistor alloy 压敏电阻合金 10.025
pressure [step-type] controller 压力[位式]控制器，*压力开关 02.109
pressure switch 压力[位式]控制器，*压力开关 02.109
pressure transducer 压力传感器 08.033
pressure transmitter 压力变送器 02.108
pressure-volume-temperature-time technique 压力-容积-温度-时间法 02.157
pre-weighing device 预称装置 07.085
primary force standard machine 力基准机 06.040
primary standard 主基准[器] 01.079
primary standard torquer 扭矩基准机 06.043
principal inertia axis 惯性主轴，*主惯性轴 06.303
principle horse device 骑码装置 07.067
printed board connector 印制板连接器 09.055
printing device 打印元件 09.015
printing recorder 打印式记录仪 03.104
prism mass spectrometer 棱镜质谱计 05.190
prism monochromator 棱镜单色仪 04.297
prism spectrograph 棱镜摄谱仪 04.303
probe 探头 06.224
[prober] incident point [探头]入射点 06.199
process control 过程控制 02.006
process control computer 工业控制计算机 02.357
process mass spectrometer 流程质谱计，*在线质谱计 05.198
process measurement 过程测量 02.005
prod 触头 06.169
prod method 支杆法 06.152
program-controlled testing machine 程序控制试验机 06.012
programmable controller 可编程控制器 02.340
programme regulator for temperature 温度程序控制器 07.169
projecting system 投影系统 04.010
projection lens 投影镜 04.071
projection tube 投影管 09.200
projector 投影仪 04.272
propeller type current-meter 旋桨式流速计 02.163
proportional controller 比例控制器，*P 控制器 02.332
proportional plus derivative controller 比例微分控制器，*PD 控制器 02.338
proportional plus integral controller 比例积分控制器，*PI 控制器 02.337
proportional transmitter 比值变送器 05.129
proportional weighing 比例称量法 07.090
proportional electric actuator 比例式电动执行机构 02.296
protecting jacket 保护套 07.389
protection grid of microphone 传声器保护罩 07.272
protection test equipment 防护试验装置 07.146
protective current transformer 保护电流互感器 03.197
protective enclosure 防护屏 04.612
protective housing 防护罩 04.611
protective tube 保护管 10.014
protective voltage transformer 保护电压互感器 03.203
proximity switch 接近开关 09.140
psychrometer 干湿球湿度计 05.417
P-type semiconductor P型半导体 10.080
pull-off connector 打开连接器 09.094

pulse connector 脉冲连接器 09.063
pulsed krypton lamp 脉冲氪灯 04.547
pulsed laser 脉冲激光器 04.434
pulse echo method 脉冲回波法 06.209
pulse flip angle 脉冲回转角 05.248
pulse polarograph 脉冲极谱仪 05.046
pulse transducer 脉搏传感器 08.139
pumping 泵浦 04.560
pumping lamp 泵浦灯 04.545
Pusey and Jones indentation instrument 赵氏硬度计 06.027
push-button switch 按钮开关 09.133
push-on contact 推入式接触件 09.129
push-pull connector 推拉连接器 09.093

Q

Q-switch Q 开关 04.505
Q-switched laser 调 Q 激光器 04.492
Q-switching 调 Q 04.504
quad array 方阵 06.252
quadrant electrometer 象限静电计 03.073
quadrupole ion trap 四极离子阱 05.197
quadrupole mass filter 四极滤质器 05.237
quadrupole probe 四极探头 05.240
quadrupole rod 四极杆 05.241
qualitative analysis 定性分析 05.001
quantitative analysis 定量分析 05.002
quantitative differential thermal analyzer 定量差热[分析]仪 05.136
quantitative image analysis microscope 图像分析显微镜 04.212
quartz-Bourdon tube pressure gauge 石英弹簧管压力计 02.106
quartz crystal vibrator type humidity transducer 晶体振子式湿度传感器 08.115
quartz diaphragm 石英膜片 09.228
quartz elastic tube 石英弹簧管 09.258
quartz thermometer 石英温度计，* 频率温度计 02.058
quick balance 快速天平 07.038
quick disconnect connector 快速分离连接器 09.092
quick heat tester 曝热试验仪 07.438
quick-seal tube 快封器 07.384
quotient-meter 商值表 03.015

R

rack-and-panel connector 机柜连接器 09.071
radial clearance 径向间隙 06.064
radial electrostatic field analyzer 径向静电场分析器 05.232
radiance thermometry 亮度测温法 02.035
π radian magnetic analyzer π 弧度磁分析器 05.230
radiant element 辐射元件 07.162
radiant quantity 辐射量 04.077
radiation dose transducer 射线剂量传感器 08.094
radiation heatflowmeter 辐射热流计 02.061
radiationless transition 无辐射跃迁 04.423
radiation sensitive element 射线敏感元件 09.048
radiation strength distribution 辐射强度分布 07.109
radiation test 辐射试验 07.192
radiation thermometer 辐射温度计 02.052
radiation thermometry 辐射测温法 02.034
radiation thermoscope 辐射感温器 08.065
β radiation thickness meter β 射线厚度计 02.200
γ radiation thickness meter γ 射线厚度计 02.201
radiation transducer 射线传感器 08.090
radiation transition 辐射跃迁 04.422
radioactive half-life 半衰期 06.274
radio chromatography 放射色谱法 05.316
radio frequency display 射频显示 06.206
radiographic inspection 射线检测 06.273
radiometry 辐射度学 04.003
radio thermometer 比色温度计 02.054
rain cover 防雨罩 07.274

rainer 降雨装置 07.171
Raman effect 拉曼效应 04.043
Raman laser 拉曼激光器，*喇曼激光器 04.496
Raman-Nath diffraction 拉曼－奈斯衍射 04.501
Raman scattering 拉曼散射 04.529
Raman spectrophotometer 拉曼分光光度计 04.315
ramp response 斜坡响应 02.009
random error 随机误差 01.028
random incidence 无规入射 07.290
random incidence corrector 无规入射校正器 07.276
range finder 测距仪 04.241
rated acceleration 额定加速度 06.110
rated displacement 额定位移 06.108
rated flow coefficient 额定流量系数 02.275
rated frequency range 额定频率范围 06.105
rated sine excitation force 额定正弦激振力 06.103
rated static transverse force 额定静态横向力 06.112
rated stroke 额定行程 02.267
rated travel 额定行程 02.267， 06.106
rated velocity 额定速度 06.109
rate of applying test force 试验力施加速率 06.066
rate of deformation 变形速率 06.067
rate-zone centrifugation 速率区带离心法 07.407
ratio controller 比值控制器 02.341
ratio-meter 比率表，*流比计 03.014
β-ray transducer β射线传感器 08.092
reaction gas 反应气 05.436
reading bridge 读数电桥 07.213
reading microscope 读数显微镜 04.284
real-time analysis 实时分析 02.177
real-time control system 实时控制系统 02.353
rear-release contact 后松接触件 09.127
recessed jewel bearing 槽形宝石轴承 09.007
reciprocating piston flowmeter 往复活塞式流量计 02.135
reciprocity calibration 互易法校准 02.265
recoil line 回复线 10.073
recording device 记录元件 09.014
recording device 记录装置 01.066
recording instrument 记录仪器仪表 01.063
recording medium 记录介质 06.235
recording type gas evolution tester 记录式发气性试验仪 07.432
rectangular connector 矩形连接器 09.054
rectangular coordinate type potentiometer 直角坐标式电位差计 03.143
rectifier 纠正仪 04.402
rectifier instrument 整流式仪表 03.053
rectilinear coordinate recorder 直线坐标记录仪 03.097
recycle chromatography 循环色谱法 05.317
redox potential meter 氧化－还原电位测定仪 05.039
reduced viscosity 还原黏度 05.393
reducing plane table equipment 归算平板仪 04.255
reducing theodolite 归算经纬仪 04.233
reference block 对比试块 06.146
reference leak 标准漏孔 07.493
reference line 参比线，*基准线 03.127
reference sample［of NMR］［核磁共振］参比试样 05.259
reference sound intensity 参考声强 07.303
reference sound power 参考声功率 07.306
reference sound pressure 参考声压 07.298
reference standard 参考标准器 01.081
reference vacuum gauge 标准真空计 07.524
reference wave 参考声束 06.233
reflectance 反射比 04.089
reflecting coating 反射膜 04.116
reflection electron microscope 反射电子显微镜 04.382
reflection grating 反射光栅 04.179
reflectometer 反射比测定仪 04.333
refractive humidity transducer 折射式湿度传感器 08.114
refractive index 折射率 04.031
refrigerant pressure gauge 致冷压力表 02.099
regulator 调节器 07.164
relative centrifugal field 相对离心场 07.401
relative centrifugal force 相对离心力 07.402
relative error 相对误差 01.027
relative flow coefficient 相对流量系数 02.276
relative humidity adjustment range 相对湿度可调范

围　07.098
relative humidity fluctuation　湿度波动度　07.102
relative travel　相对行程　02.268
relative vacuum gauge　相对真空计　07.505
relative viscosity　相对黏度　05.390
relaxation process　弛豫过程　05.247
relaxation testing machine　松弛试验机　06.030
reluctive transducer　磁阻式传感器　08.014
remanence　剩磁　10.069
remanent flux density　剩余磁通密度　10.061
remote interlock connector　遥控联锁连接器　04.635
remote sensing instrument　遥感仪器　04.409
remote sensor　遥感器　04.410
repeatability error　重复性误差　01.032
repeatability of measurement　测量重复性　01.024
repetition frequency laser　重复频率激光器　04.436
repetition theodolite　复测经纬仪　04.225
replacement development method　顶替展开法　05.303
replica grating　复制光栅　04.178
reproducibility error　再现性误差　01.033
reproducibility of measurement　测量再现性　01.025
residual current transformer　剩余电流互感器　03.198
residual electromotive force of potentiometer　电位差计残余电动势　03.145
residual voltage transformer　剩余电压互感器　03.207
resilient contact　弹性接触件　09.122
resistance balance　电阻平衡　07.216
resistance box　电阻箱　03.157
resistance hygrometer　电阻湿度计　05.416
resistance method of temperature measurement　电阻测量法　07.175
resistance per meter　每米电阻值　10.035
resistance per unit length　单位长度电阻　10.034
[resistance] strain gauge rolling force measuring instrument　[电阻]应变式轧制力测量仪　02.229
[resistance] strain gauge tensiometer　[电阻]应变式张力计　02.228
resistance strain gauge　[电阻]应变计　09.023
resistance thermometer　电阻温度计　02.048
resistance thermometry　电阻测温法　02.032
resistive transducer　电阻式传感器　08.072
resolution　分辨力　01.049，分离度　05.276
resolution error　分辨误差　03.121
resolution [of NMR]　[核磁共振]分辨力　05.242
resolving power test target　分辨力板　04.198
resonance balancing machine　谐振式平衡机　06.311
resonance method　共振法　06.211
resonant vibration generator　共振振动发生器　06.094
resonator sensor　谐振式传感器　08.010
respiratory flow transducer　呼吸流量传感器　08.143
respiratory frequency transducer　呼吸频率传感器　08.144
retention volume　保留体积　05.272
reverberation room　混响室　07.284
reversal error　逆向误差　07.016
reverse actuator　反作用执行机构　02.290
reverse bend tester　弯折试验机　06.036
reverse library searching　逆谱库检索　05.166
reverser　反向器　06.055
revolution speed check table　转速校验台　02.262
revolving nosepiece　物镜转换器　04.164
rider weight　游码　07.059
right-angle connector　直角连接器　09.085
ring laser　环形激光器　04.490
ring viscometer　环式黏度计　05.399
ring weight　圈码　07.058
rms detector　方均根检波器　07.268
Rockwell hardness tester　洛氏硬度计　06.023
rod of pendulum　摆杆　06.051
rolling diaphragm actuator　滚动膜片执行机构　02.286
rolling sphere viscometer　滚球式黏度计　05.403
root mean square detector　方均根检波器　07.268
Roots flowmeter　腰轮流量计，*罗茨流量计　02.131
rotary coded switch　旋码开关　09.146
rotary motion valve　角行程阀　02.302
rotating ball display device　转球显示器件　09.215
rotating piston flowmeter　旋转活塞流量计　02.133

rotating target X-ray tube 旋转阳极 X 射线管 06.284
rotating vane type water meter 旋翼式水表 02.147
rotational viscometer 旋转黏度计 05.398
rotor base 转头座 07.382
rotor bursting test 转头破坏试验 07.400
rotor disintegration 转头心裂 07.411
rotor model 转头模型 07.395
rotor of carrying tube 载管转头 07.373
rotor over-speed test 转头过速试验 07.399
rounding error 化整误差 07.020
ruby 红宝石 04.550
ruby laser 红宝石激光器 04.440
running sieve formability tester 转筛式成型性试验仪 07.435
running time 运转时间 07.348
rupture pressure 破坏压力 02.069
Rutherford back scattering spectroscopy 卢瑟福背散射谱法 05.346

S

saccharometer ［旋光］糖量计 04.318
safety interlock 安全联锁装置 04.633
safety sealing device 安全密封装置 07.083
salinometer 盐量计 05.036
salt spray［corrosion］test chamber 盐雾腐蚀试验箱 07.132
salt spray filter 盐雾过滤器 07.154
salt spray generator 盐雾发生装置 07.163
salt spray test 盐雾试验 07.182
sampler 采样器 05.435
sampling control 采样控制 02.319
sampling controller 采样控制器 02.342
sampling frequency［of NMR］ ［核磁共振］采样频率05.246
sampling pocket method 取样袋法 07.485
sand and dust test 沙尘试验 07.191
sand and dust test chamber 沙尘试验箱 07.147
sandpan 砂盘 07.448
sapphire laser 蓝宝石激光器 04.447
saturation flux density 饱和磁通密度 10.062
scab specimen tube 抗夹砂试样筒 07.460
scale 标度 01.053
scale pan 秤盘 07.077
scale plate 分度板 07.061
scale range 标度范围 01.047
scaling［for analogue-to-digital conversion］ ［模/数转换的］规范化 03.113
scanning electron microscope 扫描电子显微镜 04.381
scanning ion microprobe 扫描离子微区探针 05.212
scanning laser 扫描激光器 04.497
scattering ion energy 散射离子能量 05.331
scattering turbidimeter 散射光浊度计 05.421
scintillation detector 闪烁检测器 05.382
scoop-proof connector 防斜插连接器 09.098
sealed rotor 封闭式转头 07.380
sealing alloy 封接合金 10.096
search gas 探索气体 07.497
secondary electron image 二次电子像 04.357
secondary ion background 二次离子本底 05.328
secondary ion mass spectrometer 二次离子质谱计 05.211
secondary ion mass spectrometry 二次离子质谱法 05.181
secondary ion spectrometer 二次离子谱仪 05.364
secondary ion spectroscopy 二次离子谱法 05.347
secondary standard 副基准［器］ 01.080
sector magnetic analyzer 扇形磁分析器 05.227
sedimentation balance 沉降天平 07.041
sedimentation time 沉降时间 07.349
Seebeck effect 塞贝克效应 02.038
seesaw switch 波动开关 09.132
selected-area diffraction 选区衍射 04.364
self-actuated regulator 自力式调节阀 02.303
self-balancing device 自平衡装置 06.321
self-compensating propeller 自补偿旋桨 02.164
self-electrode 自电极 05.086
self-focusing and self-defocusing 自聚焦和自散焦 04.531

self-heating error 自热误差 02.027
self-induced transparency 自感应透明 04.532
self-locking connector 自锁紧连接器 09.095
self-luminous object 自发光物体 04.133
self-operated controller 自力式控制器 02.343
self-operated regulator 自力式调节阀 02.303
self-reducing tacheometer 自动归算快速测距仪 04.250
semi-anechoic room 半消声室 07.282
semi-automatic testing machine 半自动试验机 06.011
semiconductor 半导体 10.076
semiconductor laser 半导体激光器 04.473
semiconductor [luminescent] character display tube 半导体[发光]数码管 09.205
semi-hard magnetic material 半永磁材料 10.053
semi-transparent mirror 半透射镜 04.055
sensing element 敏感元[器]件 09.021
sensitive switch 微动开关 09.138
sensitivity 灵敏度 01.054
sensitivity drift 灵敏度漂移 07.005
sensitivity error 灵敏度误差 07.006
sensitivity of microphone 传声器灵敏度 07.232
sensitivity regulator 灵敏度调节器 07.072
sensor 传感器 08.001
separate galvanometer 分装式检流计 03.085
separation number 分离数 05.277
sequential X-ray spectrometer 扫描 X 射线光谱仪 05.372
servomotor 伺服电动机 09.153
servo transducer 伺服式传感器 08.009
set point control 设定点控制 02.324
shadow column instrument 影条式仪表 03.060
shaft-seal diaphragm 轴封膜片 09.233
shatter index tester 破碎指数试验仪 07.429
Shaw hardness tester 肖氏硬度计 06.025
shear wave method 横波法 06.214
sheathed thermocouple 铠装热电偶 09.027
sheet resistance 片电阻 10.040
shielded connector 屏蔽连接器 09.103
shock method 冲击法 07.329
shock testing machine 冲击台 06.086
shock transducer 冲击传感器 08.049
Shore durometer 邵氏硬度计 06.026
shunt type current flowmeter 分流旋翼式流量计 02.144
shunt type turbo flowmeter 分流旋翼式流量计 02.144
sighting error 瞄准误差 04.096
simultaneous comparison method 同时比较法 07.277
single arm measurement method 单臂测量法 07.220
single bridge method 单桥法 07.226
single channel recorder 单通道记录仪 03.107
single control bar 单控制杆 07.073
single-core type current transformer 单铁心型电流互感器 03.191
single ended transducer 单端换能器 06.263
single-focusing mass spectrometer 单聚焦质谱计 05.186
single-frequency laser 单频激光器 04.439
single-frequency laser oscillation 单频率激光振荡 04.559
single function [measuring] instrument 单功能[测量]仪表 03.009
single hetero junction laser 单异质结激光器 04.478
single-idler electronic belt conveyor scale 单托辊电子皮带秤 02.237
single-mode laser 单模激光器 04.438
single mode laser oscillation 单模激光振荡 04.558
single pan balance 单盘天平 07.027
single-plane balancing machine 单面平衡机 06.308
single-ply bellows 单层波纹管 09.242
single probe method 单探头法 06.217
single pulse laser 单脉冲激光器 04.435
single-pulse oscillation 单脉冲振荡 04.556
single range [measuring] instrument 单量限[测量]仪表 03.006
single-speed floating controller 单速无定位控制器 02.335
single-tube manometer 单管压力计 02.102
sintered point tester 烧结点试验仪 07.430
six-component balance 六分力天平 07.047

sketchmaster 像片转绘仪 04.401
slide switch 滑动开关 09.139
sliding vane rotary flowmeter 刮板流量计 02.132
slow characteristic 慢特性 07.243
small focus X-ray tube 小焦点 X 射线管 06.286
small-power synchronous motor 小功率同步电动机 09.159
small rolling ball bearing 小型球轴承 09.012
snap-on contact 瞬接接触件 09.123
snatch-disconnect connector 分离连接器 09.078
snubber 限位器 06.099
soap film technique 皂膜法 02.159
socket 插座 09.108
soft bearing balancing machine 软支承平衡机 06.312
soft magnetic material 软磁材料 10.043
soil dehydrating rotor 土壤脱水转头 07.378
solder contact 锡焊接触件 09.124
solid scanning length measuring instrument 固体扫描式测长仪 02.204
solid scanning width meter 固体扫描式宽度计 02.194
solid-state electrolyte gas transducer 固体电解质气体传感器 08.099
solid-state electrolyte humidity transducer 固体电解质湿度传感器 08.110
solid-state [X-ray] detector 固态[X 射线]检测器 05.380
solid-stem liquid-in-glass thermometer 棒式玻璃温度计 02.041
soluble developer 可溶式显示剂 06.141
sonic beam 声束 06.195
sonic beam ratio 声束比 06.234
sonic path distance 声程 06.196
sound field 声场 07.287
sound intensity 声强[度] 07.302
sound intensity analyzer 声强分析仪 07.257
sound intensity level 声强级 07.304
sound level 声级 07.309
sound level calibrator 声级校准器 07.262
sound level meter 声级计 07.248
sound level recorder 声级记录仪 07.259
sound power level 声功率级 07.307
sound power of a source 声[源]功率 07.305
sound pressure 声压 07.297
sound pressure level 声压级 07.310
sound pressure transducer 声压传感器 08.088
sound source 声源 07.286
source of radiation 辐射源 05.078
span 量程 01.048
span-changing device 量程转换器 03.147
span error 量程误差 01.035
spark source 火花电离源 05.217
spatial filter 空间滤波器 04.072
SPC 设定点控制 02.324
special balancing machine 专用平衡机 06.314
special helical spring 异形螺旋弹簧 09.218
specific rotation 旋光率 04.104
specific surface tester of sand 原砂比表面积试验仪 07.433
specific viscosity 比黏 05.387
specimen chamber 样品室 04.372
specimen tube funnel 试样筒漏斗 07.450
specimen tube of hot-green tensile strength 热湿拉强度试样筒 07.458
specimen tube of hot pressure stress 热压应力试样筒 07.459
spectral band width 谱带宽度 05.058
spectral lamp 光谱灯 09.172
spectral position 光谱位置 05.059
spectral range 光谱范围 05.063
spectral slit width 光谱狭缝宽度 05.060
spectro-chemical analysis 光谱化学分析 05.066
spectrofluorophotometer 荧光分光光度计 04.314
spectrograph 摄谱仪 04.301
spectrometer 分光计 04.346
spectrophotometer 分光光度计 04.309
spectroscope 看谱镜 04.300
spectroscope and ray analyzer 能谱和射线分析仪器 05.012
spectroscopy 光谱学 04.001，能谱法 05.332
spectrum analyzer 频谱分析仪 02.252
spectrum projector 光谱投影仪 04.306
speedometer indication error 转速指示误差 07.346
speed stability accuracy 转速稳定准确度 07.345
spherical jewel bearing 球面槽宝石轴承 09.009

spherical mercury lamp 球形汞灯 09.185
spherical mirror 球面镜 04.050
spherical xenon lamp 球形氙灯 09.192
spherometer 球径仪 04.326
spin decoupling 自旋去耦 05.253
spirit level 气泡式水准仪 04.238
splash-proof instrument 防溅式仪器仪表 01.071
split coil 开环线圈 06.171
split-core type transformer 钳式电流互感器 03.184
spontaneous transition 自发跃迁 04.424
spot recorder 光点记录仪 03.103
sprayer 喷涂器 06.126
spraying device 喷雾装置 07.156
spraying humidification 喷雾加湿 07.196
spring steel 弹簧钢 10.090
spring testing machine 弹簧试验机 06.034
sprinkling test 淋雨试验 07.190
sprinkling test equipment 淋水试验装置 07.150
square profile pressure gauge 矩形压力表 02.095
square-wave polarograph 方波极谱仪 05.045
stability [of NMR] [核磁共振]稳定性 05.243
stabilized supply apparatus 稳定电源装置 03.169
stage micrometer 承物台测微尺 04.187
staggered-contact connector 错列接触件连接器 09.099
stake contact 桩柱接触件 09.130
standard acceleration transducer 标准加速度传感器 02.266
standard air leak rate 标准空气漏率 07.496
standard balance 标准天平 07.031
standard calorimeter 标准型热量计 05.154
standard capacitor 标准电容器 03.162
standard cell 标准电池 05.051
standard color chart 标准比色图表 04.005
standard current-meter 标准流速计 02.165
standard dynamometer 标准测力仪 06.042
standard electrode potential 标准电极电位 05.019
standard hardness tester 标准硬度计 06.021
standard microphone 标准传声器 07.247
standard mutual inductor 标准互感器 03.161
standard noise source 标准噪声源 07.266
standard resistor 标准电阻 03.156
standard self inductor 标准自感器 03.158
standard specimen tube 标准试样筒 07.456
standard torquemeter 标准扭矩仪 06.045
standard torquer 扭矩标准机 06.044
standard vibration machine 标准振动台 06.085
star diaphragm 星形膜片 09.226
star tester 星点板 04.197
static-dynamic strainometer 静动态应变仪 07.207
static/dynamic universal testing machine 动静万能试验机 06.032
static [mass spectrometer] instrument 静态[质谱]仪器 05.184
static measurement 静态测量 01.003
static pressure 静压 07.296
static strainometer 静态应变仪 07.204
static thermal analysis instrument 静态热分析仪器 05.128
static thermal technique 静态热技术 05.098
static weight-hoist calibration 静态挂码校准 02.257
stationary magnetic particle flaw detector 固定式磁粉探伤机 06.178
steady damp heat test 恒定湿热试验 07.185
steam humidification 蒸汽加湿 07.195
stepmotor actuator 步进电机执行机构 02.295
stepping motor 步进电动机 09.158
step response 阶跃响应 02.008
[stereo] interpretoscope [立体]判读仪 04.398
stereo-metric camera 立体量测摄影机 04.396
stereo microscope 体视显微镜 04.210
stereoplotter 立体测图仪 04.406
stereoscopic effect 体视效应 04.023
stimulated emission 受激发射 04.418
stimulated transition 受激跃迁 04.425
stirrer 搅拌器 07.158
storage life 储存寿命 08.159
storage tube 存储管 09.198
straight connector 直式连接器 09.074
straight edge 刮板 07.451
strain effect 应变效应 02.186
strain electrical resistance alloy 应变电阻合金 10.022
strain error 应变误差 08.152
strain gauge bridge 应变片电桥 07.228

strain gauge torque measuring instrument　应变式转矩测量仪　02.225
strain gauge transducer　应变[计]式传感器　08.011
strain measuring instrument　应变测量仪器　07.203
strain simulator　模拟应变装置　07.210
stray light testing equipment　杂光检查仪　04.332
stray magnetic field　杂散磁场　06.107
stray radiant power ratio　杂散辐射功率比　05.065
strength tester of resin sand　树脂砂强度测定仪　07.421
striking point　打击点　06.068
string galvanometer　弦线检流计　03.077
strip chart recorder　带形图纸记录仪，* 长图记录仪　03.100
strobe lamp　频闪灯　09.194
stroboscopic tachometer　闪光式转速仪　02.221
submersible connector　潜水连接器　09.101
substitution method of measurement　替代测量法　01.021
substitution weighing　替代称量法　07.091
sulfur dioxide analyzer　二氧化硫分析仪　05.424
summation current transformer　总和电流互感器，* 总加电流互感器　03.194
summation instrument　总和仪表　03.013
super-high pressure mercury lamp　超高压汞灯　09.184
super-lattice magnetic material　超晶格磁性材料　10.054
supervision　监控　02.309
supervisory control　监督控制　02.323
supply apparatus　电源装置　03.168
supporting electrode　支持电极　05.087
supporting knife-plane　承重刀座　07.055
supporting pin　支力销，* 支立柱　07.053
support type current transformer　支承式电流互感器　03.187
surface acoustic wave transducer　声表面波传感器　08.019
surface emission ion source　表面发射离子源　05.216
surface roughness measuring instrument　表面粗糙度测量仪　02.206
surface roughness transducer　表面粗糙度传感器　08.057
surface tension balance　表面张力天平　07.044
surface thermometer　表面温度计　02.050
surface wave method　表面波法　06.215
surface wave probe　表面波探头　06.227
surge pressure　冲击压力　02.070
suspension developer　悬浮式显示剂　06.142
suspension spring　吊丝　09.221
suspension theodolite　悬式经纬仪　04.226
swing bucket rotor　水平转头　07.372
swirling flow　旋涡流　02.117
switch axle　开关轴　07.064
switching connector　开关连接器　09.107
switching time　开关时间　04.513
synchronoscope　同步指示器　03.068
system　系统　02.304
systematic error　系统误差　01.029

T

table pan torsion balance　托盘扭力天平　07.036
table temperature　工作台面温度　06.113
table top centrifuge　台式离心机　07.359
tacheometer　快速测距仪　04.249
tachometer　转速表　02.215
tape recorder　磁带记录仪　07.260
target flowmeter　靶式流量计　02.141
taring device　去皿装置　07.084
taut suspension galvanometer　张丝式检流计　03.083
telecentric optical system　远心光学系统　04.018
telemetering instrument　遥测仪器仪表　01.068
telemetry strainometer　遥测应变仪　07.209
telephone plug　插塞　09.110
telescopic system　望远镜系统　04.008
temperature adjustment range　温度可调范围　07.097
temperature and humidity controller　温湿度控制器　07.168
temperature coefficient of microphone　传声器温度系

数 07.245
temperature controller 温度控制器 07.166
temperature difference 温差 02.012
temperature fall time 降温时间 07.106
temperature field 温度场 02.014
temperature fluctuation 温度波动度 07.101
temperature gradient 温度梯度 02.013
temperature humidity range 温湿度范围 07.099
temperature measurement with thermocouple 热电偶测量法 07.174
temperature point for verification 检验温度点 02.029
temperature rise time 升温时间 07.105
temperature test chamber 温度试验箱 07.123
temperature transducer 温度传感器 08.063
temperature uniformity 温度均匀度 07.103
temperature variation test 温度变化试验 07.181
temperature variation test chamber 温度变化试验箱 07.127
tensile strength core box 抗拉强度芯盒 07.463
tensile testing machine 拉力试验机 06.013
tension spring 张丝 09.220
tenth-value layer 十倍衰减层 06.276
terminal block 端线板 09.084
terrestrial camera 地面量测摄影机 04.395
test block 试片 06.176
test chamber 试验箱 07.114
tester for bed coke height of cupola 冲天炉底焦高度测试仪 07.471
tester for combined property of cupola 冲天炉综合性能测试仪 07.470
tester for cracked tendency of casting alloy 铸造合金热裂倾向测试仪 07.465
test force 试验力 06.056
test force amplitude 试验力幅 06.057
testing bench 试台 06.048
testing machine of mold sand machine property 型砂机械性能试验机 07.445
testing system flexibility 试验系统的柔度 06.063
test mass 试验载荷 06.104
test microphone 测试传声器 07.246
test space 试验空间 06.071
test specimen tube 试样筒 07.455
test surface 探伤面 06.198
theodolite 经纬仪 04.221
thermal analysis 热分析 05.097
thermal analysis curve 热分析曲线 05.089
thermal analysis instrument 热分析仪器 05.127
thermal analysis range 热分析量程 05.096
thermal conductivity gas transducer 热导式气体传感器 08.102
thermal conductivity humidity transducer 热导式湿度传感器 08.111
thermal conductivity meter 热导率计 05.158
thermal conductivity vacuum gauge 热传导真空计 07.513
thermal cones 温度锥 02.064
thermal electromotive force 热电动势 10.016
thermal equilibrium 热平衡 02.018
thermal flowmeter 热式流量计 02.142
thermal-humidity test chamber 湿热试验箱 07.129
thermal ionization mass spectrometer 热电离质谱计 05.201
thermal quantity transducer 热学量传感器 08.062
thermal resistor 热电阻 09.028
thermal response time 热响应时间 10.018
thermal shock test chamber 温度冲击试验箱 07.128
thermal time delay switch 热延时开关 09.142
thermal titration 热滴定[法] 05.108
thermistor 热敏电阻 09.029，热敏电阻器 09.030
thermistor resistance alloy 热敏电阻合金 10.023
thermistor vacuum gauge 热敏真空计 07.516
thermoacoustimetry 热传声法 05.111
thermoacoustimetry apparatus 热传声仪 05.142
thermochemical gas analyzer 热化学式气体分析器 05.126
thermoconductivity gas analyzer 热导式气体分析器 05.125
thermocouple 热电偶 09.025
thermocouple contact 热电偶接触件 09.131
thermocouple instrument 热[电]偶式仪表，* 温差电偶式仪表 03.052
thermocouple vacuum gauge 热偶真空计 07.515
thermocouple wire 热电偶丝 10.003

thermodilatometer 热膨胀仪 05.138
thermodilatometry 热膨胀法 05.121
thermoelectric power 热电动势率 10.017
thermoelectric sensor 热电式传感器 08.008
thermoelectric thermometer 热电温度计 02.049
thermoelectric thermometry 热电测温法 02.033
thermoelectrometry 热电学法 05.118
thermoelectrometry apparatus 热电[分析]仪 05.149
thermoelectronic image 热电子像 04.360
thermogravimetric curve 热重曲线 05.093
thermogravimetry 热重法 05.099
thermoluminescence 热发光法 05.116
thermoluminescence apparatus 热发光仪 05.147
thermomagnetic oxygen analyzer 热磁式氧分析器 05.124
thermomagnetometry 热磁学法 05.119
thermomagnetometry apparatus 热磁仪 05.150
thermomechanical analysis 热机械分析 05.105
thermomechanical analyzer 热机械分析仪 05.139
thermometer 温度计 02.039
thermometric analyzer 热学[式]分析仪器 05.009
thermomicroscopy 热显微镜法 05.117
thermomicroscopy apparatus 热显微仪 05.148
thermo-molecular vacuum gauge 热分子真空计 07.518
thermoparticulate analysis 热微粒分析 05.103
thermoparticulate analysis apparatus 热微粒分析仪 05.133
thermophotometry 热光学法 05.112,热光度法 05.113
thermophotometry apparatus 热光仪 05.143,热光度仪 05.144
thermorefractometry 热折射法 05.115
thermorefractometry apparatus 热折射仪 05.146
thermo-sensitive element 热敏元件 09.024
thermosonimetry 热发声法 05.110
thermosonimetry apparatus 热发声仪 05.141
thermospectrometry 热光谱法 05.114
thermospectrometry apparatus 热光谱仪 05.145
thermostatic bath 恒温槽 07.142
thermostatic oil bath 恒温油槽 07.144
thermostatic switch 恒温开关 09.143
thermostatic water bath 恒温水槽 07.143
thermovision 热像仪 02.062
thickness measurement with laser 激光测厚 04.583
thickness meter 厚度计 02.196
thickness transducer 厚度传感器 08.055
thin film laser 薄膜激光器 04.488
thin layer chromatography 薄层色谱法 05.305
three-component balance 三分力天平 07.046
three-coordinate measuring machine 三坐标测量机 04.271
three-step controller 三位控制器 02.347
three-terminal measurement 三端测量 03.164
three-wire connection 三线式接线法 07.223
threshold of audibility 可听阈 07.292
threshold of pain 痛阈 07.293
threshold value 阈值 04.431
tight ion source 封闭式离子源 05.223
tilt angle 倾角 07.340
time constant of strain meter 应变仪时间常数 07.200
time-of-flight mass spectrometer 飞行时间质谱计 05.195
time of recovery 回复时间 07.107
time response 时间响应 02.007
time schedule controller 时序控制器 02.339
time shared control 分时控制 02.320
tin-bronze 锡青铜 10.085
titration 滴定 05.029
tomography 层析X射线照相术 06.298
toolmaker's microscope 工具显微镜 04.269
torque motor 力矩电动机 09.162
torque transducer 力矩传感器 08.040
torsional braid analysis 扭辫分析 05.107
torsional braid analysis apparatus 扭辫分析仪 05.140
torsion balance 扭力天平 07.035
torsion testing machine 扭转试验机 06.016
total immersion thermometer 全浸温度计 02.045
total ion chromatogram 总离子色谱图 05.164
total noise of centrifuge 整机噪声 07.354
total pressure 全压力 07.499
total pressure vacuum gauge 全压真空计 07.506
total radiation thermometry 全辐射测温法 02.036

total sampling method 总合取样法 07.486
toughness tester of resin sand 树脂砂韧性测定仪 07.420
trace analysis 痕量分析 05.005
transducer [of NMR] [核磁共振]传感器 05.258
transduction membrane 传感膜 05.049
transformer bridge 变压器电桥 03.094
transient tachometer 瞬态转速仪 02.223
transition [between the energy levels] [能级间的]跃迁 04.421
transition probability 跃迁概率 04.426
transmission electron microscope 透射电子显微镜 04.380
transmission turbidimeter 透射光浊度计 05.420
transmittance grating 透射光栅 04.181
transmitted electron image 透射电子像 04.352
transmitter 变送器 02.003
transport package testing machine 运输包装件试验机 06.039
transposition weighing 交换称量法 07.094
transverse flexural strength core box 横向抗弯强度芯盒 07.462
triangular array 三角阵 06.251
triode vacuum gauge 三极管式真空计 07.522
triple tandem quadrupole mass spectrometer 三极串联四极质谱计 05.210
true value [of a quantity] [量的]真值 01.007
T-type connector T形连接器 09.076
tube-factor 镜筒系数 04.149
tube lens 镜筒透镜 04.158
tunable laser 可调谐激光器 04.487
tungsten bromine lamp 溴钨灯 09.190
tungsten halogen lamp 卤[素]钨丝灯，*卤钨灯 04.548
tungsten strip lamp 钨带灯 09.188
tuning fork contact 音叉接触件 09.125
turbidimeter 浊度计 05.419
turbidity transducer 浊度传感器 08.060
twisted elastic tube 麻花弹簧管 09.257
twist-on connector 旋接连接器 09.087
two-color [radiation] thermometer 比色温度计 02.054
two-color thermometry 比色测温法 02.037
two-phase servomotor 两相伺服电动机 09.156
two-step controller 两位控制器 02.346

U

ultrahigh dynamic strainometer 超动态应变仪 07.206
ultrasonic 超声 06.193
ultrasonic Doppler blood pressure transducer 超声多普勒血压传感器 08.134
ultrasonic flaw detection 超声探伤 06.200
ultrasonic flaw detector 超声探伤仪 06.221
ultrasonic flowmeter 超声流量计 02.140
ultrasonic hardness tester 超声硬度计 06.020
ultrasonic levelmeter 超声物位计 02.174
ultrasonic sensor 超声[波]传感器 08.018
ultrasonic spectrum 超声频谱 06.194
ultrasonic thickness gauge 超声测厚仪 06.222
ultrasonic thickness meter 超声波厚度计 02.198
ultraviolet and visible spectrophotometer 紫外－可见分光光度计 04.310
ultraviolet laser 紫外激光器 04.485
ultraviolet light transducer 紫外光传感器 08.069
ultraviolet microscope 紫外显微镜 04.203
ultraviolet photo-electron spectrometer 紫外光电子能谱仪 05.355
ultraviolet photo-electron spectroscopy 紫外光电子能谱法 05.336
ultraviolet radiation meter 紫外辐照计 06.145
ultraviolet spectrophotometer 紫外分光光度计 04.311
umbilical connector 自动脱落连接器 09.079
unbalance amount indicator 不平衡量指示器 06.326
unbalance compensator 不平衡补偿器 06.323
unbalance component measuring device 不平衡分量测量装置 06.325
unbalance output 非对称输出 07.215
unbalance phase indicator 不平衡相位指示器

06.327
unbalance vector measuring device 不平衡矢量测量装置 06.324
unearthed voltage transformer 不接地型电压互感器 03.200
unidirection push-button switch 直键开关 09.135
uniformity of illumination 照度均匀度 04.112
uniform temperature zone 均温区 05.095
uniform temperature zone length 均热带长度 06.070
universal balancing machine 通用平衡机 06.313
universal gas chromatograph 通用气相色谱仪 05.320
universal microscope 万能显微镜 04.218
universal stage 万能转台 04.168
universal strength testing machine 万能强度试验机 07.446
universal testing machine 万能试验机 06.015
universal toolmaker's microscope 万能工具显微镜 04.270
urea enzyme transducer 酶[式]尿素传感器 08.119
urinary bladder inner pressure transducer 膀胱内压传感器 08.136
useful spectral range 有效光谱范围 05.064
U-tube manometer U 形管压力计 02.101

V

vacancy chromatography 空穴色谱法 05.300
vacuum 真空 07.500
vacuum degree of centrifugal chamber 离心腔真空度 07.357
vacuum deposition 真空镀膜 04.114
vacuum diaphragm capsule 真空膜盒 09.235
vacuum drying oven 真空干燥箱 07.118
vacuum flowability tester of casting alloy 铸造合金真空流动性测试仪 07.468
vacuum fluorescent display device [真空]荧光显示器件 09.208
vacuum freezing drying oven 真空冷冻干燥箱 07.122
vacuum gauge 真空表 02.084
vacuum transducer 真空传感器 08.036
valley 谷 05.171
value [of a quantity] [量]值 01.006
var-hour meter 无功电能表 03.036
variable angle probe 可变角探头 06.228
variable-head variable-area flowmeter 变压头变面积流量计 02.129
varmeter 无功功率表 03.023
vehicle 载液 06.127
velocity-area method 速度面积法 02.160
velocity distribution 速度分布 02.118
velocity of light 光速 04.024
velocity transducer 速度传感器 08.041
Venturi tube 文丘里管 02.123
verification system 检定系统 01.078
verified volume section 标准容积段 02.152
vertical balancing machine 立式平衡机 06.315
vertical divergence 垂直发散度 04.107
vertical dynamic balance method 立式动平衡法 07.397
vertical illuminator 垂直照明器 04.196
vertical tube rotor 垂直转头 07.371
vibrating reed instrument 振簧系仪表 03.054
vibrating viscometer 振动黏度计 05.406
vibrating wire drawing force meter 振弦式拉力计 02.233
vibrating wire tensiometer 振弦式张力计 02.234
vibrating wire torque measuring instrument 振弦式转矩测量仪 02.227
vibration analyzer 振动分析仪 02.251
vibration controller 振动控制仪 06.096
vibration exciter 激振器 07.323
vibration galvanometer 振动检流计 03.079
vibration generator 振动发生器 06.088
vibration generator system 振动台 06.078
vibration isolator 隔振器 06.098
vibration measurement with laser 激光测振 04.584
vibration membrane vacuum gauge 振膜真空规 07.512
vibration monitor 振动监视器 02.250

vibration severity measuring instrument 振动烈度[测量]仪 07.321
vibration transducer 振动传感器 08.048
vibrograph 示振仪 07.320
vibrometer 振动计 02.246
Vickers hardness tester 维氏硬度计 06.024
video presentation 视频显示 06.207
viewing window 观察窗 07.165
virtual base 有效基线 04.098
virtual image mass spectrometer 虚像质谱计 05.189
virtual leak 虚漏 07.494
viscometer 黏度计 05.395
viscosity balance 黏度天平 07.042
viscosity transducer 黏度传感器 08.059
viscosity vacuum gauge 黏滞性真空计 07.511
viscous leak 黏滞漏孔 07.491
visible light transducer 可见光传感器 08.067
visual angle 视角 04.029
voltage divider 分压器 03.042
voltage matching transformer 电压匹配互感器 03.206
voltage transducer 电压传感器 08.085
voltage transformer 电压互感器 03.199
voltammetry 伏安法 05.027
volt-ampere-hour meter 视在功率电能表 03.037
volt-ampere meter 视在功率表，*伏安表 03.024
voltmeter 电压表 03.019
volume flowrate 体积流量 02.113
volume resistivity 体积电阻率 10.036
volume thermodilatometry 体膨胀法 05.123
volumetric chromatography 体积色谱法 05.294
volume viscosity 体积黏度 05.394
vortex-shedding flowmeter 涡街流量计 02.138
V-prism refractometer V 棱镜折射仪 04.322

W

wafer 触片 09.150
wash cup 洗砂杯 07.449
washing unit 清洗装置 06.124
watch gear 钟表齿轮 09.002
water meter 水表 02.146
water-proof instrument 防水式仪器仪表 01.072
water quality analyzer 水质分析仪 05.428
water-tight instrument 水密式仪器仪表 01.073
water washable penetrant 水洗性渗透液 06.132
watt-hour meter [有功]电能表，*瓦时计 03.035
wattmeter [有功]功率表 03.022
wave-detector 检波器 07.267
waveguide laser 波导激光器 04.491
wavelength accuracy 波长准确度 04.110
wavelength range 波长范围 04.109
wavelength repeatability 波长重复性 04.111
wave spectrogram 波谱图 05.256
wave spectrometer 波谱仪器 05.011
wave spectroscopy 波谱法 05.251
weighing transducer 重量传感器 08.039
weight correction value 砝码修正值 07.010
weight-dialing combination 砝码字盘组合 07.013
weight-dialing system 砝码字盘系统 07.014
weighting network 计权网络 07.270
weight nominal value 砝码标称值 07.008
weight tolerance 砝码允差 07.011
weir type flowmeter 堰式流量计 02.143
welded bellows 焊接波纹管 09.240
wet method 湿粉法 06.165
wet sand mold hardness penetrator 湿砂型硬度压头 07.452
wet tensile strength specimen tube 湿拉强度试样筒 07.457
wetting agent 润湿剂 06.143
Wheatstone bridge 惠斯通电桥 03.092
wheel search unit 轮式检测装置 06.223
white light fringe 白光条纹 04.034
width meter 宽度计 02.192
Wien velocity filter 维恩速度过滤器 05.234
winding mechanism 发条 09.222
windshield 防风罩 07.273
wire torsion tester 线材扭转试验机 06.037
working speed 工作转速 07.333
working standard 工作标准器 01.082

working strain gauge　工作应变片　07.219
wound primary type current transformer　绕线式电流互感器　03.188
wrap contact　绕接接触件　09.126

X

xenon arc type climatic test chamber　氙灯气候试验箱　07.139
xenon chloride excimer laser　氯化氙准分子激光器　04.464
xenon flash lamp　脉冲氙灯　09.193
xenon fluoride excimer laser　氟化氙准分子激光器　04.462
X-radiation thickness meter　X射线厚度计　02.202
X-radiography　X射线照相术　06.301
X-ray　X射线　06.271
X-ray absorption spectrometer　X射线吸收[式]光谱仪　05.371
X-ray analysis　X射线分析法　05.348
X-ray analyzer　X射线分析器　05.366
X-ray beam stop　X射线光束截捕器　05.384
X-ray controller　X射线控制器　06.291
X-ray crystal spectrometer　X射线晶体光谱仪　05.369
X-ray detection apparatus　X射线探伤机　06.278
X-ray diffraction analysis　X射线衍射分析法　05.349
X-ray diffractometer　X射线衍射仪　05.375
X-ray filter　X射线过滤器　05.383
X-ray fluorescence analysis　X射线荧光分析法　05.352
X-ray fluorescent emission spectrometer　X射线荧光发射光谱仪　05.368
X-ray goniometer　X射线测角仪　05.377
X-ray high-voltage generator　X射线高压发生器　06.290
X-ray laser　X射线激光器　04.484
X-ray monochrometer　X射线单色器　05.379
X-ray photoelectron spectrometer　X射线光电子能谱仪　05.354
X-ray photoelectron spectroscopy　X射线光电子能谱法　05.335
X-ray powder diffractometer　X射线粉末衍射仪　05.376
X-ray spectrograph　X射线摄谱仪　05.370
X-ray spectrometer　X射线光谱仪　05.367
X-ray spectroscope apparatus　X射线分光装置　05.378
X-ray television apparatus for industry　工业X射线电视装置　06.281
X-ray transducer　X射线传感器　08.091
X-ray tube　X射线管　06.283
X-ray tube current　X射线管电流，*管电流　06.295
X-ray tube shield　X射线管防护　06.292
X-ray tube voltage　X射线管电压，*管电压　06.294
X-ray tube window　X射线管窗口　06.293
XY recorder　XY记录仪　03.016

Y

YAP laser　铝酸钇激光器　04.444
yaw probe　偏流测向探头　02.166
Y-modulation image　Y调制像　04.356
yoke　磁轭　06.175
yoke method　磁轭法　06.155
yttrium aluminate laser　铝酸钇激光器　04.444
yttrium aluminium garnet　钇铝石榴子石　04.552

Z

zero-difference detection　零差探测　04.537
zero error　零点误差　01.036
zero indicator　零位指示器　07.075
zero inductance　零电感　03.160
zero-insertion force connector　零插拔力连接器　09.081
zero output base line　零输出基线　05.172
zero point correcting device　零点修整装置　07.068
zero-setting device　调零装置　07.082
zero shift　零点迁移　01.037
zinc-copper-nickel alloy　锌白铜　10.086
zirconium dioxide oxygen analyzer　氧化锆氧分析仪器　05.041
zonal rotor　区带转头　07.374
zoom stereo interpretoscope　变倍立体判读仪　04.400
zoom system　变焦距系统，*连续变焦系统　04.016

汉 英 索 引

A

阿贝比长仪 Abbe comparator 04.266
阿贝成像原理 Abbe theory of image formation 04.147
阿贝试验板 Abbe test plate 04.199
阿贝折射仪 Abbe refractometer 04.321
爱因斯坦系数 Einstein coefficient 04.427
安全联锁装置 safety interlock 04.633
安全密封装置 safety sealing device 07.083
安时计 ampere-hour meter 03.034
安装流量特性 installed flow characteristic 02.277
氨压力表 ammonia pressure gauge 02.086
按钮开关 push-button switch 09.133
暗场像 dark field image 04.363
凹面光栅 concave grating 04.180
凹面镜 concave mirror 04.052

B

靶式流量计 target flowmeter 02.141
白炽灯 incandescent lamp 09.187
白炽[灯]显示器件 incandescent lamp display device 09.212
白光条纹 white light fringe 04.034
百分率天平 percentage balance 07.045
摆锤空击 free swing of pendulum 06.069
摆锤力矩 moment of pendulum 06.060
摆锤式湿拉强度试验仪 pendulum type wet tensile strength tester 07.427
摆杆 rod of pendulum 06.051
摆线质谱计 cycloidal mass spectrometer 05.194
摆轴 axle of rotation 06.053
板波法 plate wave technique 06.216
板间连接器 mother-daughter board connector 09.105
板装连接器 board mounted connector 09.091
半导体 semiconductor 10.076
半导体[发光]数码管 semiconductor [luminescent] character display tube 09.205
半导体激光器 semiconductor laser 04.473
半电池 half-cell 05.053
半高峰宽 peak width at half height 05.287
半功率点 half-power point 02.185
半价层 half-value layer 06.275
半桥测量法 half bridge measurement method 07.221
半衰期 radioactive half-life 06.274
半透射镜 semi-transparent mirror 04.055
半消声室 semi-anechoic room 07.282
半永磁材料 semi-hard magnetic material 10.053
半自动试验机 semi-automatic testing machine 06.011
伴随辐射 collateral radiation 04.609
棒式玻璃温度计 solid-stem liquid-in-glass thermometer 02.041
棒式电流互感器 bar primary current transformer 03.185
棒形套管式电流互感器 bar primary bushing type current transformer 03.186
宝石轴承 jewel bearing 09.005
饱和磁通密度 saturation flux density 10.062
保护电流互感器 protective current transformer 03.197
保护电压互感器 protective voltage transformer 03.203
保护管 protective tube 10.014
保护套 protecting jacket 07.389
保留体积 retention volume 05.272
爆炸破裂 explosive failure 02.072

杯突试验机 cupping testing machine 06.035
贝克曼温度计 Beckman thermometer 02.065
贝克线 Becke line 04.148
背散射电子像 backscatter electron image 04.353
倍率计 dynameter 04.339
倍频程 octave 02.179
被测量 measurand 01.009
被测值 measured value 01.010
被动Q开关 passive Q-switch 04.509
被控系统 controlled system 02.348
泵浦 pumping 04.560
泵浦灯 pumping lamp 04.545
比较标准器 comparison standard 01.085
比较测角仪 comparison goniometer 04.275
比较法校准 comparison calibration 02.264
比较器 comparator 03.175
比较显微镜 comparison microscope 04.211
比较值 comparison value 01.041
比例称量法 proportional weighing 07.090
比例积分控制器 proportional plus integral controller, PI controller 02.337
比例控制器 proportional controller, P controller 02.332
比例式电动执行机构 proportional electric actuator 02.296
比例微分控制器 proportional plus derivative controller, PD controller 02.338
比率表 ratio-meter 03.014
比黏 specific viscosity 05.387
比色测温法 two-color thermometry 02.037
比色计 colorimeter 05.076
比色温度计 two-color [radiation] thermometer, ratio thermometer 02.054
比值变送器 proportional transmitter 05.129
比值控制器 ratio controller 02.341
闭环控制 closed-loop control, feedback control 02.311
边缘效应 edge effect 06.186
扁平软线连接器 flat flexible wire connector 09.080
扁平式阴极射线管 flat type cathode-ray tube, flat type CRT 09.201
便携式仪器仪表 portable instrument 01.067
变倍立体判读仪 zoom stereo interpretoscope 04.400
变焦距系统 zoom system 04.016
变送器 transmitter 02.003
变形光学系统 anamorphotic optical system 04.015
变形速率 rate of deformation 06.067
变压器电桥 transformer bridge 03.094
变压头变面积流量计 variable-head variable-area flowmeter 02.129
标称眼睛受害距离 nominal ocular hazard distance 04.624
标称眼睛受害区域 nominal ocular hazard area 04.623
标尺分度数 number of scale division 07.003
标定电桥 calibration bridge 07.230
标定应变 calibration strain 07.225
标度 scale 01.053
标度范围 scale range 01.047
标准比色图表 standard color chart 04.005
标准测力仪 standard dynamometer 06.042
标准传声器 standard microphone 07.247
标准电池 standard cell 05.051
标准电极电位 standard electrode potential 05.019
标准电容器 standard capacitor 03.162
标准电阻 standard resistor 03.156
标准互感器 standard mutual inductor 03.161
标准加速度传感器 standard acceleration transducer 02.266
标准空气漏率 standard air leak rate 07.496
标准流速计 standard current-meter 02.165
标准漏孔 reference leak 07.493
标准黏度计 master viscometer 05.397
标准扭矩仪 standard torquemeter 06.045
标准容积段 verified volume section 02.152
标准试样筒 standard specimen tube 07.456
标准体积管 pipe prover 02.151
标准天平 standard balance 07.031
标准型热量计 standard calorimeter 05.154
标准硬度计 standard hardness tester 06.021
标准噪声源 standard noise source 07.266
标准真空计 reference vacuum gauge 07.524
标准振动台 standard vibration machine 06.085
标准自感器 standard self inductor 03.158

*表 instrument and apparatus 01.001
表观视角 apparent visual angle 04.618
表面波法 surface wave method 06.215
表面波探头 surface wave probe 06.227
表面粗糙度测量仪 surface roughness measuring instrument 02.206
表面粗糙度传感器 surface roughness transducer 08.057
表面发射离子源 surface emission ion source 05.216
表面温度计 surface thermometer 02.050
表面张力天平 surface tension balance 07.044
表压 gauge pressure 02.068
表压传感器 gauge pressure transducer 08.037
波长重复性 wavelength repeatability 04.111
波长范围 wavelength range 04.109
波长准确度 wavelength accuracy 04.110
波导激光器 waveguide laser 04.491
波动度 fluctuation 07.100
波动开关 seesaw switch 09.132
波尔东真空计 Bourdon vacuum gauge 07.509
波距 pitch of convolution 09.251
波谱法 wave spectroscopy 05.251
波谱图 wave spectrogram 05.256
波谱仪器 wave spectrometer 05.011
波深 depth of convolution 09.250
波数 number of convolution 09.252
波纹管 bellows 09.238
波纹管内径 inside diameter of bellows 09.248
波纹管外径 outside diameter of bellows 09.247
波纹管压力表 bellows pressure gauge 02.083
波纹膜片 convolution diaphragm 09.225
波纹圆弧半径 arc radius of convolution 09.249
玻封合金 glass sealing alloy 10.097
玻璃温度计 liquid-in-glass thermometer 02.040
玻璃液位计 glass level gauge 02.169
铂热电阻 platinum resistance thermometer 10.015
薄层色谱法 thin layer chromatography 05.305
薄膜激光器 thin film laser 04.488
薄膜漏孔 membrane leak 07.489
薄膜真空规 diaphragm vacuum gauge 07.508
薄膜执行机构 diaphragm actuator 02.285
补偿导线 compensating wire 10.011
补偿砝码 compensation weight 07.076
补偿微压计 compensated micromanometer 02.105
补偿装置 compensation device 07.069
不等臂误差 arm error 07.001
不接地型电压互感器 unearthed voltage transformer 03.200
不平衡补偿器 unbalance compensator 06.323
不平衡分量测量装置 unbalance component measuring device 06.325
不平衡量指示器 unbalance amount indicator 06.326
不平衡矢量测量装置 unbalance vector measuring device 06.324
不平衡相位指示器 unbalance phase indicator 06.327
布拉格条件 Bragg condition 04.503
布拉格衍射 Bragg diffraction 04.502
布拉格衍射声成像 acoustic imaging by Bragg diffraction 06.241
布里渊散射 Brillouin scattering 04.530
布氏硬度计 Brinell hardness tester 06.022
步进电动机 stepping motor 09.158
步进电机执行机构 stepmotor actuator 02.295

C

材料试验机 material testing machine 06.004
采样控制 sampling control 02.319
采样控制器 sampling controller 02.342
采样器 sampler 05.435
彩色图像合成仪 color image combination device 04.415
参比线 reference line 03.127
参考标准器 reference standard 01.081
参考声功率 reference sound power 07.306
参考声强 reference sound intensity 07.303
参考声束 reference wave 06.233
参考声压 reference sound pressure 07.298
[槽的]梯度误差 gradient error [of bath] 02.028
槽形宝石轴承 recessed jewel bearing 09.007

测长机　length measuring machine　04.265
测长仪　metroscope　04.263
测角仪　goniometer　04.274
测距仪　distance meter, range finder　04.241
测力系统　dynamometric system　06.047
测量　measurement　01.002
[测量]标准器　measurement standard　01.077
测量重复性　repeatability of measurement　01.024
测量电桥　measuring bridge　07.212
[测量]电位差计　[measuring] potentiometer　03.041
测量范围　measuring range　01.046
测量放大器　measuring amplifier　07.258
测量误差　measurement error　01.056
测量显微镜　measuring microscope　04.268
测量信号　measurement signal　01.012
测量仪器仪表　measuring instrument　01.057
测量用电流互感器　measuring current transformer　03.196
测量用电压互感器　measuring voltage transformer　03.202
测量再现性　reproducibility of measurement　01.025
测试传声器　test microphone　07.246
测微尺　micrometer　04.186
测微光度计　microphotometer　04.307
测温电桥　bridge for measuring temperature　03.150
层析X射线照相术　tomography　06.298
插口　jack　09.111
插塞　telephone plug　09.110
插头　plug　09.109
插座　socket　09.108
差动称量法　differential weighing　07.089
差动换能器　differential transducer　06.264
差热滴定[法]　differential thermometric titration　05.109
差热[分析]仪　differential thermal analyzer　05.135
差热曲线　differential thermal analysis curve　05.090
差示扫描量热法　differential scanning calorimetry　05.104
差示扫描量热仪　differential scanning calorimeter, DSC　05.137
差示色谱法　differential chromatography　05.301
差速离心法　differential centrifugation　07.406
差压传感器　differential pressure transducer　08.034
差压膜盒　differential diaphragm capsule　09.237
差压压力表　differential pressure gauge　02.078
差压液位计　differential pressure levelmeter　02.172
差值检流计　difference galvanometer　03.078
掺铒氟化钇锂激光器　erbium-doped yttrium lithium fluoride laser, Er:YLF laser　04.448
掺钬氟化钇锂激光器　holmium-doped yttrium lithium fluoride laser, Ho:YLF laser　04.449
[掺]钕钇铝石榴子石激光器　neodymium-doped yttrium aluminium garnet laser, Nd:YAG laser　04.442
长波纹管　lengthy bellows　09.244
长度计量仪器　length measuring instrument　04.260
长霉试验　mould growth test　07.184
长霉试验箱　mould growth test chamber　07.130
长期稳定性　long time stability　08.155
＊长图记录仪　strip chart recorder　03.100
长阳极管　long anode tube　06.288
常量分析　macro-analysis　05.003
场电源　field ionization source　05.215
场发射显微镜法　method of field emission microscope　05.344
场扫描　field sweeping　05.244
场效应管[式]气体传感器　field effect gas transducer　08.101
场效应管[式]湿度传感器　field effect transistor type humidity transducer　08.113
超动态应变仪　ultrahigh dynamic strainometer　07.206
超高压汞灯　super-high pressure mercury lamp　09.184
超晶格磁性材料　super-lattice magnetic material　10.054
超量电能表　excess energy meter　03.088
超声　ultrasonic　06.193
超声[波]传感器　ultrasonic sensor　08.018
超声波厚度计　ultrasonic thickness meter　02.198
超声测厚仪　ultrasonic thickness gauge　06.222
超声多普勒血压传感器　ultrasonic Doppler blood pressure transducer　08.134
超声流量计　ultrasonic flowmeter　02.140
超声频谱　ultrasonic spectrum　06.194

超声探伤　ultrasonic flaw detection　06.200
超声探伤仪　ultrasonic flaw detector　06.221
超声物位计　ultrasonic levelmeter　02.174
超声硬度计　ultrasonic hardness tester　06.020
超试验力　over test force　06.058
超速离心机　over speed centrifuge　07.365
超压特性　overpressure characteristic　02.066
超载/欠载指示器　overload/underload indicator　07.074
超载制动销　overload lock pin　07.054
尘量分析仪　dust analyzer　05.427
沉积波纹管　electro-formed bellows　09.241
沉降时间　sedimentation time　07.349
沉降天平　sedimentation balance　07.041
承物台测微尺　stage micrometer　04.187
承重刀座　supporting knife-plane　07.055
程序控制试验机　program-controlled testing machine　06.012
秤盘　scale pan　07.077
[秤]盘制动器　pan brake　07.078
弛豫过程　relaxation process　05.247
持久强度试验机　creep rupture strength testing machine　06.029
尺度传感器　dimension transducer　08.054
充液压力表　liquid-filled pressure gauge　02.097
冲击摆锤　impact pendulum　06.050
冲击穿透试验计　impact penetration tester　07.476
冲击传感器　shock transducer　08.049
冲击锤体　impact hammer　06.052
冲击法　shock method　07.329
冲击加速度传感器　jerk acceleration transducer　08.047
冲击检流计　ballistic galvanometer　03.076
冲击试验机　impact testing machine　06.033
冲击台　shock testing machine　06.086
冲击压力　surge pressure　02.070
冲水试验装置　flush test equipment　07.151
冲天炉底焦高度测试仪　tester for bed coke height of cupola　07.471
冲天炉风量定值仪　blast amount tester of cupola　07.478
冲天炉风量风压测试仪　blast quantity and blast pressure tester of cupola　07.469
冲天炉综合性能测试仪　tester for combined property of cupola　07.470
冲洗色谱法　elution chromatography　05.299
重复频率激光器　repetition frequency laser　04.436
重复性误差　repeatability error　01.032
臭氧分析仪　ozone analyzer　05.426
臭氧腐蚀试验箱　ozone corrosion test chamber　07.133
出现电势谱法　appearance potential spectroscopy　05.341
出现电势谱仪　appearance potential spectrometer　05.361
除湿器　dehumidifier　07.159
除油装置　degreasing unit　06.121
储存寿命　storage life　08.159
触点　contact point　09.148
触片　wafer　09.150
触头　prod　06.169
穿墙式连接器　bulkhead connector　09.073
穿透法　penetrating method　06.210
穿透深度　depth of penetration　06.187
传感膜　transduction membrane　05.049
传感器　sensor, measuring element　08.001
*ECG 传感器　electrocardiography transducer, ECG transducer　08.146
*EEG 传感器　electroencephalographic transducer, EEG transducer　08.147
*EMG 传感器　electromyography transducer, EMG transducer　08.148
*ERG 传感器　electroretinographic transducer, ERG transducer　08.149
*EOG 传感器　electrooculographic transducer, EOG transducer　08.150
pH 传感器　pH transducer　08.105
传声器保护罩　protection grid of microphone　07.272
传声器动态范围　dynamic range of microphone　07.238
传声器固有噪声　inherent noise of microphone　07.236
传声器灵敏度　sensitivity of microphone　07.232
传声器频率响应　frequency response of microphone　07.234

传声器输出阻抗　output impedance of microphone　07.241
传声器温度系数　temperature coefficient of microphone　07.245
传声器校准仪　microphone calibration apparatus　07.263
传声器指向性图案　directional pattern of microphone　07.235
传声器最高声压级　maximum sound pressure level of microphone　07.237
船用仪器仪表　marine instrument　01.069
串级控制　cascade control　02.315
窗孔　aperture　04.610
垂高计　cathetometer　04.291
垂直发散度　vertical divergence　04.107
垂直照明器　vertical illuminator　04.196
垂直转头　vertical tube rotor　07.371
磁场控制　field control　09.168
磁场强度传感器　magnetic field strength transducer　08.081
磁畴　domain　10.071
磁带记录仪　tape recorder　07.260
磁导计　permeameter　03.040
磁电式速度测量仪　magnetoelectric velocity measuring instrument　02.249
磁电式转速表　magnetoelectric tachometer　02.218
磁电系检流计　moving-coil galvanometer　03.075
磁电相位差式转矩测量仪　magnetoelectric phase difference torque measuring instrument　02.224
＊磁电系仪表　permanent-magnet moving-coil instrument, magneto-electric instrument　03.046
磁轭　yoke　06.175
磁轭法　yoke method　06.155
磁分析器　magnetic analyzer　05.226
磁粉　magnetic powder　06.158
磁粉探伤　magnetic particle flaw detection　06.147
磁粉探伤机　magnetic particle flaw detector　06.177
磁各向异性　magnetic anisotropy　10.063
磁光调制器　magneto-optic modulator　04.524
磁光效应　magneto-optical effect　04.040
磁痕　magnetic particle indication　06.166
磁化　magnetizing　06.150
磁化电流　magnetizing current　06.149
磁化电源　excitation supply　06.172
磁化强度　magnetization　10.066
磁化曲线　magnetization curve　10.067
磁化时间　magnetizing time　06.161
磁化线圈　magnetizing coil　06.170
磁极间距　magnetic pole distance　06.162
磁记录介质　magnetic recording medium　10.042
磁敏电位器　magneto potentiometer　09.037
磁敏电阻合金　magnetoresistor alloy　10.024
磁敏电阻器　magneto resistor　09.036
磁敏二极管　magneto diode　09.038
磁敏晶体管　magneto transistor　09.039
磁敏元件　magneto sensitive element　09.035
磁能积　magnetic energy product　10.072
磁强计　magnetometer　03.039
磁式动态仪器　magnet dynamic instrument　05.191
磁式氧传感器　magnetic oxygen transducer　08.103
磁弹性式轧制力测量仪　magnetoelastic rolling force measuring instrument　02.231
磁弹性式张力计　magnetoelastic tensiometer　02.230
磁弹性式转矩测量仪　magnetoelastic torque measuring instrument　02.226
磁通表　flux meter　03.038
磁通传感器　magnetic flux transducer　08.082
磁头材料　magnetic recording-head material　10.049
磁透镜　magnetic lens　04.368
磁性薄膜　magnetic thin-film　10.060
磁悬式离心机　magnetic suspension centrifuge　07.368
磁悬液　magnetic ink　06.160
磁[学量]传感器　magnetic quantity transducer　08.080
磁栅式宽度计　magnetic scale width meter　02.195
磁致伸缩　magnetostriction　10.065
磁致伸缩材料　magnetostrictive material　10.057
磁致伸缩振动发生器　magnetostrictive vibration generator　06.092
磁致伸缩振动台　magnetostrictive vibration generator system　06.083
磁滞　magnetic hysteresis　10.068
磁滞材料　hysteresis material　10.058
磁滞同步电动机　hysteresis synchronous motor

09.161
磁阻式传感器 reluctive transducer 08.014
磁阻效应 magnetoresistive effect 10.081
刺点仪 point transfer device 04.404
催化色谱法 catalytic chromatography 05.314
催化式气体传感器 catalytic gas transducer 08.100
催化元件 catalysis element 05.160
存储管 storage tube 09.198
错列接触件连接器 staggered-contact connector 09.099

D

打击点 striking point 06.068
打开连接器 pull-off connector 09.094
打印式记录仪 printing recorder 03.104
打印元件 printing device 09.015
大功率连接器 high-power connector 09.060
代码转换器 code converter 03.114
带触点的仪表 instrument with contact 03.065
带电电压检示器 live voltage detector 03.071
带形图纸记录仪 strip chart recorder 03.100
带有锁定装置的仪表 instrument with locking device 03.064
带状电缆连接器 flat-cable connector 09.057
单臂测量法 single arm measurement method 07.220
单层波纹管 single-ply bellows 09.242
单端换能器 single ended transducer 06.263
单功能[测量]仪表 single function [measuring] instrument 03.009
单管压力计 single-tube manometer 02.102
单极质谱计 monopole mass spectrometer 05.196
单聚焦质谱计 single-focusing mass spectrometer 05.186
单控制杆 single control bar 07.073
单量限[测量]仪表 single range [measuring] instrument 03.006
单脉冲激光器 single pulse laser 04.435
单脉冲振荡 single-pulse oscillation 04.556
单面平衡机 single-plane balancing machine 06.308
单模激光器 single-mode laser 04.438
单模激光振荡 single mode laser oscillation 04.558
单目显微镜 monocular microscope 04.200
单盘天平 single pan balance 07.027
单频激光器 single-frequency laser 04.439
单频率激光振荡 single-frequency laser oscillation 04.559
单桥法 single bridge method 07.226
单色仪 monochromator 04.295
单速无定位控制器 single-speed floating controller 02.335
单探头法 single probe method 06.217
单铁心型电流互感器 single-core type current transformer 03.191
单通道记录仪 single channel recorder 03.107
单托辊电子皮带秤 single-idler electronic belt conveyor scale 02.237
单位长度电阻 resistance per unit length 10.034
单异质结激光器 single hetero junction laser 04.478
氮分子激光器 nitrogen molecular laser 04.460
氮氧化物分析仪 nitrogen-oxide analyzer 05.425
当量电导 equivalent conductance 05.018
刀承 bearing 07.052
刀口仪 knife-edge tester 04.328
刀形接触件 blade contact 09.114
刀子 knife 07.051
氘灯 deuterium lamp 09.180
导电橡胶连接器 elastomer connector 09.082
导航望远镜 navigation telescope 04.394
倒置显微镜 inverted microscope 04.209
灯丝显示器件 filament display device 09.213
等臂天平 equal arm balance 07.026
等离子色谱-质谱[联用]仪 plasma chromatograph-mass spectrometer 05.207
等离子体色谱法 plasma chromatography 05.315
等离子体显示屏 plasma display panel 09.211
等密度区带离心法 isopycnic zone centrifugation 07.408
等响线 equal-loudness contour 07.291
等效[连续A]声级 equivalent continuous A-weigh-

ted sound pressure level 07.312
等效应变 equivalent strain 07.224
低电动势电位差计 low e. m. f. potentiometer 03.140
低惯量电机 low-inertia motor 09.163
低能电子衍射仪 low electron energy diffractometer 05.359
低膨胀合金 low expansion alloy 10.094
低频连接器 low frequency connector 09.051
低气压试验 low air pressure test 07.187
低气压试验箱 low air pressure test chamber 07.135
低速大容量离心机 low speed large capacity centrifuge 07.364
低速冷冻离心机 low speed refrigerated centrifuge 07.363
低速离心机 low speed centrifuge 07.362
低速平衡机 low speed balancing machine 06.317
低温槽 cryostat 07.145
低温连接器 cryogenic connector 09.070
低温试验 low-temperature test 07.188
低温试验机 low temperature testing machine 06.008
低温试验箱 low temperature test chamber 07.125
低压电子显微镜 low voltage electron microscope 04.384
低压汞灯 low pressure mercury lamp 09.181
低压钠灯 low pressure sodium lamp 09.176
滴定 titration 05.029
滴水试验装置 dribble test equipment 07.149
涤纶膜片 polyester fiber diaphragm 09.230
地面量测摄影机 terrestrial camera 04.395
地平线摄影机 horizon camera 04.393
地物光谱辐射仪 ground-object spectroradiometer 04.414
地质罗盘仪 geologic compass 04.258
颠簸试验 bump test 06.072
点到点控制系统 point-to-point control system 02.355
电测法 electrical method 07.393, electrical [measurement] method 07.324
* 电测量仪表 electrical measuning instrument 03.001
电场强度传感器 electric field strength transducer 08.086
电池 cell 05.050
电池常数 cell constant 05.017
电磁波测距仪 EDM instrument 04.242
电磁计数器 electromagnetic counter 09.018
电磁流量计 electromagnetic flowmeter 02.139
电磁式传感器 electromagnetic transducer 08.073
电磁系仪表 electromagnetic instrument 03.048
电磁振动发生器 electromagnetic vibration generator 06.090
电磁振动台 electromagnetic vibration generator system 06.081
电导 conductance 05.015
电导池 conductivity cell 05.057
电导分析法 method of conductometric analysis 05.024
电导率 conductivity 05.016
电导[式]分析器 conductometric analyzer 05.032
电导式气体传感器 conductive gas transducer 08.096
电导式湿度传感器 conductive humidity transducer 08.107
电导液位计 electrical conductance levelmeter 02.173
电动系电能表 electrodynamic energy meter 03.086
电动系仪表 electrodynamic instrument 03.049
电动振动发生器 electrodynamic vibration generator 06.089
电动振动台 electrodynamic vibration generator system 06.080
电动执行机构 electric actuator 02.282
电感表 inductance meter 03.029
电感式测微计 inductive micrometer 02.208
电感式传感器 inductive transducer 08.074
电感式位移测量仪 inductive displacement measuring instrument 02.207
电感式张力计 inductive tensiometer 02.232
电感箱 inductance box 03.159
电工测量仪器仪表 electrical measuring instrument 03.001
电工硅钢 electrical steel 10.048
电光 Q 开关 electrooptic Q-switch 04.507

电光调制器　electrooptic modulator　04.522
电光效应　electro-optical effect　04.037
电荷载流子　charge carrier　10.082
电化学分析法　method of electrochemical analysis　05.022
电化学式传感器　electrochemical transducer　05.048
电化学[式]分析仪器　electrochemical analyzer　05.007
电极电位　electrode potential　05.020
电接点玻璃温度计　electric contact liquid-in-glass thermometer　02.042
电接点压力表　pressure gauge with electric contact　02.090
电解池　electrolytic cell　05.055
电解湿度计　electrolytic hygrometer　05.414
电解式湿度传感器　electrolysis humidity transducer　08.112
电缆式电流互感器　cable type current transformer　03.183
电离式传感器　ionizing transducer　08.075
电离真空计　ionization vacuum gauge　07.520
电量分析法　method of coulometric analysis　05.025
电量[式]分析器　coulometric analyzer　05.033
[电量输出]测量变换器　measuring transducer [with electrical output]　03.005
电零位调节器　electrical zero adjuster　03.044
电流表　ammeter　03.017
电流传感器　electric current transducer　08.084
电流互感器　current transformer　03.180
[电流]跨线电阻　[current] link resistance　03.153
电流匹配互感器　current matching transformer　03.195
电气湿度计　electrical hygrometer　05.413
电桥平衡范围　bridge balancing range　07.198
电热干燥箱　electrically heated drying oven　07.116
电热鼓风干燥箱　drying oven on forced convection　07.117
电热合金　electrical thermal alloy　10.033
电容表　capacitance meter　03.028
电容量分析法　method of electrovolumetric analysis　05.023
电容平衡　capacitance balance　07.217
电容器式电压互感器　capacitor voltage transformer　03.208
电容湿度计　capacitance hygrometer　05.415
电容式传感器　capacitive transducer　08.031
电容式分压器　capacitor voltage divider　03.209
电容式轧制力测量仪　capacitive rolling force measuring instrument　02.235
电容位移测量仪　capacitive displacement measuring instrument　02.209
电容物位计　electrical capacitance levelmeter　02.176
电容箱　capacitance box　03.163
电声互易原理　electroacoustic reciprocity principle　07.278
电枢控制　armature control　09.167
电位差计残余电动势　residual electromotive force of potentiometer　03.145
[电位端]连接电阻　potential connecting resistance　03.154
电位法　potentiometry　05.026
电位器式传感器　potentiometric transducer　08.071
电位[式]分析器　potentiometric analyzer　05.034
电涡流厚度计　eddy current thickness meter　02.197
电学量传感器　electric quantity transducer　08.083
电压表　voltmeter　03.019
电压传感器　voltage transducer　08.085
电压互感器　voltage transformer　03.199
电压匹配互感器　voltage matching transformer　03.206
电液执行机构　electro-hydraulic actuator　02.284
电泳法　electrophoresis　05.030
电泳显示器件　electrophoretic display device, EDD　09.214
电泳仪　electrophoresis meter　05.047
电源电压调整率　line voltage regulation　03.176
电源装置　supply apparatus　03.168
电远传压力表　pressure gauge with transmission device　02.091
电致发光显示屏　electroluminescent display panel　09.210
电重量分析法　electric gravity analysis　05.031
电子测距光学经纬仪　electronic range theodolite

04.232
电子测量[仪器]仪表　electronic measuring instrument　03.002
[电子]成像透镜　imaging lens　04.370
电子吊秤　electronic hoist scale　02.244
电子光学放大[率]　electron optical magnification　04.365
电子光学仪器　electronic optical instrument　04.347
电子轨道衡　electronic railway scale　02.243
电子轰击二次电子像　electron bombardment secondary electron image　04.359
电子轰击-化学电离源　electron impact-chemical ionization source, EI-CI source　05.219
电子轰击离子源　electron impact ion source　05.214
电子计数秤　electronic counting scale　02.245
电子经纬仪　electronic theodolite　04.224
电子快速测距仪　electronic tacheometer　04.252
电子料斗秤　electronic hopper scale　02.239
电子模/数转换器　electronic analogue-to-digital convertor　03.112
电子能量分析器　electron-energy analyzer　05.365
电子能量损失谱法　electron energy lose spectroscopy　05.338
电子能量损失谱仪　electronic energy loss spectrometer　05.357
电子能谱法　electron spectroscopy　05.333
电子能谱仪　electron spectrometer　05.353
电子配料秤　electronic batching scale　02.242
电子平板仪　electronic plane table equipment　04.254
电子平台秤　electronic platform scale　02.241
电子汽车秤　electronic truck scale　02.240
电子枪　electron gun　04.373
电子束发光管　electron beam luminotron　09.202
电子束扫描声全息　acoustic holography by electron-beam scanning　06.239
电子束显示器件　electron beam display device　09.197
电子水准仪　electronic level　04.236
电子顺磁共振波谱法　electron paramagnetic resonance spectroscopy　05.254
电子探针　electron probe　04.374
电子天平　electronic balance　07.029
电子通道图样　electron channeling pattern　04.355
电子透镜　electronic lens　04.367
电子显微镜　electron microscope　04.379
电子衍射法　electron diffraction method　05.339
电子衍射谱仪　electron diffractometer　05.358
电子印像机　electronic-controlled printer　04.397
电子总放大[率]　electron total magnification　04.366
电阻表　ohmmeter　03.025
电阻测量法　resistance method of temperature measurement　07.175
电阻测温法　resistance thermometry　02.032
电阻合金　electric resistance alloy　10.020
电阻平衡　resistance balance　07.216
电阻湿度计　resistance hygrometer　05.416
电阻式传感器　resistive transducer　08.072
电阻温度计　resistance thermometer　02.048
电阻箱　resistance box　03.157
[电阻]应变计　resistance strain gauge　09.023
[电阻]应变式轧制力测量仪　[resistance] strain gauge rolling force measuring instrument　02.229
[电阻]应变式张力计　[resistance] strain gauge tensiometer　02.228
电阻值均匀性　homogeneity of electrical resistance　10.038
吊丝　suspension spring　09.221
叠栅条纹　moire fringe　04.065
叠栅条纹光栅　moire fringe grating　04.066
顶替展开法　replacement development method　05.303
定点炉　furnace for reproduction of fixed points　02.023
定量差热[分析]仪　quantitative differential thermal analyzer　05.136
定量分析　quantitative analysis　05.002
定膨胀合金　constant expansion alloy　10.095
定性分析　qualitative analysis　05.001
定义固定点　defining fixed point　02.022
定值控制　control with fixed set-point　02.312
定中误差　centering error　04.093
动标度尺式仪表　moving-scale instrument　03.059
动磁式仪表　moving-magnet instrument　03.047
动静比　output ratio of Q-switching to free running

04.512
动静万能试验机　static/dynamic universal testing machine　06.032
动力黏度　dynamic viscosity　05.388
动平衡法　dynamic balance method　07.396
动平衡机　dynamic balancing machine　06.309
* 动圈式检流计　moving-coil galvanometer　03.075
动态测量　dynamic measurement　01.004
动态热机械法　dynamic thermomechanometry　05.106
动态特性　dynamic characteristic　08.154
动态特性模拟仪　dynamic characteristic simulator　07.211
动态校准器　dynamic calibrator　05.432
动态应变仪　dynamic strainometer　07.205
动态[质谱]仪器　dynamic [mass spectrometer] instrument　05.185
* 动铁式仪表　electromagnetic instrument　03.048
读数电桥　reading bridge　07.213
读数显微镜　reading microscope　04.284
度盘　dial　07.063
度盘检查仪　circle tester　04.338
端面宝石轴承　end stone jewel bearing　09.010
端线板　terminal block　09.084
断电相位控制器　phase controlled circuit breaker　06.174
断续线记录仪　dotted line recorder　03.106
对比试块　reference block　06.146
对称输出　balance output　07.214
对接连接器　butting connector　09.086
多标度[测量]　multi scale [measuring] instrument　03.008
多层波纹管　multi-ply bellows　09.243
多单元开关　multi-cell switch　09.141
多道 X 射线光谱仪　multichannel X-ray spectrometer　05.374
多功能[测量]仪表　multi-function [measuring] instrument　03.010
多功能传感器　multi-function transducer　08.028
多光谱扫描仪　multispectral scanner　04.412
多光谱照相机　multispectral camera　04.411
多接收器质谱计　multi-collector mass spectrometer　05.204
多量限[测量]仪表　multi-range [measuring] instrument　03.007
多模激光器　multimode laser　04.437
多模激光振荡　multimode laser oscillation　04.557
多速无定位控制器　multiple-speed floating controller　02.336
多铁心型电流互感器　multi-core type current transformer　03.192
多通道记录仪　multiple channel recorder　03.108
多托辊电子皮带秤　multi-idler electronic belt conveyor scale　02.238
多位控制器　multistep controller　02.345
多相流　multiphase flow　02.116
多转电动执行机构　multi-turn electric actuator　02.293
惰性气体[原子]激光器　noble gas [atomic] laser　04.453

E

俄歇电子能谱法　Auger electron spectroscopy　05.337
俄歇电子能谱仪　Auger electron spectrometer　05.356
俄歇电子像　Auger electron image　04.351
额定加速度　rated acceleration　06.110
额定静态横向力　rated static transverse force　06.112
额定流量系数　rated flow coefficient　02.275
额定频率范围　rated frequency range　06.105
额定速度　rated velocity　06.109
额定位移　rated displacement　06.108
额定行程　rated travel　06.106
额定行程　rated travel, rated stroke　02.267
额定正弦激振力　rated sine excitation force　06.103
恩格勒黏度　Engler viscosity　05.392
铒玻璃激光器　erbium glass laser　04.450
二次电子像　secondary electron image　04.357
二次离子本底　secondary ion background　05.328
二次离子谱法　secondary ion spectroscopy　05.347

二次离子谱仪　secondary ion spectrometer　05.364
二次离子质谱法　secondary ion mass spectrometry　05.181
二次离子质谱计　secondary ion mass spectrometer　05.211
二类激光产品　class 2 laser product　04.626
二向色镜　dichroic mirror　04.161
二氧化硫分析仪　sulfur dioxide analyzer　05.424
二氧化碳激光器　carbon dioxide laser, CO_2 laser　04.458

F

发光二极管　light emitting diode, LED　09.204
发光二极管矩阵　dot matrix LED　09.206
发光强度　luminous intensity　04.080
发射持续时间　emission duration　04.620
发射电子显微镜　emission electron microscope　04.383
发射光谱仪器　emission spectrum instrument　04.299
发射X射线谱法　emission X-ray spectrum　05.350
发条　winding mechanism　09.222
法拉第效应　Faraday effect　04.041
砝码标称值　weight nominal value　07.008
砝码实际质量值　actual mass value of a weight　07.009
砝码修正值　weight correction value　07.010
砝码允差　weight tolerance　07.011
砝码字盘系统　weight-dialing system　07.014
砝码字盘组合　weight-dialing combination　07.013
反吹　back flushing　05.281
反光立体镜　mirror stereoscope　04.399
*反馈控制　closed-loop control, feed-back control　02.311
[反馈]控制器　[feedback] controller　02.331
反射比　reflectance　04.089
反射比测定仪　reflectometer　04.333
反射电子显微镜　reflection electron microscope　04.382
反射[光]镜　mirror　04.049
反射光栅　reflection grating　04.179
反射膜　reflecting coating　04.116
反射系统　catoptric system　04.011
反向器　reverser　06.055
反应气　reaction gas　05.436
反作用执行机构　reverse actuator　02.290
方波极谱仪　square-wave polarograph　05.045
方均根检波器　root mean square detector, rms detector　07.268
方位元素　orientation data　04.387
方阵　quad array　06.252
防爆式仪器仪表　explosion-proof instrument　01.076
防爆型电动执行机构　explosion-proof electric actuator　02.300
防尘式仪器仪表　dust-proof instrument　01.070
防风罩　windshield　07.273
防风锥　nose cone　07.275
防腐式仪器仪表　corrosion-proof instrument　01.075
防护屏　protective enclosure　04.612
防护试验装置　protection test equipment　07.146
防护罩　protective housing　04.611
防溅式仪器仪表　splash-proof instrument　01.071
防水式仪器仪表　water-proof instrument　01.072
防斜插连接器　scoop-proof connector　09.098
防雨罩　rain cover　07.274
放电灯　discharge lamp　05.082
放热峰　exothermic peak　05.092
放射热分析　emanation thermal analysis　05.102
放射热分析仪　emanation thermal analysis apparatus　05.132
放射色谱法　radio chromatography　05.316
飞行时间质谱计　time-of-flight mass spectrometer　05.195
非本征半导体　extrinsic semiconductor　10.078
非对称输出　unbalance output　07.215
非接触测量法　noncontact measuring method　07.482
非接触测温法　non-contact thermometry　02.031
非金属材料试验机　nonmetallic material testing machine　06.006
非晶态磁性合金　amorphous magnetic alloy　10.059

非牛顿流体　non-Newtonian fluid　05.386
非球面镜　aspherical mirror　04.051
非弹性本底　inelastic background　05.326
非线性转换　non-linear conversion　03.116
非相干探测　non-coherent detection　04.535
非衍射 X 射线光谱仪　nondiffraction X-ray spectrometer　05.373
分辨力　resolution　01.049
分辨力板　resolving power test target　04.198
分辨误差　resolution error　03.121
分布反馈激光器　distributed feedback laser　04.489
分度板　scale plate　07.061
分光光度计　spectrophotometer　04.309
分光计　spectrometer　04.346
分离度　resolution　05.276
分离连接器　snatch-disconnect connector　09.078
分离数　separation number　05.277
分流旋翼式流量计　shunt type current flowmeter, shunt type turbo flowmeter　02.144
分配等温线　partition isotherm　05.263
分配色谱法　partition chromatography　05.312
分配系数　partition coefficient　05.267
分批性区带转头　batch zonal rotor　07.376
分散型控制系统　distributed control system　02.356
分色镜　dichroic mirror　04.058
分色膜　dichroic coating　04.117
分时控制　time shared control　02.320
分束镜　beam splitter　04.057
分析超速离心机　analytical ultracentrifuge　07.367
分析管　analyzer tube　05.238
分析离心法　analytical centrifugation　07.405
分析天平　analytical balance　07.033
分析仪器　analytical instrument　05.006
分析转头　analytical rotor　07.379
分压力　partial pressure　07.498
分压器　voltage divider　03.042
分压强计　partial pressure gauge　05.202
分压真空计　partial pressure vacuum gauge　07.523
分装式检流计　separate galvanometer　03.085
分子漏孔　molecular leak　07.490
分子[气体]激光器　molecular [gas] laser　04.457
分子吸收光谱法　molecular absorption spectrometry　05.070
粉末黏接磁体　powder bonded magnet　10.056
粉末烧结磁性材料　powder sintered magnetic material　10.055
风量计　blast amount meter　07.477
封闭式离子源　tight ion source　05.223
封闭式转头　sealed rotor　07.380
封接合金　sealing alloy　10.096
峰能量测量　peak energy measurement　02.184
峰匹配　peak matching　05.167
峰值电压表　peak voltmeter　03.021
峰值检波器　peak detector　07.269
峰值声压　peak sound pressure　07.301
＊伏安表　volt-ampere meter　03.024
伏安法　voltammetry　05.027
氟化氪准分子激光器　krypton fluoride excimer laser　04.463
氟化氙准分子激光器　xenon fluoride excimer laser　04.462
浮动安装连接器　float mounting connector　09.090
浮力液位计　buoyancy levelmeter　02.170
浮子流量计　float flowmeter　02.124
浮子液位计　float levelmeter　02.171
幅值控制　amplitude control　09.169
辐射测温法　radiation thermometry　02.034
辐射度学　radiometry　04.003
辐射感温器　radiation thermoscope　08.065
辐射量　radiant quantity　04.077
辐射强度分布　radiation strength distribution　07.109
辐射热流计　radiation heatflowmeter　02.061
辐射试验　radiation test　07.192
辐射温度计　radiation thermometer　02.052
辐射元件　radiant element　07.162
辐射源　source of radiation　05.078
辐射跃迁　radiation transition　04.422
腐蚀破裂　corrosion failure　02.071
腐蚀试验机　corrosion testing machine　06.009
腐蚀试验箱　corrosion test chamber　07.131
腐蚀性大气试验　corrosive atmosphere test　07.183
负载　load　07.202
负载调整率　load regulation　03.177
附加光学系统　attachment optical system　04.017
复测经纬仪　repetition theodolite　04.225

复费率电能表　multi-rate meter　03.090
复合试验机　combined testing machine　06.017
复合型传感器　combined type transducer　08.026
复照仪　copying camera　04.407
复制光栅　replica grating　04.178
副基准[器]　secondary standard　01.080

G

干粉法　dry method　06.164
干扰值　disturbance value　07.018
干砂型硬度压头　dry sand mold hardness penetrator　07.453
干涉对比　interference contrast　04.140
干涉级　order of interference　04.033
干涉量度学　interferometry　04.155
干涉滤光片　interference filter　04.175
干涉条纹　interference fringe　04.032
干涉显微镜　interference microscope　04.279
干涉仪　interferometer　04.327
干湿球法　measurement with wet-and-dry-bulb thermometer　07.176
干湿球湿度计　psychrometer　05.417
干式显示剂　dry developer　06.139
干物镜　dry objective　04.160
干燥箱　drying oven　07.115
感生电流像　induced current image　04.348
感应电流法　induced current method　06.156
感应分压器　inductive voltage divider　03.155
感应系电能表　induction energy meter　03.087
感应系仪表　induction instrument　03.051
杠杆式测振仪　lever-type vibrograph　07.318
杠杆式天平　beam balance　07.024
高磁导率合金　high permeability alloy　10.045
高导磁铁镍合金　hipernik　10.047
高低温试验箱　high-low temperature test chamber　07.126
高电动势电位差计　high e. m. f. potentiometer　03.139
高电压连接器　high voltage connector　09.061
高分辨质谱计　high-resolution mass spectrometer　05.187
高能电子衍射仪　high electron energy diffractometer　05.360
高频火花检漏仪　high frequency spark leak detector　07.526
高频连接器　high frequency connector　09.052
高速冷冻离心机　high speed refrigerated centrifuge　07.361
高速离心机　high speed centrifuge　07.360
高速平衡机　high speed balancing machine　06.318
高弹性合金　high elastic alloy　10.084
高温金相显微镜　high temperature metallurgical microscope　04.208
高温连接器　high temperature connector　09.069
高温试验　high temperature test　07.180
高温试验机　high temperature testing machine　06.007
高温试验箱　high temperature test chamber　07.124
高效液相色谱仪　high performance liquid chromatograph　05.322
高压电桥　high voltage bridge　03.152
高压电子显微镜　high voltage electron microscope　04.385
高压汞灯　high pressure mercury lamp　09.183
高阻表　insulation resistance meter　03.027
隔离膜片　isolation diaphragm　09.231
隔离器　isolator　06.097
隔膜压力表　diaphragm-seal pressure gauge　02.096
隔振器　vibration isolator　06.098
镉灯　cadmium lamp　09.178
工程经纬仪　engineering theodolite　04.227
工程水准仪　engineering level　04.240
工具显微镜　toolmaker's microscope　04.269
工业控制计算机　process control computer　02.357
工业 X 射线电视装置　X-ray television apparatus for industry　06.281
工业自动化仪表　industrial process measurement and control instrument　02.001
工作标准器　working standard　01.082
工作寿命　operating life　08.158
工作台面温度　table temperature　06.113
工作温度范围　operating temperature range　08.160

工作应变片　working strain gauge　07.219
工作转速　working speed　07.333
功耗　power consumption　08.156
功率因数表　power factor meter　03.032
汞灯　amalgam vapour lamp　09.179
共振法　resonance method　06.211
共振振动发生器　resonant vibration generator　06.094
谷　valley　05.171
鼓风装置　blower device　07.157
鼓形记录仪　drum recorder　03.101
固定连接器　fixed connector　09.089
固定式磁粉探伤机　stationary magnetic particle flaw detector　06.178
固态[X 射线]检测器　solid-state [X-ray] detector　05.380
固体电解质气体传感器　solid-state electrolyte gas transducer　08.099
固体电解质湿度传感器　solid-state electrolyte humidity transducer　08.110
固体扫描式测长仪　solid scanning length measuring instrument　02.204
固体扫描式宽度计　solid scanning width meter　02.194
固有流量特性　inherent flow characteristic　02.273
固有黏度　intrinsic viscosity　05.391
固有频率　natural frequency　06.076
刮板　straight edge　07.451
刮板流量计　sliding vane rotary flowmeter　02.132
挂码　hanging weight　07.060
观察板　access panel　04.636
观察窗　viewing window　07.165
*管电流　X-ray tube current　06.295
*管电压　X-ray tube voltage　06.294
惯性主轴　principal inertia axis　06.303
光标式仪表　instrument with optical index　03.058
光参量放大　optical parametric amplification　04.527
光参量振荡　optical parametric oscillation　04.528
[光]参量振荡器　[optical] parametric oscillator　04.495
光测法　optical [measurement] method　07.326
光磁电效应　photomagnetoelectric effect　04.541
*光导　light guide　04.075
光导式传感器　photoconductive transducer　08.076
光的多普勒效应　optical Doppler effect　04.042
光点记录仪　spot recorder　03.103
光点检流计　galvanometer with optical point　03.081
光电倍增管　photomultiplier　05.080
光电比较仪　photoelectric comparator　04.288
光电比色法　photoelectric colorimetry　05.074
光电测距仪　electro-optical distance meter　04.246
光电池　photovoltaic cell　05.079
光电磁敏元件　photoelectro-magnetic element, PME　09.040
光电导效应　photoconductive effect　04.539
光电管　phototube　05.081
光电式长度计　photoelectric length meter　04.264
光电式传感器　photoelectric transducer　08.005
光电式辊缝测量仪　photoelectric roll gap measuring instrument　02.212
光电式宽度计　photoelectric width meter　02.193
光电式位置检测器　photoelectric position detector　02.214
光电式转速表　photoelectric tachometer　02.216
光电温度计　photoelectric thermometer　02.051
光电显微镜　photoelectric microscope　04.292
光电效应　photoelectric effect　02.188
光电效应式开关　photoelectric effect type optical switch　09.145
光电直读光谱仪　photoelectric direct-reading spectrograph　04.305
光电子能谱法　photoelectron spectroscopy　05.334
光电子像　photoelectronic image　04.361
光电自准直仪　photoelectric autocollimator　04.281
光度场　photometric field　04.137
光度对比　photometric contrast　04.139
光度计　photometer　04.329
光度量　luminous quantity　04.078
光度学　photometry　04.002
光伏效应　photovoltaic effect　04.540
光胶　optical contact　04.121
光开关　optical switch　09.144
光刻法　photolithography　04.120
光缆连接器　optical cable connector　09.058
[光]亮度　luminance　04.082

光敏电池　photo cell　09.034
光敏电位器　photo-potentiometer　09.033
光敏电阻器　photoresistor　09.032
光敏元件　photosensitive element　09.031
光盘[存储]技术　optical disc [memory] technique　04.607
光偏转　light deflection　04.525
光谱灯　spectral lamp　09.172
光谱范围　spectral range　05.063
光谱化学分析　spectro-chemical analysis　05.066
光谱投影仪　spectrum projector　04.306
光谱位置　spectral position　05.059
光谱狭缝宽度　spectral slit width　05.060
光谱学　spectroscopy　04.001
光谱仪器　optical spectrum instrument　04.294
光强调制器　light intensity modulator　04.518
光切法　light-section method　04.086
光切显微镜　light-section microscope　04.278
光圈局部误差　irregularity of Newton's ring　04.092
光圈数　number of Newton's rings　04.090
光栅　grating　04.061
光栅单色仪　grating monochromator　04.296
光栅能量测定仪　grating energy measuring device　04.336
光栅摄谱仪　grating spectrograph　04.302
光栅式线位移测量装置　grating type linear measuring system　04.286
光声光谱法　photoacoustic spectrometry　05.075
光速　velocity of light　04.024
光弹法　photoelasticity method　07.392
光弹效应　photo-elastic effect　04.499
光弹性仪　photoelasticimeter　04.319
光调制　optical modulation　04.514
光调制器　optical modulator　04.517
光通量　luminous flux　04.081
光通量标准灯　lumen standard lamp　09.189
光纤传感器　optical fiber transducer　08.006
光纤化学传感器　optical fiber chemical sensor　08.007
光纤连接器　optical fiber connector　09.062
光纤式位移计　optic fiber displacement meter　02.210
光纤式位置测量仪　optic fiber position measuring instrument　02.213
光纤式转速表　optic fiber tachometer　02.217
光线示波器　optical oscillograph　03.110
光学安装尺寸　optical fitting dimension　04.153
光学玻璃　optical glass　04.125
[光学]薄膜　optical coating　04.115
光学材料　optical material　04.124
光学测量　optical measurement　04.076
光学测试仪器　optical testing instrument　04.320
光学传递函数测定仪　optical transfer function instrument, OTF instrument　04.345
光学低通滤波器　optical low-pass filter　04.073
[光学]镀膜　optical thin film deposition　04.113
光学分度头　optical dividing head　04.273
光学杠杆　optical lever　04.085
光学黑色涂料　optical blacking　04.129
光学计　optimeter　04.261
光学计量仪器　optical metrological instrument　04.259
光学经纬仪　optical theodolite　04.222
光学晶体　optical crystal　04.126
光学均匀性　optical uniformity　04.100
光[学量]传感器　optical [quantity] transducer　08.066
光学密度　optical density　04.091
光学匹配滤波器　optical matched filter　04.074
光学倾斜仪　optical clinometer　04.276
光学[式]分析仪器　optical analytical instrument　05.008
光学树脂　optical resin　04.128
光学塑料　optical plastics　04.127
光学筒长　optical tube length　04.152
光学投影读数装置　optical projection reading device　04.285
光学系统　optical system　04.006
光学纤维　optical fiber　04.075
光学显微术　optical microscopy　04.132
光学振动仪　optical vibrometer　07.317
光学转台　optical rotating stage　04.277
[光]照度　illuminance　04.083
光轴平行度　parallelism of optical axes　04.106
光子牵引效应　photon drag effect　04.542
归算经纬仪　reducing theodolite　04.233

归算平板仪　reducing plane table equipment　04.255
规头　gauge head　07.502
滚动膜片执行机构　rolling diaphragm actuator　02.286
滚球式黏度计　rolling sphere viscometer　05.403
国际标准器　international standard　01.083
国际［实用］温标　international［practical］temperature scale, I［P］TS　02.021
国家标准器　national standard　01.084
过程测量　process measurement　02.005
过程控制　process control　02.006
过速保护　overspeed protection　07.355
过速保护装置　over-speed protection device　07.390

H

氦灯　helium lamp　09.174
氦镉激光器　helium cadmium laser　04.469
氦氖激光器　helium-neon laser, He-Ne laser　04.454
氦质谱检漏仪　helium mass spectrometric leak detector　07.528
焊接波纹管　welded bellows　09.240
航空摄影机　aerial camera　04.392
核磁共振波谱法　nuclear magnetic resonance spectroscopy　05.252
［核磁共振］采样频率　sampling frequency［of NMR］　05.246
［核磁共振］参比试样　reference sample［of NMR］　05.259
［核磁共振］传感器　transducer［of NMR］　05.258
［核磁共振］分辨力　resolution［of NMR］　05.242
［核磁共振］内参比试样　internal reference sample［of NMR］　05.260
［核磁共振］外参比试样　external reference sample［of NMR］　05.261
［核磁共振］稳定性　stability［of NMR］　05.243
核磁共振仪　nuclear magnetic resonance spectrometer, NMR spectrometer　05.257
核对色谱法　iteration chromatography　05.302
［核］辐射传感器　［nuclear］radiation transducer　08.017
核辐射物位计　nuclear radiation levelmeter　02.175
核四极共振波谱法　nuclear quadrupole resonance spectroscopy　05.255
黑光灯　black light lamp　06.118
黑光滤光片　black light filter　06.119
黑体　blackbody　02.020
黑体炉　blackbody furnace　02.025
黑体腔　blackbody chamber　02.026
痕量分析　trace analysis　05.005
恒磁导率合金　constant permeability alloy　10.046
恒定湿热试验　steady damp heat test　07.185
恒定压头流量计　constant-head flowmeter　02.122
恒流电源　constant current power supply　03.171
恒弹性合金　constant elasticity alloy　10.088
恒温槽　thermostatic bath　07.142
恒温开关　thermostatic switch　09.143
恒温式热量计　isothermal calorimeter　05.156
恒温水槽　thermostatic water bath　07.143
恒温油槽　thermostatic oil bath　07.144
恒压电源　constant voltage power supply　03.170
恒液位槽　constant level head tank　02.150
横波法　shear wave method　06.214
横梁　beam　07.050
横向抗弯强度芯盒　transverse flexural strength core box　07.462
红宝石　ruby　04.550
红宝石激光器　ruby laser　04.440
红外测距仪　infrared distance meter　04.247
红外分光光度计　infrared spectrophotometer　04.312
红外辐射温度计　infrared radiation thermometer　02.053
红外辐射仪　infrared radiometer　04.413
红外光传感器　infrared light transducer　08.068
红外光谱法　infrared spectrometry　05.071
红外激光器　infrared laser　04.486
红外显微镜　infrared microscope　04.216
红外线干燥箱　infrared drying oven　07.121
红外线气体分析器　infrared gas analyzer　05.077
后乳化性渗透液　post emulsifiable penetrant

06.133
后松接触件　rear-release contact　09.127
厚度传感器　thickness transducer　08.055
厚度计　thickness meter　02.196
呼吸流量传感器　respiratory flow transducer　08.143
呼吸频率传感器　respiratory frequency transducer　08.144
π 弧度磁分析器　π radian magnetic analyzer　05.230
互易法校准　reciprocity calibration　02.265
滑动开关　slide switch　09.139
化合物半导体　compound semiconductor　10.077
化学电离源　chemical ionization source　05.218
化学激光器　chemical laser　04.482
化学量传感器　chemical quantity transducer　08.003
化整误差　rounding error　07.020
还原黏度　reduced viscosity　05.393
环境监测站　environmental monitor station　05.422
环境气体分析仪　environmental gas analyzer　05.423
环境试验　environmental test　07.177
环境误差　environmental error　01.034
环境噪声　ambient noise　07.313
环式黏度计　ring viscometer　05.399
环形激光器　ring laser　04.490
缓冲器　buffer　06.054
换气装置　breather　07.155
灰体　graybody　02.019
回差　hysteresis　01.052
回复时间　time of recovery　07.107
回复线　recoil line　10.073
回旋质谱计　omegatron mass spectrometer　05.192
回转振动发生器　circular vibration generator　06.095
惠斯通电桥　Wheatstone bridge　03.092
混合绕组电流互感器　compound-wound current transformer　03.193
混响室　reverberation room　07.284
混装式连接器　connector with mixed contact　09.066
活板流量计　hinged gate weight controlled flowmeter　02.127
活塞发声器　pistonphone　07.261
活塞式变面积流量计　piston type variable-area flowmeter　02.128
活塞式黏度计　plunger viscometer　05.405
活塞式压力计　piston gauge　02.107
活塞执行机构　piston actuator　02.287
火花电离源　spark source　05.217
火焰发射光谱法　emission flame spectrometry　05.067
霍尔[式]传感器　Hall transducer　08.015
霍尔效应　Hall effect　02.189

J

机电元件　electromechanical component　09.049
机柜连接器　rack-and-panel connector　09.071
机械测振法　mechanical method of vibration measurement　07.325
机械测振仪　mechanical vibrometer　07.319
机械共振　mechanical resonance　02.182
机械计时器　mechanical timer　09.019
机械计数器　mechanical counter　09.017
机械 Q 开关　mechanical Q-switch　04.506
机械零位调节器　mechanical zero adjuster　03.043
机械扫描声全息[术]　acoustic holography by mechanical scanning　06.238
机械湿度计　mechanical hygrometer　05.412
机械天平　mechanical balance　07.023
机械跳动　mechanical run-out　02.183
机械筒长　mechanical tube length　04.151
机械元件　mechanical component　09.001
机械振动　mechanical vibration　06.073
机械振动台　mechanical vibration generator system　06.079
肌电图传感器　electromyography transducer, EMG transducer　08.148
积层磁铁　laminated magnet　05.239
积分光度计　integrating photometer　04.330
积分控制器　integral controller, I controller　02.333
积分球　integrating sphere　04.331

积分声级计 integrating sound level meter 07.250
积分式电动执行机构 integral electric actuator 02.297
积分式记录仪 integrating recorder 03.099
积分仪器仪表 integrating instrument 01.064
积分振动仪 integrating vibrometer 07.316
积分转换 integrating conversion 03.117
基本测量法 fundamental method of measurement 01.019
基本误差 intrinsic error 01.031
基流 background current 05.278
基体效应 matrix effect 05.173
基线长[度] base length 04.097
*基准线 reference line 03.127
畸变 distortion 04.048
畸峰 distorted peak 05.269
激发 excitation 04.419
激发滤光片 exciter filter 04.172
激光 laser 04.417
激光报警装置 laser alarm installation 04.603
激光泵浦 laser pumping 04.561
激光测长机 laser length measuring machine 04.589
激光测厚 thickness measurement with laser 04.583
激光测径仪 laser diameter measuring instrument 04.590
激光测距 laser rangefinder 04.582
激光测距仪 laser distance meter 04.248
激光测云仪 laser ceilometer 04.588
激光测振 vibration measurement with laser 04.584
激光传感器 laser sensor 08.016
激光传输 laser transmission 04.575
激光打印机 laser printer 04.606
激光电源 power supply of laser 04.544
激光多普勒测速 laser Doppler velocity measurement 04.586
激光多普勒流量计 laser Doppler flowmeter 02.145
激光干涉测量 laser interferometry 04.585
激光干涉仪 laser interferometer 04.596
激光工作物质 laser material 04.428
激光光谱技术 laser spectrum technology 04.599
激光技术 laser technique 04.498
激光加速度计 laser accelerometer 04.598
激光经纬仪 laser theodolite 04.223
激光绝对重力计 laser absolute gravimeter 04.597
激光刻划 laser grooving and scribing 04.578
激光脉冲 laser pulse 04.554
激光瞄准望远镜 laser alignment telescope 04.595
激光器 laser 04.432
激光器输出特性 output characteristic of laser 04.563
激光器噪声 laser noise 04.570
激光器转换效率 laser conversion efficiency 04.562
激光全息照相机 laser holographic camera 04.573
激光染料 laser dye 04.572
激光溶液 laser solution 04.571
激光受控区域 laser controlled area 04.608
激光束聚焦 laser beam focusing 04.581
激光束扫描声全息[术] acoustic holography by laser scanning 06.240
激光水平仪 laser level meter 04.592
激光水准仪 laser level 04.235
激光探测 laser detection 04.534
激光探测器 laser detector 04.587
激光探针质谱计 laser probe mass spectrometer 05.199
激光通信 laser communication 04.574
激光同位素分离 laser isotope separation 04.600
激光头 laser head 04.543
激光退火 laser annealing 04.577
激光椭圆度测量仪 laser ellipticity measuring instrument 04.593
激光微区光谱仪 laser microspectral analyzer 04.304
激光微调 laser trimming 04.580
激光武器 laser weapon 04.604
激光显微镜 laser microscope 04.215
激光线性比较仪 laser linear comparator 04.591
激光医疗 laser medicine 04.601
激光印刷 laser printing 04.605
激光蒸发与沉积 laser evaporation and deposition 04.579
激光指向仪 laser orientation instrument 04.594
激光制导 laser guidance 04.602
激光转速仪 laser tachometer 02.222

激光准直仪　laser collimator　04.282
激活光纤　active fiber　04.576
*激活介质　active medium　04.429
激活媒质　active medium　04.429
激励　excitation　06.074
激振力　excitation force　06.100
激振器　vibration exciter　07.323
级联式电压互感器　cascade voltage transformer　03.205
极化电压　polarized voltage　07.239
极谱池　polarographic cell　05.056
极谱法　polarography　05.028
极谱图　polarogram　05.021
极谱仪　polarograph　05.042
极头极化电容　cartridge polarized capacitance　07.240
极限标称气压　limit nominal air pressure　07.113
极限标称湿度　limit nominal humidity　07.112
极限标称温度　limit nominal temperature　07.111
极限孔径　limiting aperture　04.631
极限控制　limiting control　02.317
极限视角　limiting angular subtense　04.617
极限温度　limiting temperature　10.019
极性指示器　polarity indicator　03.066
极靴　pole piece　04.375
极坐标式电位差计　polar coordinate type potentiometer　03.144
集成传感器　integrated transducer　08.027
集成电路插座　integrated circuit socket　09.056
集光器　collector　04.163
pH 计　pH meter　05.037
计权网络　weighting network　07.270
计数器　counter　09.016
计算机系统　computer system　02.358
记录介质　recording medium　06.235
记录式发气性试验仪　recording type gas evolution tester　07.432
XY 记录仪　XY recorder　03.016
记录仪器仪表　recording instrument　01.063
记录元件　recording device　09.014
记录装置　recording device　01.066
加密　densification bridging　04.388
加热器　heater　07.152
加热台　heating stage　04.189
加湿器　humidifier　07.160
加速度传感器　acceleration transducer　08.044
加速计校准仪　calibrator of accelerometer　07.322
夹头　contact head　06.167
钾灯　kalium lamp　09.177
架盘天平　mount pan balance　07.028
间接被控系统　indirectly controlled system　02.350
间接测量法　indirect method of measurement　01.018
间接动作记录仪　indirect acting recorder　03.096
间接作用[动作]仪表　indirect acting instrument　03.056
兼容连接器　compatible connector　09.106
监督控制　supervisory control　02.323
监控　supervision　02.309
监视　monitoring　02.308
监听器　audio monitor　06.269
检波器　wave-detector　07.267
检测器　detector　01.060
检测仪表　measuring instrument　02.002
检测仪器仪表　detecting instrument　01.061
检定炉　furnace for verification use　02.024
检定系统　verification system　01.078
检流计　galvanometer　03.018
检漏仪　leak detector　07.525
检验温度点　temperature point for verification　02.029
键盘　keyboard　09.147
键盘开关　keyboard switch　09.136
键式开关　key switch　09.134
降温时间　temperature fall time　07.106
降雨装置　rainer　07.171
交变湿热试验　cyclic damp heat test　07.186
交换称量法　transposition weighing　07.094
交流电流校准器　AC current calibrator　03.174
交流电桥　AC bridge　03.151
交流电位差计　AC potentiometer　03.142
交流电压校准器　AC voltage calibrator　03.173
交流极谱仪　alternating current polarograph　05.044
交流平衡指示器　AC balance indicator　03.167
交流伺服电动机　alternating current servomotor　09.155

焦距仪　focometer　04.343
角编码器　angular encoder　04.064
角度传感器　angle transducer　08.056
角分辨电子谱法　angle resolved electron spectroscopy　05.340
角加速度传感器　angular acceleration transducer　08.045
角频率　angular frequency　06.075
角速度传感器　angular velocity transducer　08.042
角位移光栅　angular displacement grating　04.063
角行程电动执行机构　angular displacement electric actuator　02.292
角行程阀　rotary motion valve　02.302
角行程气动执行机构　angular displacement pneumatic actuator　02.288
角转头　fixed angle rotor　07.370
矫顽力　coercivity　10.070
搅拌器　stirrer　07.158
校准量　calibrating quantity　01.043
校准漏孔　calibrated leak　07.492
校准曲线　calibration curve　01.051
阶梯光栅　echelon grating　04.182
阶跃响应　step response　02.008
接触测量法　contact measuring method　07.481
接触测温法　contact thermometry　02.030
接触垫　contact pad　06.168
接触法　contact inspection method　06.219
接触件　contact　09.112
接触式干涉仪　contact interferometer　04.262
接地电阻表　earth resistance meter　03.026
接地连接器　earthed connector　09.104
接地漏电检示器　earth leakage detector　03.070
接地型电压互感器　earthed voltage transformer　03.201
接近开关　proximity switch　09.140
结构型传感器　mechanical structure type transducer　08.024
金绿宝石激光器　Alexandrite laser　04.446
金相显微镜　metallurgical microscope　04.207
金属材料试验机　metallic material testing machine　06.005
金属膜片　metal diaphragm　09.227
金属热电偶　metallic thermocouple　09.026
金属陶瓷 X 射线管　metal-ceramic X-ray tube　06.289
金属套管材料　metal sheath material　10.012
金属氧化物气体传感器　metal-oxide gas transducer　08.097
金属氧化物湿度传感器　metal-oxide humidity transducer　08.108
金属蒸气[原子]激光器　metallic vapor [atomic] laser　04.455
紧实度测定仪　compactness tester　07.415
紧实率试验仪　compactability tester　07.434
浸焊接触件　dip-solder contact　09.117
浸水试验　immersed water test　07.189
浸水试验装置　immersion water test equipment　07.148
浸液物镜　immersion objective　04.159
浸渍腐蚀试验箱　dry and wet corrosion test chamber　07.134
经纬仪　theodolite　04.221
晶体光轴定向仪　crystal orientater　04.325
晶体振子式湿度传感器　quartz crystal vibrator type humidity transducer　08.115
晶轴　optical axis [of crystal]　04.533
精密测微检定仪　precision micrometer inspection instrument　02.255
精密电阻合金　precision electrical resistance alloy　10.021
精密合金　precise alloy　10.002
精密同轴连接器　precision coaxial connector　09.065
精密压力表　precision pressure gauge　02.085
景深　depth of field　04.030
径向间隙　radial clearance　06.064
径向静电场分析器　radial electrostatic field analyzer　05.232
径向压力表　pressure gauge with bottom connection　02.094
静电八极透镜　electrostatic octapole lens　05.236
静电电子显微镜　electrostatic electron microscope　04.386
静电分析器　electrostatic analyzer　05.231
静电激励器　electrostatic actuator　07.265
静电计　electrometer　03.020

静电喷洒装置　electrostatic spraying device　06.125
静电式记录仪　electrostatic recorder　03.105
静电四极透镜　electrostatic quadrupole lens　05.235
静电透镜　electrostatic lens　04.369
静电系仪表　electrostatic instrument　03.045
静动态应变仪　static-dynamic strainometer　07.207
静态测量　static measurement　01.003
静态挂码校准　static weight-hoist calibration　02.257
静态热分析仪器　static thermal analysis instrument　05.128
静态热技术　static thermal technique　05.098
静态应变仪　static strainometer　07.204
静态[质谱]仪器　static [mass spectrometer] instrument　05.184
静压　static pressure　07.296
镜筒透镜　tube lens　04.158
镜筒系数　tube-factor　04.149
纠正仪　rectifier　04.402
居里温度　Curie temperature　10.064
局浸温度计　partial immersion thermometer　02.046
矩形连接器　rectangular connector　09.054
矩形压力表　square profile pressure gauge　02.095
聚光镜　condenser lens　04.069
聚光腔[器]　laser pump cavity　04.549
聚焦探头　focusing type probe　06.230
绝对法校准　absolute calibration　02.263
绝对误差　absolute error　01.026
绝对压力表　absolute pressure gauge　02.077
绝对真空计　absolute vacuum gauge　07.504
绝热式热量计　adiabatic calorimeter　05.155
绝压传感器　absolute pressure transducer　08.035
绝缘损坏检示仪表　insulation fault detecting instrument　03.069
绝缘物　insulating material　10.013
均衡　equalization　07.331
均热带长度　uniform temperature zone length　06.070
均温区　uniform temperature zone　05.095

K

开槽接触件　bifurcated contact　09.113
开尔文[双比]电桥　Kelvin [double] bridge　03.093
Q 开关　Q-switch　04.505
开关连接器　switching connector　09.107
开[关]启装置　open-initiate system　07.086
开关时间　switching time　04.513
开关轴　switch axle　07.064
开环控制　open-loop control　02.310
开环线圈　split coil　06.171
凯泽效应　Kaiser effect　06.247
铠装热电偶　sheathed thermocouple　09.027
看谱镜　spectroscope　04.300
康铜电阻合金　konstantan resistance alloy　10.031
抗辐射连接器　anti-radiation connector　09.068
抗夹砂试样筒　scab specimen tube　07.460
抗拉强度芯盒　tensile strength core box　07.463
可编程控制器　programmable controller　02.340
可变角探头　variable angle probe　06.228
[可测的]量　[measurable] quantity　01.005
可见光传感器　visible light transducer　08.067
可接受的发射极限　accessible emission limit　04.614
可接受的辐射　accessible radiation　04.613
可溶式显示剂　soluble developer　06.141
可调谐激光器　tunable laser　04.487
可听声　audible sound　07.285
可听阈　threshold of audibility　07.292
克尔效应　Kerr effect　04.039
克拉天平　carat balance　07.043
克努森真空计　Knudsen vacuum gauge　07.519
氪灯　krypton lamp　09.175
氪离子激光器　krypton ion laser　04.468
空白试验　blank test　05.088
空间滤波器　spatial filter　04.072
空气动力学天平　aerodynamics balance　07.049
空气过滤器　air filter　07.153
空气压力天平　air pressure balance　07.048
空试验力　no test force　06.059
空隙时间　aperture time　05.250

空心阴极灯　hollow-cathode lamp　05.083
空穴色谱法　vacancy chromatography　05.300
空载试验　no-load test　07.179
孔径测量仪器　bore measuring instrument　04.289
孔径干涉仪　bore interferometer　04.290
孔径光阑　aperture stop　04.630
控制　control　02.305
控制层次　control hierarchy　02.327
* I 控制器　integral controller, I controller　02.333
* P 控制器　proportional controller, P controller　02.332
* PD 控制器　proportional plus derivative controller, PD controller　02.338
* PI 控制器　proportional plus integral controller, PI controller　02.337
控制绕组　control winding　09.165
控制算法　control algorithm　02.328
控制仪表　control instrument　02.004
库仑表　coulomb meter, coulometer　03.033
* 库仑[式]分析器　coulometric analyzer　05.033
快封器　quick-seal tube　07.384
快速测距仪　tacheometer　04.249
快速分离连接器　quick disconnect connector　09.092
快速天平　quick balance　07.038
快特性　fast characteristic　07.242
宽度计　width meter　02.192
矿山罗盘仪　mining compass　04.257
溃散性试验仪　collapsibility tester　07.436
扩散硅式测力计　diffused silicon semiconductor force meter　02.236
扩散[声]场　diffuse sound field　07.289
扩展标度尺仪表　expanded scale instrument　03.062
扩展的额定型电流互感器　extended rating type current transformer　03.190
扩展源　extended source　04.616

L

拉力试验机　tensile testing machine　06.013
拉曼分光光度计　Raman spectrophotometer　04.315
拉曼激光器　Raman laser　04.496
拉曼－奈斯衍射　Raman-Nath diffraction　04.501
拉曼散射　Raman scattering　04.529
拉曼效应　Raman effect　04.043
拉线分离连接器　lanyard disconnect connector　09.096
* 喇曼激光器　Raman laser　04.496
兰姆凹陷　Lamb dip　04.430
蓝宝石激光器　sapphire laser　04.447
老化试验箱　aging test chamber　07.136
棱镜单色仪　prism monochromator　04.297
棱镜摄谱仪　prism spectrograph　04.303
V 棱镜折射仪　V-prism refractometer　04.322
棱镜质谱计　prism mass spectrometer　05.190
冷镜　cold mirror　04.056
冷却台　cooling-stage　04.188
冷阴极离子源　cold-cathode source　05.221
离心管　centrifugal tube　07.383
离心力式平衡机　centrifugal balancing machine　06.307
离心瓶　centrifugal bottle　07.385
离心腔　centrifugal chamber　07.386
离心腔盖　centrifugal cover　07.388
离心腔体　centrifugal chamber casing　07.387
离心腔真空度　vacuum degree of centrifugal chamber　07.357
离心时间　centrifugation time　07.347
离心式转速表　centrifugal tachometer　02.220
离子传感器　ion transducer　08.104
离子轰击二次电子像　ion bombardment secondary electron image　04.358
离子化损失谱法　ionization lose spectroscopy　05.342
离子回旋共振质谱计　ion cyclotron resonance mass spectrometer　05.193
离子活度计　ion-activity meter　05.038
离子交换色谱法　ion-exchange chromatography　05.308
离子敏元器件　ion sensing element and device　09.046

离子排斥极　ion repeller　05.224
离子排斥色谱法　ion-exclusion chromatography　05.309
离子[气体]激光器　ionic [gas] laser　04.466
离子散射谱　ion-scattering spectrum　05.330
离子散射谱法　ion-scattering spectroscopy　05.345
离子散射谱仪　ion-scattering spectrometer　05.363
离子色谱法　ion chromatography　05.304
离子选择电极　ion selection electrode　09.047
离子源　ion source　05.213
离子中和谱法　ion neutralizing spectrum　05.343
离子中和谱仪　ion neutralization spectrometer　05.362
李沙育图形测频　frequency measurement by Lissajou's figure　07.330
理论板高　height equivalent to a theoretical plate　05.275
理论板数　number of the theoretical plate　05.274
理想光学系统　perfect optical system　04.007
力标准机　force standard machines　06.041
力传感器　force transducer　08.038
力基准机　primary force standard machine　06.040
力矩传感器　torque transducer　08.040
力矩电动机　torque motor　09.162
力敏元件　force sensing element　09.022
力学式传感器　mechanical quantity transducer　08.032
力学性能　mechanical property　06.001
立式动平衡法　vertical dynamic balance method　07.397
立式平衡机　vertical balancing machine　06.315
立体测图仪　stereoplotter　04.406
立体量测摄影机　stereo-metric camera　04.396
[立体]判读仪　[stereo] interpretoscope　04.398
励磁绕组　exciting winding　09.166
连接器　connector　09.050
*连续变焦系统　zoom system　04.016
连续波　continuous wave　04.553
连续[波]激光器　continuous wave laser　04.433
连续法　continuous method　06.163
连续光谱灯　continuous lamp　05.085
连续氪灯　continuous krypton lamp　04.546
连续控制　continuous control　02.318
连续离心法　continuous-flow centrifugation　07.409
连续[流]转头　continuous flow rotor　07.375
连续扫描法　continuous sweep method　07.327
链码校准　captive chain calibration　02.258
量测摄影机　metric camera　04.391
量程　span　01.048
量程误差　span error　01.035
量程转换器　span-changing device　03.147
量块干涉仪　gauge interferometer　04.267
两位控制器　two-step controller　02.346
两相伺服电动机　two-phase servomotor　09.156
亮度测温法　radiance thermometry　02.035
亮度传感器　brilliance transducer　08.077
[量的]约定真值　conventional true value [of a quantity]　01.008
[量的]真值　true value [of a quantity]　01.007
[量]值　value [of a quantity]　01.006
料斗秤试验装置　hopper scale testing apparatus　02.261
临界流　critical flow　02.115
临界相对离心力　critical relative centrifugal force　07.403
临界转速范围　critical speed range　07.341
淋水试验装置　sprinkling test equipment　07.150
淋雨试验　sprinkling test　07.190
灵敏度　sensitivity　01.054
灵敏度调节器　sensitivity regulator　07.072
灵敏度漂移　sensitivity drift　07.005
灵敏度误差　sensitivity error　07.006
菱形阵　diamond array　06.253
零插拔力连接器　zero-insertion force connector　09.081
零差探测　zero-difference detection　04.537
零点迁移　zero shift　01.037
零点误差　zero error　01.036
零点修整装置　zero point correcting device　07.068
零电感　zero inductance　03.160
零读法　null reading method　07.218
零输出基线　zero output base line　05.172
零位指示器　zero indicator　07.075
零值测量法　null method of measurement　01.023
*流比计　ratio-meter　03.014
流程质谱计　process mass spectrometer　05.198

流出式黏度计 efflux viscometer 05.404
流动性试验器 flowability tester 07.473
流量传感器 flow transducer 08.050
流量计 flowmeter 02.121
流量计特性曲线 characteristic curve of flowmeter 02.120
流量系数 flow coefficient 02.274
流速计 current-meter 02.161
六分力天平 six-component balance 07.047
漏孔 leak 07.487
漏率 leak rate 07.495
露点传感器 dew point transducer 08.116
露点湿度计 dew point hygrometer 05.418
卢瑟福背散射谱法 Rutherford back scattering spectroscopy 05.346
炉料批量计数仪 charge batch counter 07.479
颅内压传感器 intracranial pressure transducer 08.138
卤素检漏仪 halide leak detector 07.527
卤[素]钨丝灯 tungsten halogen lamp 04.548
*卤钨灯 tungsten halogen lamp 04.548
滤波接触件 filter contact 09.120
滤光膜 filter coating 04.118
滤光片 filter 04.059
滤光装置 filter 04.171
滤色片 color filter 04.060
铝酸钇激光器 yttrium aluminate laser, YAP laser 04.444
氯化氪准分子激光器 krypton chloride excimer laser 04.465
氯化氙准分子激光器 xenon chloride excimer laser 04.464
轮式检测装置 wheel search unit 06.223
罗盘经纬仪 compass theodolite 04.230
罗盘仪 compass 04.256
*罗茨流量计 Roots flowmeter 02.131
逻辑控制 logic control 02.326
螺旋波纹管 helical bellows 09.246
螺旋弹簧管 helical elastic tube 09.255
螺翼式水表 helical vane type water meter 02.148
裸规 nude gauge 07.503
裸式离子源 open source 05.222
洛氏硬度计 Rockwell hardness tester 06.023
络合色谱法 complexation chromatography 05.313
落球黏度计 falling sphere viscometer 05.402

M

麻花弹簧管 twisted elastic tube 09.257
马氏体沉淀硬化不锈钢 martensitic precipitation-hardening steel 10.092
*马氏体 PH 钢 martensitic precipitation-hardening steel 10.092
马氏体时效钢 maraging steel 10.093
脉搏传感器 pulse transducer 08.139
脉冲峰值功率 peak output power of pulse 04.566
脉冲回波法 pulse echo method 06.209
脉冲回转角 pulse flip angle 05.248
脉冲激光器 pulsed laser 04.434
脉冲极谱仪 pulse polarograph 05.046
脉冲氪灯 pulsed krypton lamp 04.547
脉冲连接器 pulse connector 09.063
脉冲平均输出功率 average output power of pulse 04.567
脉冲声级计 impulse sound level meter 07.249
脉冲式测距仪 impulse distance meter 04.243
脉冲输出能量 output energy of a pulse 04.565
脉冲氙灯 xenon flash lamp 09.193
脉冲响应 impulse response 02.010
脉冲响应特性 impulse response characteristic 07.244
满量程误差 full scale error 06.061
满载试验 full-load test 07.178
满载转头 fully loaded rotor 07.381
慢特性 slow characteristic 07.243
漫反射 diffuse reflection 04.026
漫透射 diffuse transmission 04.027
毛细管汞灯 capillary mercury lamp 09.186
毛细管黏度计 capillary viscometer 05.396
酶[式]胆固醇传感器 cholesterol enzyme transducer 08.120
酶[式]尿素传感器 urea enzyme transducer

08.119
酶[式]葡萄糖传感器 glucose enzyme transducer 08.118
每米电阻值 resistance per meter 10.035
门捷列夫称量法 Mendeleev weighing 07.093
锰铜电阻合金 manganin resistance alloy 10.030
密度计 densitometer 05.407
免疫血型传感器 blood-group immune transducer 08.121
面板式连接器 panel connector 09.072
描绘棱镜 drawing prism 04.192
描绘装置 drawing apparatus 04.191
瞄准误差 sighting error 04.096
敏感元[器]件 sensing element 09.021
明场像 bright field image 04.362
模/数转换 analogue-to-digital conversion, ADC 03.111
[模/数转换的]规范化 scaling [for analogue-to-digital conversion] 03.113
模糊误差 ambiguity error 03.130
模拟传感器 analog transducer 08.023
模拟分度值 analog division value 07.004
模拟式测量仪器仪表 analogue measuring instrument 01.058
模拟误差 analog error 07.007
模拟信号 analogue signal 01.013
模拟应变装置 strain simulator 07.210
膜层强度测定仪 film strength measuring device 04.335
膜盒 diaphragm capsule 09.234
膜盒压力表 capsule pressure gauge 02.081
膜厚测定仪 film thickness measuring device 04.334
膜片 diaphragm 09.223
膜片压力表 diaphragm pressure gauge 02.082
膜式气体流量计 diaphragm gas flowmeter 02.137
摩擦磨损试验机 friction-abrasion testing machine 06.038
莫尔天平 Mohr's balance 07.039
*莫尔条纹 moire fringe 04.065
母线式电流互感器 bus type current transformer 03.182
目镜 ocular 04.068
目镜分划板 ocular graticule 04.166

N

内插装置 interpolation device 07.071
内反射光谱法 internal reflection spectrometry 05.073
内反射元件 internal reflection element 04.185
内调制 internal modulation 04.515
内装式检流计 Built-in galvanometer 03.165
氖指示灯 neon indicator 09.191
耐腐蚀弹性合金 corrosion resistant elastic alloy 10.089
耐环境连接器 environment resistant connector 09.100
耐火连接器 fire-proof connector 09.102
耐蚀软磁合金 anticorrosion soft magnetic alloy 10.044
脑电图传感器 electroencephalographic transducer, EEG transducer 08.147
能级 energy level 04.420
[能级间的]跃迁 transition [between the energy levels] 04.421
能量处理组件 energy processor module 06.268
能量过滤器 energy filter 05.233
能谱法 spectroscopy 05.332
能谱和射线分析仪器 spectroscope and ray analyzer 05.012
逆谱库检索 reverse library searching 05.166
逆向误差 reversal error 07.016
黏度传感器 viscosity transducer 08.059
黏度计 viscometer 05.395
黏度天平 viscosity balance 07.042
黏[胶]模 block 04.122
黏土吸蓝量试验仪 methylene blue clay tester 07.439
黏滞漏孔 viscous leak 07.491
黏滞性真空计 viscosity vacuum gauge 07.511
镍铬电阻合金 chromel resistance alloy 10.026
镍铬硅－镍硅热电偶丝 nickel-chromium-silicon/

nickel-silicon thermocouple wire 10.008
镍铬-金铁热电偶丝 nickel-chromium/gold-iron low temperature thermocouple wire 10.010
镍铬铝铁电阻合金 karma resistance alloy 10.028
镍铬铝铜电阻合金 evanohm resistance alloy 10.029
镍铬-镍硅热电偶丝 nickel-chromium/nickel-silicon thermocouple wire 10.004
镍铬铁电阻合金 nickel-chromium-iron resistance alloy 10.027
镍铬-铜镍热电偶丝 nickel-chromium/copper-nickel thermocouple wire 10.005
凝胶色谱法 gel chromatography 05.307
牛顿环 Newton rings 04.035
牛顿流动定律 Newton's law of flow 05.385
扭辫分析 torsional braid analysis 05.107
扭辫分析仪 torsional braid analysis apparatus 05.140
扭矩标准机 standard torquer 06.044
扭矩基准机 primary standard torquer 06.043
扭力天平 torsion balance 07.035
扭转试验机 torsion testing machine 06.016
农用分析仪 agricultural analyzer 05.430
浓差电池 concentration cell 05.054
钕玻璃 neodymium glass 04.551
钕玻璃激光器 neodymium glass laser 04.441

O

*欧姆表 ohmmeter 03.025
耦合腔 coupler 07.271
耦合腔互易校准 coupled chamber method of reciprocity calibration 07.280

P

盘簧管 convolute elastic tube 09.256
膀胱内压传感器 urinary bladder inner pressure transducer 08.136
抛物面[反射]镜 parabolical mirror 04.054
泡克耳斯效应 Pockels effect 04.038
配位体色谱法 ligand chromatography 05.310
喷涂器 sprayer 06.126
喷雾加湿 spraying humidification 07.196
喷雾装置 spraying device 07.156
彭宁真空计 Penning vacuum gauge 07.521
碰撞激活质谱计 collision activation mass spectrometer 05.208
碰撞试验 continuous shock test 06.077
碰撞试验台 bump testing machine 06.087
铍青铜 beryllium bronze 10.087
皮带秤动态试验装置 conveyor belt scale dynamic testing apparatus 02.260
皮带秤校准 conveyor belt scale calibration 02.256
皮拉尼真空计 Pirani vacuum gauge 07.514
皮托管 Pitot tube 02.167
皮托静压管 Pitot static tube 02.168
疲劳破裂 fatigue failure 02.073
疲劳试验机 fatigue testing machine 06.031
偏光显微镜 polarizing microscope 04.206
偏离线性度 deviation from linearity 03.129
偏流测向探头 yaw probe 02.166
偏振度 degree of polarization 04.103
偏振光 polarized light 04.036
偏振膜 polarizing coating 04.119
偏振调制器 light polarization modulator 04.521
偏振仪器 polarizing instrument 04.316
偏振元件 polarizer 04.162
片电阻 sheet resistance 10.040
频带声功率级 band sound power level 07.308
频带声压级 band sound pressure level 07.311
频率表 frequency meter 03.030
频率分析仪 frequency analyzer 07.254
频率扫描 frequency sweeping 05.245
频率调制器 light frequency modulator 04.520
*频率温度计 quartz thermometer 02.058
频率下转换 frequency down-conversion 04.526
频率响应 frequency response 02.011
频率响应范围 frequency response range 07.197
频谱分析仪 spectrum analyzer 02.252

频闪灯　strobe lamp　09.194
平板导热仪　plane table thermo-conductivity meter　05.157
平板仪　plane table equipment　04.253
平衡电桥　balancing bridge　07.231
平衡机　balancing machine　06.305
平衡托　poise nut　07.057
平衡自动线　automatic balancing line　06.322
平均电阻温度系数　mean temperature coefficient of resistance　10.039
平均离心半径　average centrifugal radius　07.339
平均流量　mean flowrate　02.114
平均色散　mean dispersion　04.099
平面彩色发光管　plane color luminotron　09.203
平面光栅　plane grating　04.177
平面阵　planar array　06.250
平膜片　flat diaphragm　09.224
平弹簧　flat spring　09.217
平行光管　collimator　04.342
屏蔽连接器　shielded connector　09.103
破坏性试验　destructive test　06.002
破坏压力　rupture pressure　02.069
破碎指数试验仪　shatter index tester　07.429
谱带宽度　spectral band width　05.058
谱带扩张　band broadening　05.280
谱库检索　library searching　05.165
曝热试验仪　quick heat tester　07.438

Q

齐焦　parfocal　04.136
骑码装置　principle horse device　07.067
起始磁导率　initial permeability　10.075
气动厚度计　pneumatic thickness meter　02.203
气动激光器　gas dynamic laser　04.481
气动执行机构　pneumatic actuator　02.281
气－固色谱法　gas-solid chromatography　05.292
气密连接器　hermetic connector　09.067
气密式仪器仪表　air-tight instrument　01.074
气敏电阻器　gas sensitive resistor　09.042
气敏元件　gas sensitive element　09.041
气泡检查仪　bubble meter　04.324
气泡式水准仪　spirit level　04.238
气瓶减压器　gas cylinder regulator　02.110
气体传感器　gas transducer　08.095
气体发生器　gas generator　05.433
气体放电源　gas-discharge source　05.220
气体分配装置　gas distributing device　02.155
气体激光器　gas laser　04.451
气体密度计　gas densitometer　05.410
气体温度计　gas thermometer　02.047
气体压缩系数　gas compressibility factor　02.119
气体正比检测器　gas proportional detector　05.381
气相色谱法　gas chromatography　05.290
气相色谱仪　gas chromatograph　05.319
气相色谱－质谱法　gas chromatography mass spectrometry　05.176
气相色谱－质谱[联用]仪　gas chromatograph-mass spectrometer　05.205
气压偏差　air pressure deviation　07.110
气－液色谱法　gas-liquid chromatography　05.291
千分表检查仪　micrometer checker　02.254
迁移率　mobility　10.083
前馈控制　feedforward control　02.314
钳式电流互感器　split-core type transformer　03.184
潜水连接器　submersible connector　09.101
腔倒空　cavity dumping　04.510
强制活塞式校准装置　forced piston prover　02.158
亲水性乳化剂　hydrophilic emulsifier　06.135
亲油性乳化剂　lipophilic emulsifier　06.136
琴钢丝　piano wire　10.091
氢灯　hydrogen lamp　09.173
氢压力表　hydrogen pressure gauge　02.089
轻敲位移　friction error　02.067
倾角　tilt angle　07.340
倾斜测试　inclining test　07.017
倾斜压力计　inclined-tube manometer　02.103
清洗剂　detergent remover　06.137
清洗装置　washing unit　06.124
球化分选仪　balling-up rate meter　07.472
球径仪　spherometer　04.326
球面槽宝石轴承　spherical jewel bearing　09.009

球面镜　spherical mirror　04.050
球形汞灯　spherical mercury lamp　09.185
球形氙灯　spherical xenon lamp　09.192
区带转头　zonal rotor　07.374
曲线坐标记录仪　curvilinear coordinate recorder　03.098
驱动件　actuator　09.149
取样袋法　sampling pocket method　07.485
去皿装置　taring device　07.084
圈码　ring weight　07.058
全辐射测温法　total radiation thermometry　02.036
全浸温度计　total immersion thermometer　02.045
全景曝光　panoramic exposure　06.302
全绝缘电流互感器　fully insulated current transformer　03.189
全桥测量法　full bridge measurement method　07.222
全息光栅　holographic grating　04.184
全息摄影术　holography　04.044
全息图　hologram　04.045
全息显微镜　holographic microscope　04.214
全压力　total pressure　07.499
全压真空计　total pressure vacuum gauge　07.506

R

燃烧法　burning method　05.120
染料激光器　dye laser　04.470
绕接接触件　wrap contact　09.126
绕线式电流互感器　wound primary type current transformer　03.188
热变形试验仪　heat distortion tester　07.437
[热]传导　[heat] conduction　02.015
热传导真空计　thermal conductivity vacuum gauge　07.513
热传声法　thermoacoustimetry　05.111
热传声仪　thermoacoustimetry apparatus　05.142
热磁式氧分析器　thermomagnetic oxygen analyzer　05.124
热磁学法　thermomagnetometry　05.119
热磁仪　thermomagnetometry apparatus　05.150
热导率计　thermal conductivity meter　05.158
热导式气体传感器　thermal conductivity gas transducer　08.102
热导式气体分析器　thermoconductivity gas analyzer　05.125
热导式湿度传感器　thermal conductivity humidity transducer　08.111
热滴定[法]　thermal titration　05.108
热电测温法　thermoelectric thermometry　02.033
热电动势　thermal electromotive force　10.016
热电动势率　thermoelectric power　10.017
热电[分析]仪　thermoelectrometry apparatus　05.149
热电离质谱计　thermal ionization mass spectrometer　05.201
热电偶　thermocouple　09.025
热电偶测量法　temperature measurement with thermocouple　07.174
热电偶接触件　thermocouple contact　09.131
热[电]偶式仪表　thermocouple instrument　03.052
热电偶丝　thermocouple wire　10.003
热电式传感器　thermoelectric sensor　08.008
热电温度计　thermoelectric thermometer　02.049
热电学法　thermoelectrometry　05.118
热电子像　thermoelectronic image　04.360
热电阻　thermal resistor　09.028
[热]对流　[heat] convection　02.016
热发光法　thermoluminescence　05.116
热发光仪　thermoluminescence apparatus　05.147
热发声法　thermosonimetry　05.110
热发声仪　thermosonimetry apparatus　05.141
热分析　thermal analysis　05.097
热分析量程　thermal analysis range　05.096
热分析曲线　thermal analysis curve　05.089
热分析仪器　thermal analysis instrument　05.127
热分子真空计　thermo-molecular vacuum gauge　07.518
[热]辐射　[heat] radiation　02.017
热辐射计　bolometer, kampometer　02.063
热光度法　thermophotometry　05.113
热光度仪　thermophotometry apparatus　05.144

热光谱法 thermospectrometry 05.114
热光谱仪 thermospectrometry apparatus 05.145
热光学法 thermophotometry 05.112
热光仪 thermophotometry apparatus 05.143
热化学式气体分析器 thermochemical gas analyzer 05.126
热机械分析 thermomechanical analysis 05.105
热机械分析仪 thermomechanical analyzer 05.139
热老化试验箱 heat aging test chamber 07.137
热量计 calorimeter 05.151
热流传感器 heat flux transducer 08.064
热流计 heat flow meter 05.159
热滤光片 heat filter 04.173
热敏电阻 thermistor 09.029
热敏电阻合金 thermistor resistance alloy 10.023
热敏电阻器 thermistor 09.030
热敏元件 thermo-sensitive element 09.024
热敏真空计 thermistor vacuum gauge 07.516
热偶真空计 thermocouple vacuum gauge 07.515
热膨胀法 thermodilatometry 05.121
热膨胀仪 thermodilatometer 05.138
热平衡 thermal equilibrium 02.018
热湿拉强度试验仪 hot wet tensile strength tester 07.428
热湿拉强度试样筒 specimen tube of hot-green tensile strength 07.458
热式流量计 thermal flowmeter 02.142
热微粒分析 thermoparticulate analysis 05.103
热微粒分析仪 thermoparticulate analysis apparatus 05.133
热显微镜法 thermomicroscopy 05.117
热显微仪 thermomicroscopy apparatus 05.148
热响应时间 thermal response time 10.018
热像仪 thermovision 02.062
热学量传感器 thermal quantity transducer 08.062
热学[式]分析仪器 thermometric analyzer 05.009
热压应力试样筒 specimen tube of hot pressure stress 07.459
热延时开关 thermal time delay switch 09.142
热折射法 thermorefractometry 05.115
热折射仪 thermorefractometry apparatus 05.146
热重法 thermogravimetry 05.099
热重曲线 thermogravimetric curve 05.093
人工光源 artificial light source 07.170
人机通信 man-machine communication 02.329
容量因子 capacity factor 05.265
溶解氧分析器 dissolved oxygen analyzer 05.035
熔点型消耗式温度计 melting point type disposable fever thermometer 02.056
蠕变试验机 creep testing machine 06.028
乳化剂 emulsifier 06.134
乳化装置 emulsifier unit 06.123
软磁材料 soft magnetic material 10.043
软支承平衡机 soft bearing balancing machine 06.312
润湿剂 wetting agent 06.143

S

塞贝克效应 Seebeck effect 02.038
三端测量 three-terminal measurement 03.164
三分力天平 three-component balance 07.046
三极串联四极质谱计 triple tandem quadrupole mass spectrometer 05.210
三极管式真空计 triode vacuum gauge 07.522
三角阵 triangular array 06.251
三 A 类激光产品 class 3A laser product 04.627
三 B 类激光产品 class 3B laser product 04.628
三位控制器 three-step controller 02.347
三线式接线法 three-wire connection 07.223
三坐标测量机 three-coordinate measuring machine 04.271
散射光浊度计 scattering turbidimeter 05.421
散射离子能量 scattering ion energy 05.331
扫描电子显微镜 scanning electron microscope 04.381
扫描激光器 scanning laser 04.497
扫描离子微区探针 scanning ion microprobe 05.212
扫描 X 射线光谱仪 sequential X-ray spectrometer 05.372
色度 chromaticity 04.146
色度传感器 chromaticity transducer 08.078

色度学　colorimetry　04.004
色谱法　chromatography　05.289
[色谱]峰　[chromatographic]　05.283
[色谱]峰底　[chromatographic] peak base　05.284
[色谱]峰高　[chromatographic] peak height　05.285
[色谱]峰宽　[chromatographic] peak width　05.286
色谱图　chromatogram　05.282
色谱学　chromatography　05.288
色谱仪　chromatograph　05.318
色谱柱　chromatographic column　05.324
色散本领　dispersion power　05.061
色温　color temperature　04.079
色心激光器　color center laser　04.443
沙尘试验　sand and dust test　07.191
沙尘试验箱　sand and dust test chamber　07.147
砂盘　sandpan　07.448
砂芯硬压头　core hardness penetrator　07.454
闪电电流磁检示器　magnet detector for lightning current　03.074
闪光射线照相术　flash radiography　06.296
闪光式转速仪　stroboscopic tachometer　02.221
闪烁检测器　scintillation detector　05.382
闪耀光栅　blazed grating　04.183
扇形磁分析器　sector magnetic analyzer　05.227
商值表　quotient-meter　03.015
烧结点试验仪　sintered point tester　07.430
邵氏硬度计　Shore durometer　06.026
设定点控制　set point control, SPC　02.324
射频显示　radio frequency display　06.206
X 射线　X-ray　06.271
γ 射线　gamma-ray　06.272
X 射线测角仪　X-ray goniometer　05.377
射线传感器　radiation transducer　08.090
X 射线传感器　X-ray transducer　08.091
β 射线传感器　β-ray transducer　08.092
γ 射线传感器　gamma-ray transducer　08.093
X 射线单色器　X-ray monochrometer　05.379
X 射线分光装置　X-ray spectroscope apparatus　05.378
X 射线分析法　X-ray analysis　05.348
X 射线分析器　X-ray analyzer　05.366
X 射线粉末衍射仪　X-ray powder diffractometer　05.376
X 射线高压发生器　X-ray high-voltage generator　06.290
X 射线管　X-ray tube　06.283
X 射线管窗口　X-ray tube window　06.293
X 射线管电流　X-ray tube current　06.295
X 射线管电压　X-ray tube voltage　06.294
X 射线管防护　X-ray tube shield　06.292
X 射线光电子能谱法　X-ray photoelectron spectroscopy　05.335
X 射线光电子能谱仪　X-ray photoelectron spectrometer　05.354
X 射线光谱仪　X-ray spectrometer　05.367
X 射线光束截捕器　X-ray beam stop　05.384
X 射线过滤器　X-ray filter　05.383
X 射线厚度计　X-radiation thickness meter　02.202
β 射线厚度计　β radiation thickness meter　02.200
γ 射线厚度计　γ radiation thickness meter　02.201
X 射线激光器　X-ray laser　04.484
γ 射线激光器　gamma-ray laser　04.483
射线剂量传感器　radiation dose transducer　08.094
射线检测　radiographic inspection　06.273
X 射线晶体光谱仪　X-ray crystal spectrometer　05.369
X 射线控制器　X-ray controller　06.291
γ 射线密度计　γ-densitometer　05.409
射线敏感元件　radiation sensitive element　09.048
X 射线摄谱仪　X-ray spectrograph　05.370
X 射线探伤机　X-ray detection apparatus　06.278
γ 射线探伤机　gamma-ray detection apparatus　06.282
X 射线吸收[式]光谱仪　X-ray absorption spectrometer　05.371
X 射线衍射分析法　X-ray diffraction analysis　05.349
X 射线衍射仪　X-ray diffractometer　05.375
X 射线荧光发射光谱仪　X-ray fluorescent emission spectrometer　05.368
X 射线荧光分析法　X-ray fluorescence analysis　05.352
X 射线照相术　X-radiography　06.301
γ 射线照相术　gamma-radiography　06.299

摄谱仪　spectrograph　04.301
摄影测量仪器　photogrammetric instrument　04.390
摄影光学系统　photographic optical system　04.021
摄影经纬仪　photo-theodolite　04.231
砷化镓 p-n 结注入式激光器　gallium arsenide p-n junction injection laser　04.475
深波纹管　deep bellows　09.245
渗透管　permeability tube　05.434
渗透率　permeability　05.264
渗透探伤　penetrant inspection, penetrant flaw detection　06.114
渗透探伤剂　penetrant flaw detection agent　06.144
渗透探伤装置　penetrant inspection unit　06.117
渗透液　penetrant　06.128
渗透装置　penetrant unit　06.122
升降拉杆　lifter drawing bar　07.066
升降速特性曲线　characteristic curve of increasing and decreasing speed　07.350
升温曲线测定仪　heating curve determination apparatus　05.134
升温时间　temperature rise time　07.105
升温速率　heating rate　05.094
生物传感器　biosensor　08.030
生物量传感器　biological quantity transducer　08.004
生物人工气候试验箱　artificial bioclimatic test chamber　07.141
生物显微镜　biological microscope　04.202
生物医学分析仪　biomedical analyzer　05.429
声表面波传感器　surface acoustic wave transducer　08.019
声场　sound field　07.287
声程　sonic path distance　06.196
声发射　acoustic emission　06.242
声发射分析系统　acoustic emission analysis system　06.261
声发射换能器　acoustic emission transducer　06.262
声发射计数　acoustic emission count　06.255
声发射计数率　acoustic emission count rate　06.256
声发射技术　acoustic emission technique　06.244
声发射检测仪　acoustic emission detector　06.260
声发射脉冲发生器　acoustic emission pulser　06.270
声发射能量　acoustic emission energy　06.259
声发射频谱　acoustic emission spectrum　06.258
声发射前置放大器　acoustic emission preamplifier　06.265
声发射事件　acoustic emission event　06.245
声发射信号　acoustic emission signal　06.246
声发射信号处理器　acoustic emission signal processor　06.266
声发射源　acoustic emission source　06.243
声发射振幅　acoustic emission amplitude　06.257
声功率级　sound power level　07.307
声光 Q 开关　acoustooptic Q-switch　04.508
声光调制器　acoustooptic modulator　04.523
声光效应　acoustooptic effect　04.500
声级　sound level　07.309
声级计　sound level meter　07.248
声级记录仪　sound level recorder　07.259
声级校准器　sound level calibrator　07.262
声频频谱仪　audio-frequency spectrometer　07.255
声强[度]　sound intensity　07.302
声强分析仪　sound intensity analyzer　07.257
声强级　sound intensity level　07.304
声全息图　acoustic hologram　06.236
声束　sonic beam　06.195
声束比　sonic beam ratio　06.234
声[学量]传感器　acoustic [quantity] transducer　08.087
声学温度计　acoustic thermometer　02.057
声压　sound pressure　07.297
声压传感器　sound pressure transducer　08.088
声压级　sound pressure level　07.310
声源　sound source　07.286
声[源]功率　sound power of a source　07.305
声阻抗　acoustic impedance　06.197
声阻[抗]法　acoustic impedance method　06.212
剩磁　remanence　10.069
剩余磁通密度　remanent flux density　10.061
剩余电流互感器　residual current transformer　03.198
剩余电压互感器　residual voltage transformer　03.207
失效保护　fail safe　04.632
失效保护安全联锁　fail safety interlock　04.634

湿度波动度 relative humidity fluctuation 07.102
湿度传感器 humidity transducer 08.106
湿度计 hygrometer 05.411
湿度均匀度 humidity uniformity 07.104
湿度控制器 humidity controller 07.167
湿粉法 wet method 06.165
湿拉强度试样筒 wet tensile strength specimen tube 07.457
湿敏电容器 humidity sensitive capacitor 09.045
湿敏电阻器 humidity sensitive resistor 09.044
湿敏元件 humidity sensing element 09.043
湿热试验箱 thermal-humidity test chamber 07.129
湿砂型硬度压头 wet sand mold hardness penetrator 07.452
十倍衰减层 tenth-value layer 06.276
石英膜片 quartz diaphragm 09.228
石英弹簧管 quartz elastic tube 09.258
石英弹簧管压力计 quartz-Bourdon tube pressure gauge 02.106
石英温度计 quartz thermometer 02.058
时间响应 time response 02.007
时序控制器 time schedule controller 02.339
时滞 dead time, delay 01.050
实际容量 actual capacity 07.344
实时分析 real-time analysis 02.177
实时控制系统 real-time control system 02.353
实物校准 actual material calibration 02.259
实验室离心机 laboratory centrifuge 07.358
食道压力传感器 esophageal-pressure transducer 08.135
食品分析仪 food analyzer 05.431
示波极谱仪 oscillographic polarograph 05.043
示波器 oscilloscope 03.003
示教显微镜 multi-teaching head microscope 04.219
示[录]波器 oscillograph 03.004
示振仪 vibrograph 07.320
事故[状态]记录仪 event recorder 03.109
视差 parallax error 07.019
视差差异 parallax difference 04.389
视场数 field-of-view number 04.150
视度计 dioptrometer 04.340
视角 visual angle 04.029
视频显示 video presentation 06.207
视网膜电图传感器 electroretinographic transducer, ERG transducer 08.149
视在功率表 volt-ampere meter 03.024
视在功率电能表 volt-ampere-hour meter 03.037
试片 test block 06.176
试台 testing bench 06.048
试验空间 test space 06.071
试验力 test force 06.056
试验力幅 test force amplitude 06.057
试验力施加速率 rate of applying test force 06.066
试验系统的柔度 testing system flexibility 06.063
试验箱 test chamber 07.114
试验载荷 test mass 06.104
试样筒 test specimen tube 07.455
试样筒漏斗 specimen tube funnel 07.450
手持式数字转速表 handy digital tachometer 02.219
手动控制 manual control 02.307
[手动式]涡流探伤仪 [manual] eddy current flaw detector 06.190
手术显微镜 operation microscope 04.217
受激发射 stimulated emission 04.418
受激跃迁 stimulated transition 04.425
输出功率 output power 04.564
输出功率稳定度 output power stability 04.568
输出能量稳定度 output energy stability 04.569
输出绕组 output winding 09.164
输出信号 output signal 01.016
*输出轴转矩 actuator shaft torque 02.272
输出阻抗特性 output impedance characteristic 07.201
输入信号 input signal 01.015
束内观察 intrabeam viewing 04.615
树脂砂高温性能测定仪 high temperature property tester of resin sand 07.418
树脂砂强度测定仪 strength tester of resin sand 07.421
树脂砂热变形测定仪 heat distortion tester of resin sand 07.417
树脂砂韧性测定仪 toughness tester of resin sand 07.420
树脂砂熔点测定仪 melting point tester of resin sand

07.416
树脂砂硬化速度测定仪 hardening velocity tester of resin sand 07.419
数值孔径计 numerical apertometer 04.341
数字传感器 digital transducer 08.022
数字电压表 digital voltmeter 03.133
数字多用表 digital multimeter 03.137
数字功率表 digital power meter 03.134
数字化误差 digitizer error 03.120
数字频率表 digital frequency meter 03.136
数字式测量仪器仪表 digital measuring instrument 01.059
数字式电动执行机构 digital electric actuator 02.294
数字式位移测量仪 digital displacement measuring instrument 02.211
数字图像扫描记录系统 digital image scanning plotting system 04.416
*数字万用表 digital multimeter 03.137
数字相位表 digital phase meter 03.135
数字信号 digital signal 01.014
数字信号分析仪 digital signal analyzer 02.253
数字压力表 digital pressure gauge 02.076
数字应变仪 digital strainometer 07.208
衰变曲线 decay curve 06.277
双称量范围天平 dual-range balance 07.034
双重用途电压互感器 dual purpose voltage transformer 03.204
双单色仪 double monochromator 04.298
双反射率 bireflectance 04.101
双干式热量计 double-dry calorimeter 05.153
双焦点[X]射线管 dual-focus X-ray tube 06.287
双金属片真空计 bimetallic strip vacuum gauge 07.517
双金属温度计 bimetallic thermometer 02.043
双晶探头 double crystal probe 06.229
双聚焦分析器 double focusing analyzer 05.228
双聚焦质谱计 double focusing mass spectrometer 05.188
双列直插式开关 dual-in-line package switch 09.137
双目显微镜 binocular microscope 04.201
双盘天平 double pan balance 07.025
双桥法 double bridge method 07.227
双束质谱计 double-beam mass spectrometer 05.203
双弹性散射峰 binary elastic scattering peak 05.329
双探头法 double probe method 06.218
双像快速测距仪 double-image tacheometer 04.251
双压双针压力表 duplex pressure gauge 02.092
双异质结激光器 double hetero junction laser 04.479
双用途渗透液 dual purpose penetrant 06.131
双折射检查仪 birefringence meter 04.323
双折射率 birefringence 04.102
双锥黏度计 double-cone viscometer 05.400
水表 water meter 02.146
水分传感器 moisture transducer 08.117
水浸探头 immersion type probe 06.231
水密式仪器仪表 water-tight instrument 01.073
水平补偿器 horizontal compensator 07.070
水平发散度 horizontal divergence 04.108
水平螺栓 leveling screw 07.079
水平调节装置 level adjuster 07.391
水平调整装置 leveling device 07.081
水平误差 horizontal error 07.015
水平转头 swing bucket rotor 07.372
水洗性渗透液 water washable penetrant 06.132
水质分析仪 water quality analyzer 05.428
水准器 level indicator 07.088
水准仪 level 04.234
瞬接接触件 snap-on contact 09.123
瞬时声压 instantaneous sound pressure 07.300
瞬态转速仪 transient tachometer 02.223
死区误差 dead zone error 03.123
死时间 dead time 05.270
死体积 dead volume 05.271
四极杆 quadrupole rod 05.241
四极离子阱 quadrupole ion trap 05.197
四极滤质器 quadrupole mass filter 05.237
四极探头 quadrupole probe 05.240
四类激光产品 class 4 laser product 04.629
伺服电动机 servomotor 09.153
伺服式传感器 servo transducer 08.009
松弛试验机 relaxation testing machine 06.030

速度传感器 velocity transducer 08.041
速度分布 velocity distribution 02.118
速度面积法 velocity-area method 02.160
速率区带离心法 rate-zone centrifugation 07.407
随动控制 follow-up control 02.313
随机误差 random error 01.028
锁模激光器 mode-locking laser 04.493
锁气装置 air-look device 04.378

T

台式离心机 table top centrifuge 07.359
弹簧钢 spring steel 10.090
弹簧管 bourdon tube 09.253
弹簧管压力表 Bourdon tube pressure gauge 02.080
弹簧试验机 spring testing machine 06.034
弹性本底 elastic background 05.325
弹性接触件 resilient contact 09.122
弹性式压力表 elastic pressure gauge 02.079
弹性元件 elastic element 09.216
弹性元件真空计 elastic element vacuum gauge 07.507
探伤面 test surface 06.198
探伤频率 inspection frequency 06.208
探伤图形 pattern inspection figure 06.201
探索气体 search gas 07.497
探头 probe 06.224
[探头]入射点 [prober] incident point 06.199
碳刷磨损报警 brush-wear warning 07.356
淘析离心法 centrifugal elutriation 07.410
淘析转头 elutriator rotor 07.377
套管式电流互感器 bushing type current transformer 03.181
特征 X 射线像 characteristic X-ray image 04.350
提离效应 lift-off effect 06.185
体积电阻率 volume resistivity 10.036
体积流量 volume flowrate 02.113
体积黏度 volume viscosity 05.394
体积色谱法 volumetric chromatography 05.294
体膨胀法 volume thermodilatometry 05.123
体视显微镜 stereo microscope 04.210
体视效应 stereoscopic effect 04.023
体温传感器 body temperature transducer 08.141
替代测量法 substitution method of measurement 01.021
替代称量法 substitution weighing 07.091
天平 balance 07.021
天文经纬仪 astronomical theodolite 04.228
调 Q Q-switching 04.504
调 Q 激光器 Q-switched laser 04.492
调焦 focusing 04.154
调焦镜 focusing lens 04.070
调节机构 correcting element 02.279
调节器 regulator 07.164
调零装置 zero-setting device 07.082
Y 调制像 Y-modulation image 04.356
跳跃膜片 hopping diaphragm 09.232
铁磁电动式仪表 ferrodynamic instrument 03.050
铁－铜镍热电偶丝 iron/copper-nickel thermocouple wire 10.006
停顿时间 dwell time 05.249
通道漏孔 channel leak 07.488
通电法 current flow method 06.151
通断控制器 on-off controller 02.344
通孔宝石轴承 hole jewel bearing 09.006
通用连接器 general connector 09.059
通用平衡机 universal balancing machine 06.313
通用气相色谱仪 universal gas chromatograph 05.320
同步指示器 synchronoscope 03.068
同时比较法 simultaneous comparison method 07.277
同位素质谱计 isotope mass spectrometer 05.200
同心接触件 concentric contact 09.115
同质结激光器 homojunction laser 04.476
同轴度 coaxality 06.062
铜－金铁热电偶丝 copper/gold-iron low temperature thermocouple wire 10.009
铜－铜镍热电偶丝 copper/copper-nickel thermocouple wire 10.007
铜蒸气激光器 copper vapor laser 04.456
痛阈 threshold of pain 07.293

投影管 projection tube 09.200
投影镜 projection lens 04.071
投影系统 projecting system 04.010
投影仪 projector 04.272
透镜中心偏差 centering error of lens 04.094
透镜中心仪 lens-centring instrument 04.337
透气性测定仪 permeability meter 07.414
透气性试样筒 permeability specimen tube 07.461
透射电子显微镜 transmission electron microscope 04.380
透射电子像 transmitted electron image 04.352
透射光栅 transmittance grating 04.181
透射光浊度计 transmission turbidimeter 05.420
图像传感器 image transducer 08.079
图像分析显微镜 quantitative image analysis microscope 04.212
涂层厚度测定仪 coating thickness tester 07.424
涂层强度测定仪 coating strength tester 07.422
涂料高温多功能测定仪 multi-function tester of high temperature coating material 07.423
涂料黏附强度测定仪 coating adhesion strength tester 07.425
土壤脱水转头 soil dehydrating rotor 07.378
推拉连接器 push-pull connector 09.093
推入式接触件 push-on contact 09.129
退磁 demagnetization 06.157
退磁器 demagnetizer 06.173
托盘扭力天平 table pan torsion balance 07.036
托翼 bracket 07.065
陀螺经纬仪 gyro-theodolite 04.229
陀螺效应 gyro-effect 07.412
椭球面[反射]镜 ellipsoidal mirror 04.053
椭圆齿轮流量计 oval wheel flowmeter 02.130

W

＊瓦时计 watt-hour meter 03.035
外差分析仪 heterodyne analyzer 07.253
外光电效应 external photoelectric effect 04.538
外调制 external modulation 04.516
弯曲性能试验仪 bending property tester 07.443
弯式连接器 angle connector 09.075
弯折试验机 reverse bend tester 06.036
万能工具显微镜 universal toolmaker's microscope 04.270
万能光具座 optical bench 04.344
万能强度试验机 universal strength testing machine 07.446
万能试验机 universal testing machine 06.015
万能显微镜 universal microscope 04.218
万能转台 universal stage 04.168
万用电表 multimeter 03.011
往复活塞式流量计 reciprocating piston flowmeter 02.135
望远镜系统 telescopic system 04.008
微波测距仪 microwave distance meter 04.245
微波干燥箱 microwave drying oven 07.120
微波厚度计 microwave thickness meter 02.199
微差测量法 differential method of measurement 01.022
微差[测量]仪表 differential measuring instrument 03.012
微差称量法 mini-differential weighing 07.092
微动开关 sensitive switch 09.138
微分干涉显微镜 differential interference microscope 04.213
微量分析 micro-analysis 05.004
微量热天平 micro thermal balance 07.037
微生物 BOD 传感器 biochemical oxygen demand microbial transducer 08.122
微生物谷氨酸传感器 glutamate microbial transducer, glutamic acid microbial transducer 08.123
[微调]增量范围 incremental range 01.042
微型球轴承 micro rolling ball bearing 09.013
维恩速度过滤器 Wien velocity filter 05.234
维氏硬度计 Vickers hardness tester 06.024
位置传感器 position transducer 08.051
胃肠内压传感器 gastrointestinal inner pressure transducer 08.137
温差 temperature difference 02.012
＊温差电偶式仪表 thermocouple instrument 03.052

温度变化试验 temperature variation test 07.181
温度变化试验箱 temperature variation test chamber 07.127
温度波动度 temperature fluctuation 07.101
温度场 temperature field 02.014
温度程序控制器 programme regulator for temperature 07.169
温度冲击试验箱 thermal shock test chamber 07.128
温度传感器 temperature transducer 08.063
温度计 thermometer 02.039
温度间接测量法 indirect measurement of temperature 07.172
温度均匀度 temperature uniformity 07.103
温度可调范围 temperature adjustment range 07.097
温度控制器 temperature controller 07.166
温度试验箱 temperature test chamber 07.123
温度梯度 temperature gradient 02.013
温度直接测量法 direct measurement of temperature 07.173
温度锥 thermal cones 02.064
温湿度范围 temperature humidity range 07.099
温湿度控制器 temperature and humidity controller 07.168
文丘里管 Venturi tube 02.123
稳定电源装置 stabilized supply apparatus 03.169
稳频激光器 frequency stabilized laser 04.494
涡街流量计 vortex-shedding flowmeter 02.138
涡流 eddy current 06.182
涡流电导率仪 eddy current conductivity meter 06.192
涡流检测 eddy current testing 06.183
涡流检测仪 eddy current testing instrument 06.188
涡流扩散 eddy diffusion 05.262
涡流探伤仪 eddy current flaw detector 06.189
卧式动平衡法 horizontal dynamic balance method 07.398
屋脊双像差 error of double image of roof prism 04.095
钨带灯 tungsten strip lamp 09.188
无触点电动执行机构 electric actuator with noncontact control 02.298
无定位控制器 floating controller 02.334
无定向测量仪表 astatical measuring instrument 03.063
无辐射跃迁 radiationless transition 04.423
无功电能表 var-hour meter 03.036
无功功率表 varmeter 03.023
无规入射 random incidence 07.290
无规入射校正器 random incidence corrector 07.276
无机液体激光器 inorganic liquid laser 04.471
无极放电灯 electrodeless-discharge lamp 05.084
无极性接触件 hermaphroditic contact 09.128
无极性连接器 hermaphroditic connector 09.097
无损检验 nondestructive testing 06.003
无相关控制 non-interacting control 02.316
无源传感器 passive transducer 08.020
五磷酸钕激光器 neodymium pentaphosphate laser 04.445
物场 object field 04.134
物镜 objective 04.067
物镜转换器 revolving nosepiece 04.164
物理光度测量法 physical photometry 04.087
物理光学仪器 physico-optical instrument 04.293
物理量传感器 physical quantity transducer 08.002
物体标志器 object marker 04.190
物体声束 object sonic beam 06.232
物位传感器 level transducer 08.052
物性分析仪器 analyzer for physical property 05.013
物性型传感器 physical property type transducer 08.025

X

吸附色谱法 adsorption chromatography 05.311
吸热峰 endothermic peak 05.091
吸收测量法 absorption measuring method 07.483
吸收电子像 absorbed electron image 04.354

吸收光谱仪器　absorption spectrum instrument　04.308
吸收率　absorptivity　04.088
吸收 X 射线谱法　absorption X-ray spectrum　05.351
锡焊接触件　solder contact　09.124
锡青铜　tin-bronze　10.085
洗砂杯　wash cup　07.449
洗脱　elution　05.279
系统　system　02.304
系统误差　systematic error　01.029
细胞电位传感器　cell potential transducer　08.151
氙灯气候试验箱　xenon arc type climatic test chamber　07.139
纤维天平　fiber balance　07.030
弦线检流计　string galvanometer　03.077
显示管　display tube　09.199
显示剂　developer　06.138
显示器件　display device　09.196
显微镜反射镜　microscope mirror　04.169
显微镜放大率　magnifying power of microscope　04.141
显微镜光度计　microscope photometer　04.220
显微镜系统　microscopic system　04.009
显微镜载物台　microscope stage　04.167
显微摄影　photomicrography　04.156
显微摄影装置　photomicrographic device　04.193
显微术　microscopy　04.131
显微投影装置　microprojector　04.194
显微[照片]图　micrograph　04.157
现场平衡仪　field balancing equipment　06.320
线材扭转试验机　wire torsion tester　06.037
线加速度传感器　linear acceleration transducer　08.046
线膨胀法　linear thermodilatometry　05.122
线圈法　coil method　06.154
线热膨胀力　linear thermal expansive force　10.099
线热膨胀率　linear thermal expansion ratio　10.100
线色散率　linear dispersion　05.062
线速度传感器　linear velocity transducer　08.043
线纹比较仪器　linear comparator　04.287
线性度　linearity　01.045
线性度误差　linearity error　03.126
线性转换　linear conversion　03.115
线阵　linear array　06.249
限位器　snubber　06.099
相对离心场　relative centrifugal field　07.401
相对离心力　relative centrifugal force　07.402
相对流量系数　relative flow coefficient　02.276
相对黏度　relative viscosity　05.390
相对湿度可调范围　relative humidity adjustment range　07.098
相对误差　relative error　01.027
相对行程　relative travel　02.268
相对真空计　relative vacuum gauge　07.505
相干探测　coherent detection　04.536
相干性　coherence　04.145
相关式测长仪　correlation length measuring instrument　02.205
相比率　phase ratio　05.266
相衬显微镜　phase-contrast microscope　04.205
相速度　phase velocity　04.025
相调连接器　phase-adjustable connector　09.064
相位　phase　04.142
相位板　phase-plate　04.165
相位表　phase meter　03.031
相位差　phase difference　04.143
相位控制　phase control　09.170
相位式测距仪　phase distance meter　04.244
相位调制器　light phase modulator　04.519
相位移　phase-shift　04.144
相序指示器　phase sequence indicator　03.067
响度　loudness　07.294
响度级　loudness level　07.295
象限静电计　quadrant electrometer　03.073
像　image　04.028
像差　aberration　04.047
像场　image field　04.135
[像片]镶嵌仪　mosaicker　04.408
像片转绘仪　sketchmaster　04.401
像质　image quality　04.046
橡胶膜片　elastomer diaphragm　09.229
消光率　extinction ratio　04.511
消光系数　extinction coefficient　04.105
消声室　anechoic room　07.283
消像散器　anastigmator　04.377

小功率同步电动机 small-power synchronous motor 09.159
小焦点 X 射线管 small focus X-ray tube 06.286
小型球轴承 small rolling ball bearing 09.012
肖氏硬度计 Shaw hardness tester 06.025
斜率的微分误差 differential error of the slope 03.128
斜坡响应 ramp response 02.009
斜探头 angle probe 06.226
谐振式传感器 resonator sensor 08.010
谐振式平衡机 resonance balancing machine 06.311
携带式磁粉探伤机 portable magnetic particle flaw detector 06.181
携带式 X 射线探伤机 portable X-ray detection apparatus 06.279
携带式硬度计 portable hardness tester 06.019
心电图传感器 electrocardiography transducer, ECG transducer 08.146
心音传感器 heart sound transducer 08.140
锌白铜 zinc-copper-nickel alloy 10.086
新康铜电阻合金 Novokanstant resistance alloy 10.032
星点板 star tester 04.197
星形膜片 star diaphragm 09.226
U 形管压力计 U-tube manometer 02.101
T 形连接器 T-type connector 09.076
N 型半导体 N-type semiconductor 10.079
P 型半导体 P-type semiconductor 10.080
型壳高温变形试验仪 invest shell thermal deformation tester 07.440
型壳高温膨胀试验仪 invest shell thermal dilatometer 07.442
型壳高温透气性试验仪 invest shell thermal permeability tester 07.441
* E 型热电偶丝 nickel-chromium/copper-nickel thermocouple wire 10.005
* J 型热电偶丝 iron/copper-nickel thermocouple wire 10.006
* K 型热电偶丝 nickel-chromium/nickel-silicon thermocouple wire 10.004
* N 型热电偶丝 nickel-chromium-silicon/nickel-silicon thermocouple wire 10.008
* T 型热电偶丝 copper/copper-nickel thermocouple wire 10.007
型砂高温性能试验仪 high temperature property tester of mold sand 07.431
型砂机械性能试验机 testing machine of mold sand machine property 07.445
型砂热压应力试验机 hot pressure stress testing machine of mold sand 07.447
型砂试验仪 mold sand testing apparatus 07.426
C 型弹簧管 C-type elastic tube 09.254
A 型显示 A-display 06.202
B 型显示 B-display 06.203
C 型显示 C-display 06.204
MA 型显示 MA-display 06.205
修正值 correction 01.039
溴钨灯 tungsten bromine lamp 09.190
虚漏 virtual leak 07.494
虚像质谱计 virtual image mass spectrometer 05.189
悬浮式显示剂 suspension developer 06.142
悬式经纬仪 suspension theodolite 04.226
悬丝式检流计 filar suspended galvanometer 03.084
旋光法 polarimetry 05.072
旋光率 specific rotation 04.104
[旋光]糖量计 saccharometer 04.318
旋光仪 polarimeter 04.317
旋桨式流速计 propeller type current-meter 02.163
旋接连接器 twist-on connector 09.087
旋码开关 rotary coded switch 09.146
旋涡流 swirling flow 02.117
旋翼式水表 rotating vane type water meter 02.147
旋转活塞流量计 rotating piston flowmeter 02.133
旋转黏度计 rotational viscometer 05.398
旋转式连接器 coaxial rotating joint 09.077
旋转阳极 X 射线管 rotating target X-ray tube 06.284
选区衍射 selected-area diffraction 04.364
血钙传感器 blood calcium ion transducer 08.132
血钾传感器 blood potassium ion transducer 08.129
血流传感器 blood flow transducer 08.142
血氯传感器 blood chlorine ion transducer 08.131
血钠传感器 blood sodium ion transducer 08.130

血气传感器 blood gas transducer 08.124
血容量传感器 blood-volume transducer 08.145
血压传感器 blood-pressure transducer 08.133
血氧传感器 blood oxygen transducer 08.126
血液 pH 传感器 blood pH transducer 08.125
血液电解质传感器 blood electrolyte transducer 08.128
血液二氧化碳传感器 blood carbon dioxide transducer 08.127
循环色谱法 recycle chromatography 05.317
循环寿命 cycle life 08.157

Y

压磁效应 magnetoelastic effect 02.187
压电式传感器 piezoelectric transducer 08.012
压电式振动计 piezoelectric vibrometer 02.247
压电天平 piezoelectric balance 07.032
压电效应 piezoelectric effect 02.190
压电振动发生器 piezoelectric vibration generator 06.091
压电振动台 piezoelectric vibration generator system 06.082
压接接触件 crimp contact 09.116
压力变送器 pressure transmitter 02.108
压力表 pressure gauge 02.075
压力表机芯 core of pressure gauge 09.003
压力表校验器 pressure gauge tester 02.111
压力传感器 pressure transducer 08.033
* 压力开关 pressure [step-type] controller, pressure switch 02.109
压力膜盒 pressure diaphragm capsule 09.236
压力－容积－温度－时间法 pressure-volume-temperature-time technique 02.157
压力式温度计 pressure-filled thermometer 02.044
压力试验机 compression testing machine 06.014
压力[位式]控制器 pressure [step-type] controller, pressure switch 02.109
压力仪表 pressure instrument 02.074
压敏电阻合金 pressure sensing resistor alloy 10.025
压缩式真空计 compression vacuum gauge 07.510
压铸工艺参数试验仪 die casting technique parameter tester 07.444
压阻式传感器 piezoresistive transducer 08.013
压阻式振动计 piezoresistive vibrometer 02.248
压阻效应 piezoresistive effect 02.191
氩离子激光器 argon ion laser 04.467
研磨模 lap 04.123
盐量计 salinometer 05.036
盐雾沉降率 precipitation rate of salt spray 07.108
盐雾发生装置 salt spray generator 07.163
盐雾腐蚀试验箱 salt spray [corrosion] test chamber 07.132
盐雾过滤器 salt spray filter 07.154
盐雾试验 salt spray test 07.182
衍射光栅 diffraction grating 04.176
衍射透镜 diffraction lens 04.371
眼电图传感器 electrooculographic transducer, EOG transducer 08.150
验电器 electroscope 03.072
堰式流量计 weir type flowmeter 02.143
阳接触件 male contact 09.119
氧弹 oxygen bomb 05.161
氧弹式热量计 oxygen bomb calorimeter 05.152
氧化锆氧分析仪器 zirconium dioxide oxygen analyzer 05.041
氧化－还原电位测定仪 redox potential meter 05.039
氧压力表 oxygen pressure gauge 02.087
样品室 specimen chamber 04.372
腰轮流量计 Roots flowmeter 02.131
遥测仪器仪表 telemetering instrument 01.068
遥测应变仪 telemetry strainometer 07.209
遥感器 remote sensor 04.410
遥感仪器 remote sensing instrument 04.409
遥控联锁连接器 remote interlock connector 04.635
液动执行机构 hydraulic actuator 02.283
液封转筒式气体流量计 liquid sealed drum gas flowmeter 02.136
液－固色谱法 liquid-solid chromatography 05.297

液浸法 immersion testing 06.220
液晶温度计 liquid crystal thermometer 02.055
液晶显示屏 liquid crystal display panel, LCD panel 09.207
液面声全息[术] liquid surface acoustic holography 06.237
液膜式显示剂 liquid film developer 06.140
液体比重天平 hydrostatic balance 07.040
液体激光器 liquid laser 04.472
液体静力水准仪 hydrostatic level 04.237
液体流量测量校验装置 liquid flow measurement calibration facility 02.149
液体密度传感器 liquid density transducer 08.058
液体密度计 liquid densitometer 05.408
液体置换法 liquid displacement technique 02.156
液位压力表 liquid level pressure gauge 02.098
液相色谱法 liquid chromatography 05.295
液相色谱仪 liquid chromatograph 05.321
液相色谱-质谱法 liquid chromatography mass spectrometry 05.177
液相色谱-质谱[联用]仪 liquid chromatograph-mass spectrometer 05.206
液压波纹管 hydraulic-formed bellows 09.239
液压振动发生器 hydraulic vibration generator 06.093
液压振动台 hydraulic vibration generator system 06.084
液-液色谱法 liquid-liquid chromatography 05.296
液柱压力计 liquid column manometer 02.100
一类激光产品 class 1 laser product 04.625
一氧化碳激光器 carbon monoxide laser 04.459
一致性 conformity 01.044
一致性误差 conformity error 01.038
*仪 instrument and apparatus 01.001
*仪表 instrument and apparatus 01.001
仪表电机 instrument motor 09.152
仪表滚动轴承 instrument rolling bearing 09.011
仪表支承 instrument support 09.004
*仪器 instrument and apparatus 01.001
仪器本底 instrumental background 05.327
仪器光源 light source for instrument 09.171
仪器仪表 instrument and apparatus 01.001
[仪器]仪表材料 instrument material 10.001
仪用自耦互感器 instrument autotransformer 03.178
移动式磁粉探伤机 mobile magnetic particle flaw detector 06.180
移动式 X 射线探伤机 mobile X-ray detection apparatus 06.280
乙炔压力表 acetylene pressure gauge 02.088
钇铝石榴子石 yttrium aluminium garnet 04.552
异形螺旋弹簧 special helical spring 09.218
异质结激光器 hetero junction laser 04.477
抑零点仪表 instrument with suppressed zero 03.061
抑止滤光片 barrier filter 04.170
逸出气分析 evolved gas analysis 05.101
逸出气分析仪 evolved gas analysis apparatus 05.131
逸出气检测 evolved gas detection 05.100
逸出气检测仪 evolved gas detection apparatus 05.130
因瓦效应 invarable effect 10.098
阴极发光像 cathode luminescence image 04.349
阴极射线指零仪 cathode ray null indicator 03.166
阴接触件 female contact 09.118
音叉接触件 tuning fork contact 09.125
引伸计 extensometer 06.046
引用误差 fiducial error 01.030
隐丝式光学高温计 disappearing-filament optical pyrometer 02.060
印制板连接器 printed board connector 09.055
应变测量仪器 strain measuring instrument 07.203
应变电阻合金 strain electrical resistance alloy 10.022
应变[计]式传感器 strain gauge transducer 08.011
应变片电桥 strain gauge bridge 07.228
应变式转矩测量仪 strain gauge torque measuring instrument 02.225
应变误差 strain error 08.152
应变效应 strain effect 02.186
应变仪时间常数 time constant of strain meter 07.200
应变仪相移 phase error of strain meter 07.199
应力光图 optical stress pattern 07.394

迎头色谱法 frontal chromatography 05.298
荧光磁粉 fluorescent magnetic powder 06.159
荧光磁粉探伤 fluorescent magnetic particle flaw detection 06.148
荧光磁粉探伤机 fluorescent magnetic particle flaw detector 06.179
荧光分光光度计 spectrofluorophotometer 04.314
荧光渗透探伤 fluorescent penetrant inspection 06.116
荧光渗透液 fluorescent penetrant 06.129
荧光数码管 fluorescent character display tube 09.209
荧光透视法 fluoroscopy 06.297
荧光显微镜 fluorescence microscope 04.204
影条式仪表 shadow column instrument 03.060
影响量 influence quantity 01.011
影响系数 influence coefficient 03.132
硬磁铁氧体 hard magnetic ferrite 10.041
硬度传感器 hardness transducer 08.061
硬度计 hardness tester 06.018
硬度压头 hardness penetrator 06.049
硬支承平衡机 hard bearing balancing machine 06.310
永磁材料 permanent magnetic material 10.050
永磁动圈式仪表 permanent-magnet moving-coil instrument, magnetoelectric instrument 03.046
永磁合金 permanent magnetic alloy 10.051
永磁铁 permanent magnet 10.052
永磁同步电动机 permanent magnet synchronous motor 09.160
游码 rider weight 07.059
游丝 hair spring 09.219
有触点电动执行机构 electric actuator with contact control 02.299
[有功]电能表 watt-hour meter 03.035
[有功]功率表 wattmeter 03.022
有机半导体气体传感器 organic semiconductor gas transducer 08.098
有机半导体湿度传感器 organic semiconductor humidity transducer 08.109
有效光谱范围 useful spectral range 05.064
有效基线 virtual base 04.098
有效激振力 effective excitation force 06.101
有效量程 effective span 03.146
有效声压 effective sound pressure 07.299
有源传感器 active transducer 08.021
预称装置 pre-weighing device 07.085
预付费电能表 prepayment meter 03.091
预清洗装置 precleaning unit 06.120
阈值 threshold value 04.431
原电池 galvanic cell 05.052
原砂比表面积试验仪 specific surface tester of sand 07.433
原子[气体]激光器 atomic [gas] laser 04.452
原子吸收分光光度计 atomic-absorption spectrophotometer 04.313
原子吸收光谱法 atomic absorption spectrometry 05.068
原子荧光光谱法 atomic fluorescence spectrometry 05.069
圆盘刻度 circular dial scale 07.062
圆盘形记录仪 disc recorder 03.102
圆盘转换器电桥 dial switch bridge 07.229
*圆图记录仪 disc recorder 03.102
圆形连接器 circular connector 09.053
远红外辐射器 far infrared radiator 07.161
远红外干燥箱 far infrared drying oven 07.119
远焦光学系统 afocal optical system 04.019
远心光学系统 telecentric optical system 04.018
远紫外汞氙灯 far ultra-violet mercury xenon lamp 09.195
跃迁概率 transition probability 04.426
运动黏度 kinematic viscosity 05.389
运输包装件试验机 transport package testing machine 06.039
运转时间 running time 07.348

Z

杂光检查仪　stray light testing equipment　04.332
杂散磁场　stray magnetic field　06.107
杂散辐射功率比　stray radiant power ratio　05.065
载管转头　rotor of carrying tube　07.373
载液　vehicle　06.127
再现性误差　reproducibility error　01.033
在线测量频谱分析　on-line measurement and frequency spectrum method　02.178
在线处理　on-line processing　02.330
在线实时系统　on-line real-time system　02.354
＊在线质谱计　process mass spectrometer　05.198
皂膜法　soap film technique　02.159
造型材料测定仪　measuring apparatus of costing mold material　07.413
噪声暴露计　noise exposure meter　07.252
噪声暴露量　noise exposure flux　07.314
噪声传感器　noise transducer　08.089
噪声级分析仪　noise level analyzer　07.256
噪声剂量　noise dose　07.315
噪声剂量计　noise dose meter　07.251
噪声温度计　noise thermometer　02.059
噪声[信号]发生器　noise [signal] generator　07.264
闸门式[变面积]流量计　gate type variable area flowmeter　02.126
栅控 X 射线管　grid-controlled X-ray tube　06.285
张丝　tension spring　09.220
张丝式检流计　taut suspension galvanometer　03.083
[章动]圆盘流量计　nutation disc flowmeter　02.134
＊兆欧表　insulation resistance meter　03.027
赵氏硬度计　Pusey and Jones indentation instrument　06.027
照度传感器　illuminance transducer　08.070
照度均匀度　uniformity of illumination　04.112
照明　illumination　04.130
照明场　illuminated field　04.138
照明系统　illuminating system　04.020
照射时间　exposure time　04.619
照相室　camera chamber　04.376
照相制版系统　photocopying system　04.022
折反射系统　cata-dioptric system　04.013
折射率　refractive index　04.031
折射式湿度传感器　refractive humidity transducer　08.114
折射系统　dioptric system　04.012
真空　vacuum　07.500
真空表　vacuum gauge　02.084
真空传感器　vacuum transducer　08.036
真空度　degree of vacuum　07.501
真空镀膜　vacuum deposition　04.114
真空干燥箱　vacuum drying oven　07.118
真空冷冻干燥箱　vacuum freezing drying oven　07.122
真空膜盒　vacuum diaphragm capsule　09.235
[真空]荧光显示器件　vacuum fluorescent display device　09.208
阵　array　06.248
振动传感器　vibration transducer　08.048
振动发生器　vibration generator　06.088
振动分析仪　vibration analyzer　02.251
振动计　vibrometer　02.246
振动监视器　vibration monitor　02.250
振动检流计　vibration galvanometer　03.079
振动控制仪　vibration controller　06.096
振动烈度[测量]仪　vibration severity measuring instrument　07.321
振动黏度计　vibrating viscometer　05.406
振动台　vibration generator system　06.078
振幅检测组件　amplitude detector module　06.267
振簧系仪表　vibrating reed instrument　03.054
振膜真空规　vibration membrane vacuum gauge　07.512
振弦式拉力计　vibrating wire drawing force meter　02.233
振弦式张力计　vibrating wire tensiometer　02.234
振弦式转矩测量仪　vibrating wire torque measuring instrument　02.227

振形　mode shape　02. 180
蒸汽加湿　steam humidification　07. 195
整机平衡　assembled machine balancing　06. 304
整机噪声　total noise of centrifuge　07. 354
整流式仪表　rectifier instrument　03. 053
正射投影仪　orthoprojector　04. 403
正像系统　erecting system　04. 014
正作用执行机构　direct actuator　02. 289
支承式电流互感器　support type current transformer　03. 187
支持电极　supporting electrode　05. 087
支杆法　prod method　06. 152
支力销　supporting pin　07. 053
* 支力柱　supporting pin　07. 053
执行机构　actuator　02. 280
执行机构输出力　actuator stem force　02. 271
执行机构输出转矩　actuator shaft torque　02. 272
* 执行机构推力　actuator stem force　02. 271
执行机构行程特性　actuator travel characteristic　02. 269
执行机构载荷　actuator load　02. 270
执行器　final controlling element　02. 278
直键开关　unidirection push-button switch　09. 135
直角连接器　right-angle connector　09. 085
直角坐标式电位差计　rectangular coordinate type potentiometer　03. 143
直接被控系统　directly controlled system　02. 349
直接比较测量法　direct-comparison method of measurement　01. 020
直接比较称量法　direct-comparison weighing　07. 095
直接测量法　direct method of measurement　01. 017
直接称量法　direct weighing　07. 096
直接动作记录仪　direct acting recorder　03. 095
直接取样法　direct sampling method　07. 484
直接数字控制　direct digital control　02. 325
直接作用仪表　direct acting instrument　03. 055
直流比较式电位差计　DC comparison type potentiometer　03. 141
直流比较仪式电桥　DC comparator type bridge　03. 148
直流电位差计　DC potentiometer　03. 138
直流电压校准器　DC voltage calibrator　03. 172
直流高阻电桥　DC bridge for measuring high resistance　03. 149
直流伺服电动机　direct current servomotor　09. 154
直式连接器　straight connector　09. 074
直探头　normal probe　06. 225
直线电动机　linear motor　09. 157
直线位移光栅　linear displacement grating　04. 062
直线行程电动执行机构　linear electric actuator　02. 291
直线坐标记录仪　rectilinear coordinate recorder　03. 097
直行程阀　linear motion valve　02. 301
pH 值　pH value　05. 014
植物生长试验箱　plant growth test chamber　07. 140
止端　end stop　09. 151
纸色谱法　paper chromatography　05. 306
指示仪器仪表　indicating instrument　01. 062
指示值　indicated value　01. 040
指示装置　indicating device　01. 065
指向性响应图案测试　measurement of directional response pattern　07. 281
指针　needle　09. 020
指针式检流计　pointer galvanometer　03. 080
指针式仪表　pointer instrument　03. 057
制备超速离心机　preparative ultracentrifuge　07. 366
制备离心　preparative centrifugation　07. 404
制备色谱法　preparative chromatography　05. 293
制备液相色谱仪　preparative liquid chromatograph　05. 323
制动装置　locking device　07. 080
质荷比　mass-to-charge ratio　05. 162
质量电阻率　mass resistivity　10. 037
质量定心机　mass centering machine　06. 319
质量分析离子动能谱仪　mass analysis ion kinetic energy spectrometer　05. 209
质量分析器　mass analyzer　05. 225
质量流量　mass flowrate　02. 112
质量色谱法　mass chromatography　05. 178
质量色散　mass dispersion　05. 163
质量碎片谱法　mass fragmentography　05. 179
质量指示器　mass indicator　05. 229
质谱法　mass spectrometry　05. 175
[质谱]峰高　peak height [of mass spectrometry]

05.169
[质谱]峰距　peak separation [of mass spectrometry] 05.170
[质谱]峰宽　peak width [of mass spectrometry] 05.168
质谱计　mass spectrometer　05.183
质谱学　mass spectroscopy　05.174
质谱仪器　mass spectrometer, mass spectrograph 05.010
质谱-质谱法　mass spectrometry-mass spectrometry, MS-MS　05.180
质谱-质谱法扫描　MS-MS scans　05.182
致冷压力表　refrigerant pressure gauge　02.099
智能传感器　intelligent sensor　08.029
滞后误差　hysteresis error　03.124
置换器　displacer　02.153
中心导体法　central conductor method　06.153
中性滤光片　neutral filter　04.174
中压汞灯　middle pressure mercury lamp　09.182
中子射线照相术　neutron radiography　06.300
钟表齿轮　watch gear　09.002
钟罩　bell　02.154
钟罩压力计　bell manometer　02.104
重力式平衡机　gravitational balancing machine 06.306
重量传感器　weighing transducer　08.039
重心铊　gravity nut　07.056
周围条件　ambient condition　08.161
轴封膜片　shaft-seal diaphragm　09.233
轴尖式检流计　pivot galvanometer　03.082
轴向间隙　axial clearance　06.065
轴向压力表　pressure gauge with back connection 02.093
逐点比较法　point-to-point comparison method 07.328
＊主惯性轴　principal inertia axis　06.303
主基准[器]　primary standard　01.079
主接触件　main contact　09.121
主控系统　controlling system　02.351
注入式激光器　injection laser　04.474
柱面阵　cylindrical array　06.254
柱切换　column switching　05.268
柱效能　column efficiency　05.273
铸铁共晶膨胀力测试仪　eutectic expansion fore tester of cast iron　07.467
铸型强度计　mold strength tester　07.475
铸造合金动态应力测试仪　dynamic stress tester of casting alloy　07.466
铸造合金流动性试验器　flowmeter of casting alloy 07.474
铸造合金热裂倾向测试仪　tester for cracked tendency of casting alloy　07.465
铸造合金线收缩测试仪　linear contraction tester of casting alloy　07.464
铸造合金真空流动性测试仪　vacuum flowability tester of casting alloy　07.468
铸造用试验筛　cast testing sieve　07.480
专用平衡机　special balancing machine　06.314
转杯式流速计　cup-type current-meter　02.162
转换速率　conversion rate　03.119
转换系数　conversion coefficient　03.131
转换系数误差　error of the conversion coefficient 03.125
转接连接器　adaptor connector　09.083
转码点　commutation point　03.118
转码误差　commutation error　03.122
转球显示器件　rotating ball display device　09.215
转筛式成型性试验仪　running sieve formability tester 07.435
转速表　tachometer　02.215
转速校验台　revolution speed check table　02.262
转速稳定准确度　speed stability accuracy　07.345
转速指示误差　speedometer indication error　07.346
转头　centrifuge rotor　07.369
转头公称容量　nominal rotor capacity　07.342
转头过速试验　rotor over-speed test　07.399
转头模型　rotor model　07.395
转头破坏试验　rotor bursting test　07.400
转头心裂　rotor disintegration　07.411
转头座　rotor base　07.382
＊转子流量计　float flowmeter　02.124
桩柱接触件　stake contact　09.130
锥板黏度计　cone-plate viscometer　05.401
锥塞式流量计　orifice-and-plug flowmeter　02.125
锥形槽宝石轴承　conical jewel bearing　09.008
准分子激光器　excimer laser　04.461

准确度　accuracy　01.055
准直望远镜　alignment telescope　04.283
浊度传感器　turbidity transducer　08.060
浊度计　turbidimeter　05.419
着色渗透探伤　dye-penetrant inspection　06.115
着色渗透液　dye penetrant　06.130
姿态传感器　attitude transducer　08.053
姿态误差　attitude error　08.153
紫外分光光度计　ultraviolet spectrophotometer　04.311
紫外辐照计　ultraviolet radiation meter　06.145
紫外光传感器　ultraviolet light transducer　08.069
紫外光电子能谱法　ultraviolet photo-electron spectroscopy　05.336
紫外光电子能谱仪　ultraviolet photo-electron spectrometer　05.355
紫外激光器　ultraviolet laser　04.485
紫外－可见分光光度计　ultraviolet and visible spectrophotometer　04.310
紫外显微镜　ultraviolet microscope　04.203
自补偿旋桨　self-compensating propeller　02.164
自电极　self-electrode　05.086
自动安平水准仪　compensator level　04.239
自动滴定仪　automatic titrator　05.040
自动归算快速测距仪　self-reducing tacheometer　04.250
自动控制　automatic control　02.306
自动控制系统　automatic control system　02.352
自动平衡机　automatic balancing machine　06.316
自动曝光装置　automatic exposure device　04.195
自动式涡流探伤仪　automatic eddy current flaw detector　06.191
自动试验机　automatic testing machine　06.010
自动天平　auto-balance　07.022
自动脱落连接器　umbilical connector　09.079
自发光物体　self-luminous object　04.133
自发跃迁　spontaneous transition　04.424
自感应透明　self-induced transparency　04.532
自聚焦和自散焦　self-focusing and self-defocusing　04.531
自力式控制器　self-operated controller　02.343
自力式调节阀　self-operated regulator, self-actuated regulator　02.303
自平衡装置　self-balancing device　06.321
自热误差　self-heating error　02.027
[自]适应控制　adaptive control　02.321
自锁紧连接器　self-locking connector　09.095
自旋去耦　spin decoupling　05.253
自由场　free [sound] field　07.288
自由场修正曲线　free field correction curve　07.233
自由电子激光器　free-electron laser　04.480
自由端连接器　free end connector　09.088
自由激光振荡　free laser oscillation　04.555
自由声场互易校准　free field reciprocity calibration　07.279
自准直法　autocollimation method　04.084
自准直仪　autocollimator　04.280
综合试验　combined test　07.193
综合试验箱　combined test chamber　07.138
总合取样法　total sampling method　07.486
总和电流互感器　summation current transformer　03.194
总和仪表　summation instrument　03.013
＊总加电流互感器　summation current transformer　03.194
总离子色谱图　total ion chromatogram　05.164
纵波法　longitudinal wave method　06.213
阻抗平面图　impedance plane diagram　06.184
阻抗头　impedance head　02.181
＊阻尼固有频率　natural frequency　06.076
阻尼装置　damping device　07.087
组合砝码误差　built-up-weight error　07.012
组合式互感器　combined transformer　03.179
组合试验　composite test　07.194
最大沉降路程　maximum sedimentation path　07.353
最大称量　maximum capacity　07.002
最大磁导率　maximum permeability　10.074
最大横向力　maximum transverse force　06.111
最大角速度　maximum angular velocity　07.352
最大离心半径　maximum centrifugal radius　07.337
最大离心力　maximum centrifugal force　07.335
最大输出　maximum output　04.621
最大需量电能表　meter with maximum demand indicator　03.089
最大旋转能量　maximum rotational energy　07.351

最大允许照射量　maximum permissible exposure　04.622
最大载荷　maximum load　07.334
最大正弦激振力　maximum sine excitation force　06.102
最大转头容量　maximum rotor capacity　07.343
最高转速　maximum speed　07.332
最小离心半径　minimum centrifugal radius　07.338
最小离心力　minimum centrifugal force　07.336
最优控制　optimal control　02.322
坐标量测仪器　coordinate measuring instrument　04.405